数值分析

谷根代　杨晓忠 等　编著

科 学 出 版 社

北 京

内 容 简 介

本书系统地介绍了数值分析的基本方法和理论，并强调这些数值分析方法在计算机上如何实现. 内容包括：数值计算的引论、非线性方程求根、插值与拟合、数值微分和数值积分、常微分方程初值问题的数值解法、解线性代数方程组的高斯消去法和迭代解法、矩阵特征值问题的解法、非线性方程组的迭代解法. 每章末都配有章末总结、习题和计算实习，供读者学习巩固.

本书是为工学硕士研究生数值分析课程编写的教材，也可作为信息与计算科学、应用物理、计算机等专业本科生教材，并可供工程技术人员和科研人员参考.

图书在版编目(CIP)数据

数值分析 / 谷根代，杨晓忠等编著. —北京：科学出版社，2011
ISBN 978-7-03-032140-4

Ⅰ. ①数… Ⅱ. ①谷… ②杨… Ⅲ. ① 数值分析-研究生-教材
Ⅳ. ① O241

中国版本图书馆 CIP 数据核字(2011) 第 170356 号

责任编辑：王胡权 / 责任校对：刘亚琦
责任印制：张 伟 / 封面设计：谜底书装

科 学 出 版 社 出版
北京东黄城根北街 16 号
邮政编码：100717
http://www.sciencep.com

北京九州迅驰传媒文化有限公司 印刷

科学出版社发行 各地新华书店经销

*

2011 年 8 月第 一 版 开本: 720 × 1000 1/16
2023 年 8 月第六次印刷 印张: 12 3/4
字数: 250 000

定价：45.00 元

(如有印装质量问题，我社负责调换)

前言

计算机技术和计算数学 (数值分析) 的有机结合和相互促进, 形成了平行于理论分析和实验研究的一种新的科学方法 —— 科学与工程计算. 科学与工程计算已成为自然科学、工程技术、经济等领域不可或缺的一种研究手段, 极大地推进了科学技术的进步和发展, 而数值分析就是科学与工程计算的核心. 数值分析 (numerical analysis) 已成为国内外大学普遍开设的一门数学课程.

数值分析面向各学科最常见的数学问题, 它的内容一般包含解决这些问题最基础的数值方法及其分析. 它是连接理论与实践的桥梁, 也是发展更复杂的数值计算方法的基础. 本书比较系统地介绍了这门学科的一些基本方法和理论, 着重对方法的分析并引入了各种类型的例子, 强调该方法在计算机上如何实现. 同时, 也联系一些工程学科和其他学科中的实际问题, 讨论这些问题与数值计算有关的数学模型. 主要内容包括线性代数的数值计算 (方程组的直接方法、迭代方法以及特征值问题的计算)、非线性方程 (组) 的数值解法、函数的插值和逼近、数值积分与数值微分以及常微分方程初值问题的数值解法.

教学中使用本书可以有不同的处理. 一般课堂讲授 60 学时左右的课程可以讲授除各章带 "*" 外的内容, 学时较少的课程可以酌情删减内容. 本书是为工学硕士研究生, 以及信息与计算科学、应用物理和计算机各专业本科生编写的教材, 也可作为其他理工科各专业本科生和研究生课程的教材. 我们也希望本书能对从事这方面工作的工程技术人员和科研人员有所帮助.

全书内容由谷根代教授和杨晓忠教授共同主持编写. 谷根代编写第 1 章和第 9 章, 杨晓忠编写第 6 章和第 8 章, 彭武安编写第 2 章, 刘敬刚编写第 5 章, 张可铭编写第 3 章, 曹艳华编写第 7 章, 孔倩编写第 4 章. 全书由谷根代统稿整理. 中国科学院大气物理研究所 (大气科学与计算地球流体力学数值模拟国家重点实验室) 季仲贞研究员和哈尔滨工业大学吴勃英教授, 认真审阅了书稿, 纠正了书稿内一些不妥之处, 并提出了许多宝贵的修改意见. 这里向他们及本书所列参考文献的作者们, 还有华北电力大学 2000 级硕士研究生袁婷同学、2001 级硕士研究生刘媛同学, 科学出版社的张中兴女士等, 表示衷心的感谢.

本书的出版得到国家自然科学基金 (批准号 10771065)、河北省自然科学基金 (批准号 A2007001027) 和华北电力大学 "211 工程" 创新人才核心课程建设基金资助.

出版精品教科书, 使众多莘莘学子受益, 一直是作者追求的目标. 但由于我们水平有限, 尽管做了很大努力, 可能还会有很多不妥和错误, 我们衷心期望广大读者对本书提出宝贵的意见.

谷根代　杨晓忠

2011 年 5 月

目　录

第 1 章
Chapter 1

引　论

一个实际问题要想得到解决, 首先要经过简化, 再抽象成数学模型, 接着提出数学模型的求解方法 (算法), 分析或在计算机上实现该算法得到结果, 最后检验结果的正确性. 对绝大多数问题来说, 要得到数学模型解析解并非易事. 例如, 求多项式方程 ($n \geqslant 5$)

$$p_n(x) = a_0 + a_1x + \cdots + a_nx^n = 0$$

的根, 只能用计算机求出数值解 (近似解). 从应用角度看, 求得一个数学模型的数值解已经足够了. 因此, 讨论用于求数学模型数值解的方法是十分重要的工作.

1.1　数值分析研究的内容及特点

数值分析是为各类数学问题 (模型) 寻求适合计算机执行并能快速得到满意解的算法的学科. 大家知道, 计算机本身只会算术运算和逻辑运算, 它的神奇之处就在于 “快”, 可以快到每秒浮点运算万亿次以上! 算法就是利用计算机高速的简单运算来实现各种复杂的计算功能.

例 1　对于给定的 $x \in \mathbf{C}$, 计算多项式 $p(x) = a_0 + a_1x + \cdots + a_nx^n$ 的值.

解　算法

```
p = a0;
for k = 1 : n
    p = p + ak · x^k;
end
```

该算法经过 $\dfrac{n(n+1)}{2}$ 次乘法和 n 次加法运算得到 $p(x)$.

例 2　求可微函数 $f(x)$ 在 x_0 处的二阶导数 $f''(x_0)$.

解　由于 $h > 0$ 时,

$$f''(x_0)=\frac{1}{h^2}\left[f(x_0+h)-2f(x_0)+f(x_0-h)\right]-\frac{f^{(4)}(x_0)}{12}h^2+O(h^4).$$

令 $s(h)=\frac{1}{h^2}\left[f(x_0+h)-2f(x_0)+f(x_0-h)\right]$, 则

$$s(h)-f''(x_0)=\frac{f^{(4)}(x_0)}{12}h^2+O(h^4),$$

$$s\left(\frac{h}{2}\right)-f''(x_0)=\frac{f^{(4)}(x_0)}{12}\frac{h^2}{4}+O(h^4),$$

$$s(h)-s\left(\frac{h}{2}\right)\approx\frac{3}{4}\left[\frac{f^{(4)}(x_0)}{12}h^2+O(h^4)\right]=3\left(s\left(\frac{h}{2}\right)-f''(x_0)\right),$$

所以对于给定的 $h,\varepsilon>0$, 有算法

$s=\frac{1}{h^2}\left[f(x_0+h)-2f(x_0)+f(x_0-h)\right];$

$h=\frac{h}{2};$

$s_1=\frac{1}{h^2}\left[f(x_0+h)-2f(x_0)+f(x_0-h)\right];$

while $|s_1-s|>3\varepsilon$

  $s=s_1;$

  $h=\frac{h}{2};$

  $s_1=\frac{1}{h^2}\left[f(x_0+h)-2f(x_0)+f(x_0-h)\right];$

end

可以看出, 经过多步简单的函数求值和算术运算可求得 $f''(x_0)$ 的近似值.

定义 1.1 **算法**就是按步执行的并能在有限步内完成的一个序列 $\{x^{(k)}\}_{k=1}^{\infty}$. 它蕴含着

(1) 以耗费计算量为代价, 每步设法将复杂数学运算化简为一系列简单运算过程的重复;

(2) 每步观察计算结果 $y^{(k)}$ 的精度:

$$y^{(k)}-x^*=(x^{(k)}-x^*)+(y^{(k)}-x^{(k)}),$$

其中 $(x^{(k)}-x^*)$ 称为算法的*截断误差*, $(y^{(k)}-x^{(k)})$ 称为算法的*舍入误差*.

求数学模型近似解的算法、误差理论、计算机实现构成了数值分析课程完整的研究内容.

1.2 近似计算中的误差

在科学与工程计算的过程中，误差的来源主要有模型误差、观测误差、截断误差和舍入误差四个方面，见图 1.1.

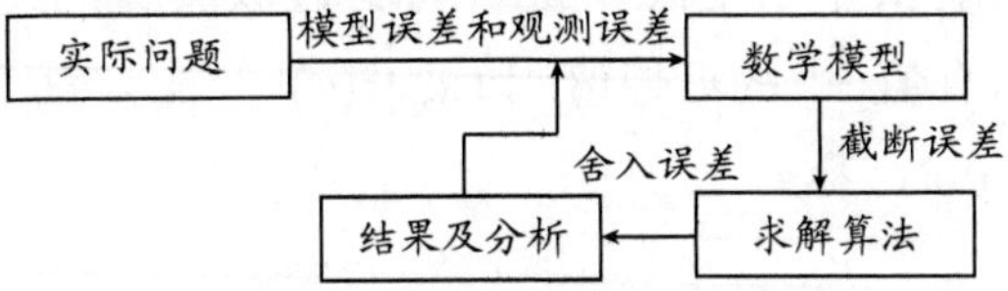

图 1.1 科学与工程计算中的误差来源

根据实际问题建立数学模型时要分析各种因素，但一般忽略一些次要因素，由此产生的误差称为*模型误差*. 模型误差是实际问题抽象、简化为数学问题 (模型) 时所引起的误差.

另外，一般的数学模型包含若干个参数，如温度，长度，电压等物理量，这些参数的值往往由观测得到，观测过程中难免会发生误差，此时产生的误差称为*观测误差*.

一个数学问题难以求出准确解时，我们会退而求其近似解，由于构造相应问题的算法而引起的误差称为*截断误差*. 例如

$$\sin x \approx x - \frac{1}{3!}x^3 + \frac{1}{5!}x^5$$

在近似的过程中产生截断误差

$$R = \sin x - \left(x - \frac{1}{3!}x^3 + \frac{1}{5!}x^5\right) = -\frac{\cos(\xi)}{7!}x^7.$$

计算机只能对有限数位 (字长) 的数进行运算和表示，对超过该计算机位数的数通常用"四舍五入"的办法取近似值，由此引起的误差称为*舍入误差*.

不论是截断误差还是舍入误差，都是因为对真值 x^* 的某种近似 x 而引起的误差.

定义 1.2 *设 x 为真值 x^* 的近似，称 $e(x) = x - x^*$ 为 x 的绝对误差，简称误差；当 $x^* \neq 0$ 时，称 $e_r(x) = \dfrac{e(x)}{|x^*|} \approx \dfrac{e(x)}{|x|}$ 为 x 的相对误差.*

绝对误差和相对误差都是刻画近似值精确度的重要概念. 一般来说真值 x^* 是未知的，因此绝对误差和相对误差也是未知的. 然而，在实际应用中只要估计出 $e(x)$ 或 $e_r(x)$ 的范围大小就行了. 例如使用毫米刻度的米尺测量某物体长度，由"四舍五入"法可获得近似值 x，其误差绝对值不会超过 0.5mm，即

$$|e(x)| = |x - x^*| \leqslant 0.5.$$

从而物体长度的准确值满足不等式

$$x - 0.5 \leqslant x^* \leqslant x + 0.5$$

或记为 $x^* = x \pm 0.5(\mathrm{mm})$, 其中小正数 0.5mm 称为近似值 x 的绝对误差限.

定义 1.3 设 x 为真值 x^* 的近似值, 如果 $|e(x)| = |x - x^*| \leqslant \varepsilon(x)$, 则称 $\varepsilon(x)$ 为 x 的绝对误差限. 当 $x^* \neq 0$ 时, 称

$$\varepsilon_r(x) = \frac{\varepsilon(x)}{|x^*|} \approx \frac{\varepsilon(x)}{|x|}$$

为 x 的相对误差限.

例 3 考虑真值 x^* 用 x 近似所产生的绝对误差和相对误差.

解 x^* 用 x 近似所产生的绝对误差和相对误差如表 1.1 所示.

表 1.1 x^* 用 x 近似所产生的绝对误差和相对误差

x^*	x	绝对误差 $\|x^* - x\|$	相对误差 $\|x^* - x\|/\|x\|$
0.3100×10^1	0.3000×10^1	0.1	0.3333×10^{-1}
0.3100×10^{-3}	0.3000×10^{-3}	0.1×10^{-4}	0.3333×10^{-1}
0.3100×10^4	0.3000×10^4	0.1×10^4	0.3333×10^{-1}

从表 1.1 看出: 虽然绝对误差有较大变化, 但是相对误差不变. 说明作为近似值精确性的度量, 绝对误差可能引起误解, 而相对误差由于考虑到了值的大小而更有意义.

数在计算机中是用有限位规格化的二进制或十进制浮点数表示的, 称为机器数. 设机器数以规格化的 k 位十进制浮点数的形式表示

$$\pm 0.a_1 a_2 \cdots a_k \times 10^m,$$

其中 $a_1, a_2, \cdots, a_k$ 都是 0~9 中的整数且 $a_1 \neq 0$, m 为阶码. 则该计算机对超过 k 位的数

$$y = \pm 0.d_1 d_2 \cdots d_k d_{k+1} d_{k+2} \cdots \times 10^n,$$

将进行末位 (d_{k+1}) 四舍五入处理, 得到 k 位浮点数

$$\bar{y} = \pm 0.b_1 b_2 \cdots b_k \times 10^n,$$

其舍入误差满足

$$|\bar{y} - y| \leqslant 0.\underbrace{00\cdots0}_{k}5 \times 10^n = \frac{1}{2} \times 10^{n-k},$$

即绝对误差限不超过末位数的半个单位.

例如, 考虑 π 的不同近似值：取 3 位数 $x_3 = 3.14 = 0.314 \times 10^1$, 有

$$|\pi - x_3| \leqslant 0.0005 \times 10^1 = \frac{1}{2} \times 10^{1-3},$$

而取五位数 $x_5 = 3.1416 = 0.31416 \times 10^1$, 有

$$|\pi - x_5| \leqslant 0.000005 \times 10^1 = \frac{1}{2} \times 10^{1-5}.$$

定义 1.4 设近似数 x 的规格化浮点数形式为 $x = \pm 0.a_1a_2\cdots a_n \times 10^m$, 满足

$$|x - x^*| \leqslant \frac{1}{2} \times 10^{m-n},$$

则称近似数 x 具有 n 位有效数字.

一个具有 n 位有效数字的近似数 $x = \pm 0.\ a_1a_2\cdots a_n \times 10^m$, 其相对误差满足

$$\frac{|x - x^*|}{|x|} \leqslant \frac{5}{a_1} \times 10^{-n}.$$

反之, 若近似数 x 的相对误差满足

$$\frac{|x - x^*|}{|x|} \leqslant \frac{5}{a_1 + 1} \times 10^{-n},$$

则 x 至少有几位有效数字.

这说明, 有效数字的位数与相对误差的阶码相对应, 有效数字位数越多, 相对误差越小.

例 4 使 $\sqrt{30}$ 的近似值 x 的相对误差限不超过 0.1%, x 应取几位有效数字？

解 设 x 取 n 位有效数字. 因 $\sqrt{30}$ 的规格化浮点数的第 1 位数字 5, 所以相对误差限

$$\varepsilon_r(x) \leqslant \frac{5}{5} \times 10^{-n} = 10^{-n} \leqslant 0.001,$$

得到 $n = 3$.

例 5 已知 $\sqrt{20}$ 的近似数 x 相对误差限为 0.5%, 试问 x 至少有几位有效数字？

解 因 $\sqrt{20}$ 的规格化浮点数的第一位数字为 4, 阶码为 1, 所以

$$\frac{5}{4+1} \times 10^{-n} \leqslant 0.005$$

成立. 可见 $n \geqslant 2$, 即近似数 x 至少有 2 位有效数字.

我们知道, 数值算法是大量算术运算和函数求值的重复, 运算中误差的产生与传播会如何呢？

函数求值的误差 设一元函数 $y=f(x)$, 自变量准确值为 x^*, 近似值 x, 对应的函数准确值为 $y^*=f(x^*)$. 利用泰勒公式

$$f(x^*)-f(x)=(x^*-x)f'(x)+\frac{(x^*-x)^2}{2}f''(\xi),$$

其中 ξ 介于 x 和 x^* 之间. 忽略高阶项, 得函数的误差限

$$\varepsilon(y)\approx|f'(x)|\,\varepsilon(x).$$

对多元函数 $z=f(x_1,x_2,\cdots,x_n)$, 利用多元函数泰勒公式, 仍然有误差估计

$$\varepsilon(z)\approx\sum_{k=1}^{n}\left|\frac{\partial f}{\partial x_k}\right|\varepsilon(x_k).$$

算术运算的误差 设两个近似数 x_1 与 x_2 的绝对误差限分别为 $\varepsilon(x_1)$ 和 $\varepsilon(x_2)$, 则对这两个数的加, 减, 乘, 除运算, 可以利用多元函数的误差估计得到:

$$\varepsilon(x_1\pm x_2)=\varepsilon(x_1)+\varepsilon(x_2);$$

$$\varepsilon(x_1\cdot x_2)\approx|x_1|\,\varepsilon(x_2)+|x_2|\,\varepsilon(x_1)\ \text{或}\ \varepsilon_r(x_1\cdot x_2)\approx\varepsilon_r(x_2)+\varepsilon_r(x_1);$$

$$\varepsilon(x_1/x_2)\approx\frac{|x_1|\,\varepsilon(x_2)+|x_2|\,\varepsilon(x_1)}{|x_2|^2}\ \text{或}\ \varepsilon_r(x_1/x_2)\approx\varepsilon_r(x_2)+\varepsilon_r(x_1).$$

说明算术运算中误差累计是不可避免的.

例 6 试用 4 位浮点数计算机系统求二次方程 $x^2-16x+1=0$ 的较小正根.

解 方程 $x^2-16x+1=0$ 的较小正根为 $x_1^*=8-\sqrt{63}=\dfrac{1}{8+\sqrt{63}}$. 采用

$$x_1^*\approx x_1=0.8000\times10^1-0.7937\times10^1=0.0063\times10^1=0.63\times10^{-1},$$

由于

$$\varepsilon(x_1)=\varepsilon(8)+\varepsilon(7.937)=0+0.0005=0.5\times10^{-1-2},$$

故 $x_1=0.063$ 有 2 位有效数字.

采用

$$x_1^*\approx x_1=\frac{1}{0.8000\times10^1+0.7937\times10^1}=\frac{1}{0.1594\times10^2}=0.6274\times10^{-1},$$

此时

$$\varepsilon(x_1)\approx\frac{\varepsilon(15.94)+15.94\varepsilon(1)}{(15.94)^2}\leqslant\frac{0.0005}{254.1}\leqslant0.5\times10^{-1-4},$$

故 $x_1 = 0.6274 \times 10^{-1}$ 具有 4 位有效数字.

例 7 试分析对方程

$$p(x) = (x-1)(x-2)(x-3)(x-4)(x-5) = 0$$

中 x^4 的系数做微小扰动后各个根的变化.

解 设扰动方程 $p(x,\delta) = p(x) + \delta x^4 = 0$ 的根分别为 $\{z_k(\delta), k = 1,2,3,4,5\}$, 它们均是 δ 的连续可微函数. 对于充分小的 δ, 有

$$|z_k(\delta) - k| = |z_k(\delta) - z_k(0)| \approx \left|\left.\frac{\mathrm{d}z_k}{\mathrm{d}\delta}\right|_{\delta=0}\right| |\delta| = C_k |\delta|,$$

这里 $C_k = \left|\left.\frac{\mathrm{d}z_k}{\mathrm{d}\delta}\right|_{\delta=0}\right|$ 是误差放大系数. 由

$$p(z_k, \delta) = p(z_k) - \delta z_k^4 = 0, \tag{$*$}$$

得到

$$p'(z_k)\frac{\mathrm{d}z_k}{\mathrm{d}\delta} - z_k^4 - 4\delta z_k^3 \frac{\mathrm{d}z_k}{\mathrm{d}\delta} = 0, \quad \text{代入 } (*) \text{ 式有 } p'_{z_k}(z_k,\delta)\cdot\frac{\mathrm{d}z_k}{\mathrm{d}\delta} - z_k^4 = 0,$$

表 1.2 显示了放大系数的变化, 说明系数微小扰动对多项式根的影响是不可忽视的.

表 1.2 误差放大系数

k	1	2	3	4	5
C_k	0.04	2.67	20.25	42.67	26.04

1.3 向量和矩阵范数

讨论向量序列 $\{x^{(k)}\}_{k=1}^{\infty}$ 的收敛性, 实际上是观察空间两点 $x^{(k)}, x^*$ 之间的距离. 这需要范数概念.

定义 1.5 $\mathbf{R}^n$ 上定义的一个实函数 $\|x\|$, 称之为向量 x 的范数. 如果对于任意的 $\alpha \in \mathbf{R}, x, y \in \mathbf{R}^n$, 满足

(1) 非负性 即 $\|x\| \geqslant 0$, $\|x\| = 0$ 当且仅当 $x = 0$;

(2) 齐次性 即 $\|\alpha x\| = |\alpha| \cdot \|x\|$;

(3) 三角不等式 即 $\|x + y\| \leqslant \|x\| + \|y\|$.

$\mathbf{R}^n$ 上三种常用的范数有

1-范数 $\|x\|_1 = \sum\limits_{i=1}^{n} |x_i|$;

2-范数 $\|x\|_2 = \left(\sum_{i=1}^{n} x_i^2\right)^{\frac{1}{2}} = \sqrt{x_1^2 + x_2^2 + \cdots + x_n^2}$;

∞-范数 $\|x\|_\infty = \max_{1 \leqslant i \leqslant n} |x_i|$.

$\mathbf{R}^n$ 中两点 x^*, x 的距离为 $\|x^* - x\|$. 特别常用的是

$$\|x^* - x\|_2 = \sqrt{(x_1^* - x_1)^2 + (x_2^* - x_2)^2 + \cdots + (x_n^* - x_n)^2}.$$

定义 1.6 $\mathbf{R}^{n\times n}$ 上定义的一个实函数 $\|\boldsymbol{A}\|$, 称之为矩阵 $\boldsymbol{A}$ 的范数, 如果对于任意的 $\boldsymbol{A}, \boldsymbol{B} \in \mathbf{R}^{n\times n}, \boldsymbol{x} \in \mathbf{R}^n, \alpha \in \mathbf{R}$, 它满足下列性质:

(1) 非负性 即 $\|\boldsymbol{A}\| \geqslant 0$, $\|\boldsymbol{A}\| = 0$ 当且仅当 $\boldsymbol{A} = \boldsymbol{O}$;

(2) 齐次性 即 $\|\alpha\boldsymbol{A}\| = |\alpha| \cdot \|\boldsymbol{A}\|$;

(3) 三角不等式 即 $\|\boldsymbol{A} + \boldsymbol{B}\| \leqslant \|\boldsymbol{A}\| + \|\boldsymbol{B}\|$;

(4) 相容性 即 $\|\boldsymbol{AB}\| \leqslant \|\boldsymbol{A}\| \cdot \|\boldsymbol{B}\|, \|\boldsymbol{Ax}\| \leqslant \|\boldsymbol{A}\| \cdot \|\boldsymbol{x}\|$.

$\mathbf{R}^{n\times n}$ 中常用的矩阵范数有

∞-范数 $\|\boldsymbol{A}\|_\infty = \max_{1 \leqslant i \leqslant n} \sum_{j=1}^{n} |a_{ij}|$.

1-范数 $\|\boldsymbol{A}\|_1 = \max_{1 \leqslant j \leqslant n} \sum_{i=1}^{n} |a_{ij}|$.

2-范数 $\|\boldsymbol{A}\|_2 = \sqrt{\rho(\boldsymbol{A}^{\mathrm{T}}\boldsymbol{A})}$, 其中 $\rho(\boldsymbol{B}) = \max_{1 \leqslant i \leqslant n} |\lambda_i|$, λ_i 是矩阵 $\boldsymbol{B}$ 的特征值, 称 $\rho(\boldsymbol{B})$ 为矩阵 $\boldsymbol{B}$ 的谱半径.

1.4 函数的泰勒 (Taylor) 公式

在算法的构造和分析中, 函数的 Taylor 公式起着最重要的作用.

一元函数 Taylor 公式 设 $f: \mathbf{R} \to \mathbf{R}$ 在 $x_0 \in \mathbf{R}$ 及其邻域有直到 $n+1$ 阶的导数, 则对于 x_0 的邻域的任意 x, 存在介于 x_0 和 x 之间的数 ξ, 使得

$$f(x) = f(x_0) + f'(x_0)(x - x_0) + \frac{f''(x_0)}{2!}(x - x_0)^2 + \cdots + \frac{f^{(n)}(x_0)}{n!}(x - x_0)^n + \frac{f^{(n+1)}(\xi)}{(n+1)!}(x - x_0)^{n+1}.$$

实际问题中, 最常用的是函数在一点 x_0 处局部线性化公式

$$f(x) \approx L(x) = f(x_0) + f'(x_0)(x - x_0),$$

它具有误差 (局部截断误差)

$$e(x) = f(x) - L(x) = \frac{f''(\xi)}{2}(x - x_0)^2.$$

把一元函数 Taylor 公式推广到多元函数 $f: D \subset \mathbf{R}^n \to \mathbf{R}$ 和向量值函数 $\boldsymbol{F}: D \subset \mathbf{R}^n \to \mathbf{R}^n$ 更有实际意义.

首先将一元函数可微的定义

$$\lim_{t \to 0} \frac{1}{t}\left[f(x_0 + t) - f(x_0) - at\right] = 0$$

推广到向量值函数 $\boldsymbol{F}(x)$. 这里 $a = f'(x_0)$.

定义 1.7 向量值函数 $\boldsymbol{F}: D \subset \mathbf{R}^n \to \mathbf{R}^n$ 在点 $x^{(0)} \in D$ 称为可微的, 如果存在 $n \times n$ 阶矩阵 $\boldsymbol{A}$, 满足

$$\lim_{\|\boldsymbol{h}\| \to 0} \frac{1}{\|\boldsymbol{h}\|}\left\|F(\boldsymbol{x}^{(0)} + \boldsymbol{h}) - F(\boldsymbol{x}^{(0)}) - \boldsymbol{A}\boldsymbol{h}\right\| = 0 \quad (\boldsymbol{h} \in \mathbf{R}^n).$$

可以证明这个矩阵 $\boldsymbol{A}$ 是唯一的 (证明留给读者自我练习).

记 $\boldsymbol{A} = F'(\boldsymbol{x}_0)$, 它称为 $F(\boldsymbol{x})$ 在点 $\boldsymbol{x}^{(0)}$ 的导数, 且

$$\boldsymbol{F}'(\boldsymbol{x}^{(0)}) = \begin{pmatrix} \dfrac{\partial f_1}{\partial x_1} & \dfrac{\partial f_1}{\partial x_2} & \cdots & \dfrac{\partial f_1}{\partial x_n} \\ \dfrac{\partial f_2}{\partial x_1} & \dfrac{\partial f_2}{\partial x_2} & \cdots & \dfrac{\partial f_2}{\partial x_n} \\ \vdots & \vdots & & \vdots \\ \dfrac{\partial f_n}{\partial x_1} & \dfrac{\partial f_n}{\partial x_2} & \cdots & \dfrac{\partial f_n}{\partial x_n} \end{pmatrix}_{\boldsymbol{x}=\boldsymbol{x}^{(0)}}.$$

多元函数可以看成向量值函数的特例. 因此, 多元函数 $f: \mathbf{R}^n \to \mathbf{R}$ 的导数

$$f'(\boldsymbol{x}^{(0)}) = \left(\frac{\partial f}{\partial x_1}, \frac{\partial f}{\partial x_2}, \cdots, \frac{\partial f}{\partial x_n}\right)_{\boldsymbol{x}=\boldsymbol{x}^{(0)}}.$$

记 $\nabla f(\boldsymbol{x}^{(0)}) = \left[f'(\boldsymbol{x}^{(0)})\right]^{\mathrm{T}}$, 称为多元函数 $f(\boldsymbol{x})$ 在点 $\boldsymbol{x}^{(0)}$ 处的梯度.

多元函数的梯度函数 $\nabla f(\boldsymbol{x})$ 是向量值函数. 若 $\nabla f(\boldsymbol{x})$ 在点 $\boldsymbol{x}^{(0)}$ 处可微, 则 $f(\boldsymbol{x})$ 有

二阶导数.

$$f''(\boldsymbol{x}^{(0)}) = \nabla^2 f(\boldsymbol{x}^{(0)}) = \begin{pmatrix} \dfrac{\partial^2 f}{\partial x_1 \partial x_1} & \dfrac{\partial^2 f}{\partial x_2 \partial x_1} & \cdots & \dfrac{\partial^2 f}{\partial x_n \partial x_1} \\ \dfrac{\partial^2 f}{\partial x_1 \partial x_2} & \dfrac{\partial^2 f_i}{\partial x_2 \partial x_2} & \cdots & \dfrac{\partial^2 f}{\partial x_n \partial x_2} \\ \vdots & \vdots & & \vdots \\ \dfrac{\partial^2 f}{\partial x_1 \partial x_n} & \dfrac{\partial^2 f}{\partial x_2 \partial x_n} & \cdots & \dfrac{\partial^2 f}{\partial x_n \partial x_n} \end{pmatrix}_{\boldsymbol{x}=\boldsymbol{x}^{(0)}}.$$

$f''(\boldsymbol{x}^{(0)})$ 又称为 $f(\boldsymbol{x})$ 在 $\boldsymbol{x}^{(0)}$ 处的 Hesse矩阵.

定义 1.8 称向量值函数 $\boldsymbol{F}: D \subset \mathbf{R}^n \to \mathbf{R}^n$ 在点 $\boldsymbol{x}^{(0)} \in D$ 及其邻域二阶可微, 如果

$$\lim_{\|\boldsymbol{h}\| \to 0} \frac{1}{\|\boldsymbol{h}\|} \left\| F'(\boldsymbol{x}^{(0)} + \boldsymbol{h}) - F'(\boldsymbol{x}^{(0)}) - F''(\boldsymbol{x}^{(0)})\boldsymbol{h} \right\| = 0$$

成立. 这里 $\boldsymbol{F}''(\boldsymbol{x}^{(0)})$ 为二阶导数.

如果 $\boldsymbol{F}(\boldsymbol{x})$ 在 $\boldsymbol{x}^{(0)} \in D$ 二阶可微, 则有

$$\boldsymbol{F}'(\boldsymbol{x}^{(0)} + \boldsymbol{h}) - F'(\boldsymbol{x}^{(0)}) - F''(\boldsymbol{x}^{(0)})\boldsymbol{h} = o(\|\boldsymbol{h}\|)\, \boldsymbol{E},$$

推出

$$\begin{aligned} \boldsymbol{F}''(\boldsymbol{x}^{(0)})\boldsymbol{h} &= F'(\boldsymbol{x}^{(0)} + \boldsymbol{h}) - F'(\boldsymbol{x}^{(0)}) + o(\|\boldsymbol{h}\|)\, \boldsymbol{E} \\ &= \left(\frac{\partial f_i\left(\boldsymbol{x}^{(0)} + \boldsymbol{h}\right)}{\partial x_j} - \frac{\partial f_i\left(\boldsymbol{x}^{(0)}\right)}{\partial x_j} \right)_{n \times n} + o(\|\boldsymbol{h}\|)\, \boldsymbol{E} \\ &= \left(\sum_{k=1}^{n} \frac{\partial^2 f_i\left(\boldsymbol{x}^{(0)}\right)}{\partial x_k \partial x_j} h_k \right)_{n \times n} + o(\|\boldsymbol{h}\|)\, \boldsymbol{E}, \end{aligned}$$

于是, 对于充分小的 $\|\boldsymbol{h}\|$ 有

$$\boldsymbol{F}''(\boldsymbol{x}^{(0)})\boldsymbol{h} = \begin{pmatrix} H_1(\boldsymbol{x}^{(0)})\boldsymbol{h} & H_2(\boldsymbol{x}^{(0)})\boldsymbol{h} & \cdots & H_n(\boldsymbol{x}^{(0)})\boldsymbol{h} \end{pmatrix}^{\mathrm{T}},$$

其中

$$\boldsymbol{H}_i(\boldsymbol{x}^{(0)}) = f_i''(\boldsymbol{x}^{(0)}) = \begin{pmatrix} \dfrac{\partial^2 f_i}{\partial x_1 \partial x_1} & \dfrac{\partial^2 f_i}{\partial x_2 \partial x_1} & \cdots & \dfrac{\partial^2 f_i}{\partial x_n \partial x_1} \\ \dfrac{\partial^2 f_i}{\partial x_1 \partial x_2} & \dfrac{\partial^2 f_i}{\partial x_2 \partial x_2} & \cdots & \dfrac{\partial^2 f_i}{\partial x_n \partial x_2} \\ \vdots & \vdots & & \vdots \\ \dfrac{\partial^2 f_i}{\partial x_1 \partial x_n} & \dfrac{\partial^2 f_i}{\partial x_2 \partial x_n} & \cdots & \dfrac{\partial^2 f_i}{\partial x_n \partial x_n} \end{pmatrix}_{\boldsymbol{x}=\boldsymbol{x}^{(0)}}, \quad i = 1, 2, \cdots, n.$$

多元函数的 Taylor 公式 设多元函数 $f:\mathbf{R}^n\to\mathbf{R}$ 在 $\boldsymbol{x}^{(0)}\in\mathbf{R}^n$ 及其邻域二阶可微, 则对于此邻域中的任意 $\boldsymbol{x}$, 有

$$f(\boldsymbol{x})=f(\boldsymbol{x}^{(0)})+f'(\boldsymbol{x}^{(0)})^{\mathrm{T}}(\boldsymbol{x}-\boldsymbol{x}^{(0)})+(\boldsymbol{x}-\boldsymbol{x}^{(0)})^{\mathrm{T}}\frac{f''(\boldsymbol{x}^{(0)}+t(\boldsymbol{x}-\boldsymbol{x}^{(0)}))}{2}(\boldsymbol{x}-\boldsymbol{x}^{(0)}),0\leqslant t\leqslant 1.$$

向量值函数的 Taylor 公式 设向量值函数 $F:\mathbf{R}^n\to\mathbf{R}$ 在 $\boldsymbol{x}^{(0)}\in\mathbf{R}^n$ 及其邻域二阶可微, 则对于此邻域中的任意 $\boldsymbol{x}$, 有

$$\boldsymbol{F}(\boldsymbol{x})=\boldsymbol{F}(\boldsymbol{x}^{(0)})+\boldsymbol{F}'(\boldsymbol{x}^{(0)})(\boldsymbol{x}-\boldsymbol{x}^{(0)})+\int_0^1(1-t)\boldsymbol{F}''(\boldsymbol{x}^{(0)}+t(\boldsymbol{x}-\boldsymbol{x}^{(0)}))(\boldsymbol{x}-\boldsymbol{x}^{(0)})(\boldsymbol{x}-\boldsymbol{x}^{(0)})\mathrm{d}t.$$

1.5 算法的收敛性和数值稳定性

定义 1.9 设序列 $\{x^{(k)}\}$, 如果对于给定的精度 $\varepsilon>0$, 存在正整数 N, 当 $k\geqslant N$ 时, 有 $\|x^{(k)}-x^*\|\leqslant\varepsilon$, 则称序列收敛于 x^*, 记为 $\lim\limits_{k\to\infty}x^{(k)}=x^*$.

人们通常喜欢收敛尽可能快的方法. 下面的概念可用于确定序列 $\{x^{(k)}\}$ 的收敛速度.

定义 1.10 设 $\lim\limits_{k\to\infty}x^{(k)}=x^*$, 如果存在收敛于零的正项数列 $\{\alpha_k\}$ 和常数 $c>0$, 使

$$\lim_{k\to\infty}\frac{\|x^{(k)}-x^*\|}{\alpha_k}=c$$

成立, 则称 $\{x^{(k)}\}$ 以收敛速度 $O(\alpha_k)$ 收敛于 x^*. 记为 $x^{(k)}=x^*+O(\alpha_k)$.

一种更直观、更实用的描述如下:

定义 1.11 设 $\{x^{(k)}\}$ 收敛于 x^*, 如果存在 $c>0$ 和 $p\geqslant 1$, 使

$$\lim_{k\to\infty}\frac{\|x^{(k+1)}-x^*\|}{\|x^{(k)}-x^*\|^p}=c,$$

则称算法是 p 阶收敛的. 特别地,

(1) 当 $p=1, 0<c<1$ 时, 算法 $\{x^{(k)}\}$ 称为线性收敛;

(2) 当 $c>0, 1<p<2$ 时, 算法 $\{x^{(k)}\}$ 称为超线性收敛;

(3) 当 $c>0, p=2$ 时, 算法 $\{x^{(k)}\}$ 称为二阶收敛 (平方收敛).

定义 1.12 设 $\{x^{(k)}\}$ 收敛于 x^*, 如果存在 $p\geqslant 1$, 使 $\lim\limits_{k\to\infty}\dfrac{\|x^{(k+1)}-x^*\|}{\|x^{(k)}-x^*\|^p}=0$, 则称算法是超 p 阶收敛的.

对于算法 $x^{(k)}=x^*+O\left(\dfrac{1}{k^p}\right)(p>1)$, 由于

$$\lim_{k\to\infty}\frac{\|x^{(k+1)}-x^*\|}{\|x^{(k)}-x^*\|}=\lim_{k\to\infty}\left[\frac{\|x^{(k+1)}-x^*\|/(k+1)^p}{\|x^{(k)}-x^*\|/k^p}\left(\frac{k+1}{k}\right)^p\right]=1.$$

所以它比**线性收敛**慢. 算法至少线性收敛才是实用的. 目前人们使用的算法大多是线性收敛的, 二阶及更高阶收敛的算法很少.

在设计和选用算法时, 不仅要关心算法的收敛性, 还要考虑该算法在计算机上实现时能否得到可靠的结果. 这是因为计算机是有限字长的, 实现算法 $x^{(k)}$ 得到结果 $y^{(k)}$, 会产生舍入误差 $e_k = y^{(k)} - x^{(k)}$. 一个算法, 如果在计算机上实现的过程中舍入误差 $\|e_k\|$ 能得到有效控制 (或者说舍入误差 $\|e_k\|$ 的增长不影响产生可靠的计算结果), 则称该算法是**数值稳定的**; 否则, 称该算法是**数值不稳定的**.

为了具体刻画舍入误差的增长与算法稳定性的联系, 引入下列定义.

定义 1.13 设算法在计算机上实现的某一步产生了舍入误差 ε, 相继的 n 步运算之后引起舍入误差为 $\|e_n\|$, 如果 $\|e_n\| \approx cn\varepsilon$, 则称该算法的舍入误差增长是**线性级的**; 如果 $\|e_n\| \approx d^n\varepsilon$, 则称该算法的舍入误差增长是**指数级的**. 这里 $d>1$, c 是与 n 无关的常数.

误差线性级增长通常是不可避免的, 此时可通过 $c\varepsilon$ 控制 $\|e_n\|$, 一般可得到可靠结果. 误差指数级增长应当避免, 因为此时不论 ε 多小, d^n 都将使 $\|e_n\|$ 失控. 简而言之, 误差线性级增长的算法是数值稳定的, 误差指数级增长的算法是数值不稳定的.

例 8 积分 $I_n = \int_0^1 \frac{x^n}{x+5}\mathrm{d}x, n=1,2,\cdots,100$ 可由递推公式

$$I_0 = \ln\left(\frac{6}{5}\right), \quad I_n = -5I_{n-1} + \frac{1}{n}, \quad n=1,2,\cdots,100$$

或

$$I_{100} = \int_0^1 \frac{x^{100}}{x+5}\mathrm{d}x, \quad I_{n-1} = -\frac{1}{5}I_n + \frac{1}{5n}, \quad n=100,99,\cdots,1$$

产生.

实际计算时, 采用近似计算公式

$$a_0 = 0.1823, \quad a_n = -5a_{n-1} + \frac{1}{n}, \quad n=1,2,\cdots,100.$$

因舍入误差 $\varepsilon_0 = |I_0 - a_0|$ 引起的第 n 步误差为

$$\varepsilon_n = |I_n - a_n| = 5\varepsilon_{n-1} = 5^n\varepsilon_0,$$

它随 n 的增加指数级增长的, 所以该算法数值不稳定.

若采用近似计算公式

$$b_{100} \approx 0.001815, \quad b_{n-1} = -\frac{1}{5}b_n + \frac{1}{5n}, \quad n=100,99,\cdots,1.$$

因舍入误差 $\varepsilon_{100} = |I_{100} - b_{100}|$ 引起的第 n 步误差为

$$\varepsilon_n = |I_n - b_n| = \frac{1}{5}\varepsilon_{n+1} = \frac{1}{5^{100-n}}\varepsilon_{100}.$$

随 n 的减少而迅速减少, 所以按该算法数值稳定. 表 1.3 列出了 $n \leqslant 10$ 的两种算法的计算结果 (保留小数后 4 位数字). 可以看出, a_n 从 $n \geqslant 4$ 已无有效数字可言.

表 1.3 两种算法的计算结果

n	0	1	2	3	4	5	6	7	8	9	10
b_n	0.1823	0.0884	0.0580	0.0431	0.0343	0.0285	0.0243	0.0212	0.0188	0.0169	0.0154
a_n	0.1823	0.0885	0.0575	0.0458	0.0208	0.0958	−0.3125	1.7054	−8.4018	42.1200	−210.5002

数值不稳定的算法不能实际使用. 在实际计算中可使用的算法有两类：一类是对任何原始数据都是数值稳定的, 这种算法称为无条件稳定的或绝对稳定的; 另一类是对某些原始数据数值稳定, 对某些原始数据数值不稳定, 这种算法称为条件稳定的或相对稳定的.

1.6 数值计算中的一些基本原则

在数值计算中, 为使误差不增长有下列一些基本原则:

1. 避免绝对值小的数作除数

由于

$$\varepsilon\left(\frac{y}{x}\right) \approx \frac{|x|\,\varepsilon(y) + |y|\,\varepsilon(x)}{|x|^2} = \frac{\varepsilon(y)}{|x|} + \frac{|y|}{|x|^2}\varepsilon(x),$$

这表明当 x 的绝对值很小时, 用 y 除以 x 所得结果的绝对值误差可能很大.

例 9 在假想的 4 位十进制下求解线性代数方程组

$$\begin{cases} 0.00001x_1 + x_2 = 1, \\ x_1 + x_2 = 2. \end{cases}$$

解 显然其精确解为 $x_1 = \dfrac{10000}{99999}, x_2 = \dfrac{99998}{99999}$. 在 4 位十进制下, 将第 2 个方程乘系数 -0.1000×10^{-4} 加到第一个方程得

$$\begin{cases} 10^1 \cdot 0.1000a_2 = 10^1 \cdot 0.1000, \\ 10^1 \cdot 0.1000a_1 + 10^1 \cdot 0.1000a_2 = 10^1 \cdot 0.2000. \end{cases}$$

解出 $a_1 = 0.1000 \times 10^1, a_2 = 0.1000 \times 10^1$, 它们是精确解 x_1, x_2 的具有 4 位有效数字的近似值.

然而, 若将第一个方程除数 (-0.1000×10^{-4}) 加到第 2 个方程得

$$\begin{cases}10^{-4}\cdot0.1000b_1+10^1\cdot0.1000b_2=10^1\cdot0.1000,\\-10^6\cdot0.1000b_2=-10^6\cdot0.1000,\end{cases}$$

解出 $b_1=0, b_2=0.1000\times10^1$, b_1 已失去近似于 x_1 的意义. 这就是绝对值较小的数作除数的后果.

2. 避免两个相近的数相减

由于

$$\varepsilon_r(x-y)\leqslant\frac{|y|}{|x-y|}\varepsilon_r(y)+\frac{|x|}{|x-y|}\varepsilon_r(x),$$

这表明当 $y\approx x$ 时, 计算结果的相对误差限可能很大, 导致数值计算的有效数字位数减少. 为了避免两相近的数据直接作减法运算, 常用一些恒等式将其变形.

例 10 在假想的 4 位十进制下计算 $1-\cos2°$.

解 在 4 位十进制下计算

$$1-\cos2°\approx10^1\cdot0.1000-0.9994=0.0006,$$

这表明计算结果最多有 1 位有效数字.

考虑另一方法

$$1-\cos2°=\frac{\sin^2 2°}{1+\cos2°}\approx\frac{\left(10^{-1}\cdot0.3490\right)^2}{1+0.9994}\approx0.6093\times10^{-3},$$

这表明后两种方法计算结果至少有 3 位有效数字.

3. 要防止大鱼 (大数) 吃小鱼 (小数) 现象

例 11 在假想的 12 位十进制下计算 $a=10^{12}+\sum\limits_{n=1}^{100}4$ 值.

解 按从左至右依次相加时, 由

$$10^{12}+4\approx0.100000000000\times10^{13}+0.000000000000\times10^{13}=10^{12},$$

得 $a=10^{12}+\sum\limits_{n=1}^{100}4=10^{12}$, 这表明小数均被大数吃掉了.

为了避免大数吃小数现象的发生, 当绝对值悬殊的一系列数相加时, 应该按绝对值

由小到大的次序确定累加的先后次序. 比如

$$\begin{aligned} a &= 10^{12} + \sum_{n=1}^{100} 4 = \sum_{n=1}^{100} 4 + 10^{12} \\ &= 0.000000000040 \times 10^{13} + 0.100000000000 \times 10^{13} \\ &= 0.100000000040 \times 10^{13}. \end{aligned}$$

4. 尽量减少运算次数

计算机执行一个算法所花费的时间代价除了与问题的规模大小有关外, 主要依赖于计算过程中所用**乘除法**次数的多少, 即计算工作量的大小. 计算工作量小的算法不仅节约运行时间, 而且减少了误差积累的机会.

例 12 计算多项式 $p_n(x) = a_0 + a_1x + a_2x^2 + \cdots + a_nx^n$ 的值.

解 按例 1 给出的算法其乘除运算次数 (运算量) 为 $\dfrac{n(n+1)}{2} = O(n^2)$.

考虑算法

$$p_n(x) = a_0 + x(a_1 + x(a_2 + \cdots + x(a_{n-1} + xa_n)\cdots))$$

即

```
p = a_n;
for k = n : -1 : 1
    p = a_{k-1} + p * x;
end
```

此称为秦九韶算法, 其乘除运算次数为 n. 大大减少了计算工作量.

5. 用数值稳定性好的算法

例 8 说明, 对同一个数学问题可以设计出不同的算法, 而不同的算法其数值稳定性可能有很大差别. 在设计和选用算法时, 要用数值稳定性好的算法.

习 题 1

1. 设 -2.18 和 2.1200 都是由准确值经 "四舍五入" 而得到的近似值, 求它们的绝对误差限.
2. 近似值 1.38, 0.0312, 0.00086 的绝对误差限都是 0.005, 问它们有几位有效数字.
3. 已知近似数 x 有 2 位有效数字, 试求其相对误差限.
4. 设 $x > 0$, x 的相对误差限为 δ, 求 $\ln x$ 的误差.
5. 设 $y_0 = 28$, 按递推公式 $y_n = y_{n-1} - \dfrac{\sqrt{783}}{100}, n = 1, 2, \cdots$ 计算到 y_{100}. 若取 $\sqrt{783} \approx 27.982$, 试问计算 y_{100} 将有多大的误差?
6. 求方程 $x^2 - 56x + 1 = 0$ 的两个根, 问要使它们具有 4 位有效数字, $D = \sqrt{b^2 - 4ac}$ 至少要取几位有效数字? 如果利用韦达定理, D 又应该取几位有效数字?

7. 设 $s=\frac{1}{2}gt^2$, 假定 g 是准确的, 而对 t 的测量有 ± 0.1 秒的误差, 证明当 t 增加时 s 的绝对误差增加, 而相对误差减小.

8. 取 $y_0=\sqrt{2}\approx 1.41$, 按递推公式 $y_n=10y_{n-1}-1, n=1,2,\cdots$ 计算到 y_{10} 时误差有多大? 这个计算过程稳定吗? 怎样才能稳定?

9. $f(x)=\ln\left(x-\sqrt{x^2-1}\right)$, 求 $f(30)$ 的值. 若开平方用 6 位函数表, 问求对数时误差有多大? 若改用另一等价公式 $\ln\left(x-\sqrt{x^2-1}\right)=-\ln\left(x+\sqrt{x^2-1}\right)$ 计算, 求对数时误差有多大?

10. 构造一个求 $\sum\limits_{i=1}^{n}\sum\limits_{j=1}^{i}a_ib_j$ 的算法, 使其有最少的乘法和加法运算次数?

11. 利用级数公式 $\frac{\pi}{4}=1-\frac{1}{3}+\frac{1}{5}-\frac{1}{7}+\cdots$ 可计算出无理数 π 的近似值. 试分析要得到 π 的 3 位有效数字近似值, 应取多少项求和.

第2章
Chapter 2

非线性方程求根

2.1 问题的提出

科学与工程计算中的很多问题常常归结为解方程

$$f(x) = 0 \tag{2.1}$$

当

$$f(x) = a_0 + a_1x + \cdots + a_nx^n \quad (a_n \neq 0)$$

时, 方程 (2.1) 称为代数方程, 否则称为超越方程.

如果有 x^* 使 $f(x^*) = 0$, 则称 x^* 为方程 (2.1) 的根, 或称为函数 $f(x)$ 的零点.

如果有 $f(x) = (x - x^*)^m g(x)$, 其中 $g(x^*) \neq 0$, m 为正整数, 则称 x^* 是方程 (2.1) 的 m重根, 或函数 $f(x)$ 的 m 重零点; 当 $m = 1$ 时, 称 x^* 为方程 (2.1) 的单根或 $f(x)$ 的单重零点.

理论上已证明, 对高于 4 次的代数方程, 不存在通用的求根公式. 对超越方程, 一般来说更不存在根的解析表达式. 在实际应用中, 只要得到具有给定精度的根的近似值就足够了, 并不需要根的解析表达式. 因此, 讨论求非线性方程根的数值方法有十分重要的意义.

一般情况下, 求解非线性方程分两步进行:

第一步 对方程 (2.1) 的根进行隔离, 找出有根区间, 使在该区间内有且仅有一个根.

第二步 利用迭代法计算满足给定精度的根的近似值. 所谓 "迭代法" 就是, 在方程的有根区间内, 从给定的一个初始值 x_0 出发, 按某种方法产生一个序列 $x_0, x_1, \cdots, x_n, \cdots$, 使此序列收敛于方程的根 x^*.

2.2 二 分 法

二分法源于连续函数的介值定理. 即设 $f(x) \in C[a,b]$, 且 $f(a) \cdot f(b) < 0$, 则 $f(x)$ 在 $[a,b]$ 内至少有一个零点. 如果 $f(x)$ 在 $[a,b]$ 内有且只有一个零点, 则称 $[a,b]$ 为有根区间.

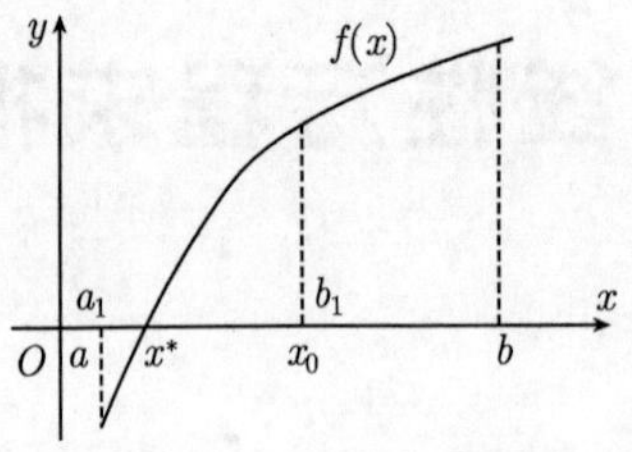

图 2.1 二分法示意图

二分法的具体描述是: 如图 2.1 所示, 取有根区间 $[a,b]$ 的中点 x_0, 确定新的有根区间 $[a_1,b_1]$ 的区间长度仅为 $[a,b]$ 区间长度的一半. 对压缩了的有根区间 $[a_1,b_1]$ 重复以上过程, 又得到新的有根区间 $[a_2,b_2]$, 其区间长度为 $[a_1,b_1]$ 的一半, 如此反复, ……, 可得一系列有根区间

$$[a,b] \supset [a_1,b_1] \supset [a_2,b_2] \supset \cdots \supset [a_n,b_n] \supset \cdots$$

其中每一个区间长度均为前一个区间长度的一半, $x_n = \dfrac{a_n+b_n}{2}$.

因为

$$\begin{aligned}|x_n - x^*| &= \left|\frac{a_n+b_n}{2} - x^*\right| = \left|\frac{1}{2}(a_n - x^*) + \frac{1}{2}(b_n - x^*)\right| \\ &\leqslant \frac{1}{2}\left(|a_n - x^*| + |b_n - x^*|\right) = \frac{1}{2}\left[(x^* - a_n) + (b_n - x^*)\right] \\ &= \frac{b_n - a_n}{2} = \frac{b-a}{2^{n+1}},\end{aligned}$$

所以

$$\lim_{n\to\infty} x_n = x^*.$$

实际计算时, 对于给定的精度 ε, 欲使 $|x_n - x^*| < \varepsilon$, 只要 $\dfrac{b-a}{2^{n+1}} < \varepsilon$ 即可. 由此, 得满足精度要求的二分法迭代次数估计

$$n > \log_2\left(\frac{b-a}{\varepsilon}\right) - 1$$

算法 1(方程求根的二分法)

输入: a, b, 定义函数 $f(x)$, 给定精度 ε;

输出: 方程 (2.1) 的根 x.

$N = \left\lceil \log_2\left(\dfrac{b-a}{\varepsilon}\right) - 1 \right\rceil$;

$n = 0$;

```
x = 1/2 (a + b);
while (f(x) ≠ 0) & (n ≤ N)
    if f(x) · f(a) < 0
        b = x;
    else
        a = x;
    end
    x = 1/2 (a + b);
    n = n + 1;
end
```

其中符号"&"代表逻辑"或", "⌈ ⌉"代表向上取整.

例 1 用二分法求 $e^{-x}-\sin\frac{\pi x}{2}=0$ 在区间 $[0,1]$ 内的一个根, 要求误差不超过 $\frac{1}{2^5}$.

解 因为 $f(0)=1>0$, $f(1)=-0.6321<0$, 又对任意 $x\in[0,1]$,

$$f'(x)=-e^{-x}-\frac{\pi x}{2}\cos\frac{\pi x}{2}<0.$$

所以, 方程在区间 $[0,1]$ 上有且仅有一根. 计算结果见表 2.1 ($N=\lceil\log_2(2^5)-1\rceil=4$).

表 2.1 算法 1 的计算结果

n	$f(x_{n-1})$ 符号	有根区间 $[a_n,b_n]$
1	$f(0.5)=-0.1006<0$	$[0,0.5]$
2	$f(0.25)=0.3961>0$	$[0.25,0.5]$
3	$f(0.375)=0.1317>0$	$[0.375,0.5]$
4	$f(0.4375)=0.0113>0$	$[0.4375,0.5]$

取 $x_4=\frac{0.4375+0.5}{2}=0.4688$ 作为根的近似值, 误差不超过 $\frac{1}{2^5}$.

二分法的优点是算法简单, 对 $f(x)$ 的光滑性要求不高; 缺点是收敛较慢且不能求偶重根. 因此, 二分法一般不单独用于求根, 通常用于确定某迭代法的初始近似值.

2.3 不动点迭代

不动点与不动点迭代 将方程 (2.1) 改写成等价形式

$$x=\varphi(x), \tag{2.2}$$

如果 x^* 满足 $x^*=\varphi(x^*)$, 则称 x^* 为 $\varphi(x)$ 的一个不动点. 这样, 求 $f(x)$ 的零点等价于求 $\varphi(x)$ 的不动点.

设 $\varphi(x)$ 连续, 从初始近似 x_0 出发, 构造迭代

$$x_{n+1} = \varphi(x_n), \quad n = 0, 1, 2, \cdots \tag{2.3}$$

如果序列$\{x_n\}$满足 $\lim\limits_{n\to\infty} x_n = x^*$, 则称迭代法 (2.3) 收敛; 否则称为发散.

如果 $\lim\limits_{n\to\infty} x_n = x^*$, 则由 (2.3) 可得

$$x^* = \lim_{n\to\infty} x_{n+1} = \lim_{n\to\infty} \varphi(x_n) = \varphi(\lim_{n\to\infty} x_n) = \varphi(x^*),$$

即 x^* 为 $\varphi(x)$ 的不动点, 故称 (2.3) 为不动点迭代.

可以用不同的途径, 将方程 $f(x) = 0$ 等价为 $x = \varphi(x)$. 例如, 令 $\varphi(x) = x + f(x)$, 也可用其他更复杂的方法.

例 2 已知方程 $x^3 + 4x^2 - 10 = 0$ 在 $[1, 2]$ 上有一个根, 选用不同迭代函数 $\varphi(x)$, 计算迭代序列$\{x_n\}$, 观察方法的收敛性.

解 方法 1 将原方程等价为 $x = x - x^3 - 4x^2 + 10$, 取 $\varphi(x) = x - x^3 - 4x^2 + 10$;

方法 2 将原方程等价为 $4x^2 = 10 - x^3$, 因所求为正根, 取 $\varphi(x) = \dfrac{1}{2}(10 - x^3)^{\frac{1}{2}}$;

方法 3 将原方程写成 $x^2 = \dfrac{10}{x} - 4x$, 取 $\varphi(x) = \left(\dfrac{10}{x} - 4x\right)^{\frac{1}{2}}$;

方法 4 将原方程写成 $x = \left(\dfrac{10}{4+x}\right)^{\frac{1}{2}}$, 取 $\varphi(x) = \left(\dfrac{10}{4+x}\right)^{\frac{1}{2}}$;

取初始近似值 $x_0 = 1.5$, 用上面 4 种方法迭代计算, 结果见表 2.2.

表 2.2 四种方法的迭代结果

x_n	方法 1	方法 2	方法 3	方法 4
x_0	1.5	1.5	1.5	1.5
x_1	−0.875	1.28695377	0.8165	1.34839973
x_2	6.732	1.40254080	2.9969	1.36737637
x_3	−496.7	1.34545838	$\sqrt{-8.65}$	1.3649570
x_4	1.03×10^8	1.37517025		1.36526475
x_8		1.36591673		1.36523002
x_9		1.36487822		1.36523001
x_{23}		1.36522998		
x_{25}		1.36523001		

显然, 方法 1 和方法 3 不收敛, 方法 2 迭代 25 步有结果 $x_{25} = 1.36523001$, 而方法 4 迭代 8 步有结果 $x_8 = 1.36523001$. 这一例子表明, 原方程化为式 (2.2) 的形式不同, 所产生的迭代序列也不同, 有的迭代收敛, 有的发散. 收敛时, 收敛的速度也有所不同. 因此, $\varphi(x)$ 满足什么条件能保证迭代收敛是我们必须研究的问题.

下面总是假定迭代函数 $\varphi(x)$ 存在不动点的条件下, 来关注不动点迭代 (2.3) 收敛性. 有关函数 $\varphi(x)$ 不动点存在性的结论见文献 [14].

定义 2.1 设 $\varphi(x)$ 有不动点 x^*, 如果存在 x^* 的某个邻域 $N_\delta(x^*) = [x^* - \delta, x^* + \delta]$, 对任意的 $x_0 \in N(x^*)$, 由迭代 (2.3) 产生的序列$\{x_n\}$均收敛于 x^*, 则称迭代法 (2.3) 局部收敛.

定理 2.1 设 x^* 是 $\varphi(x)$ 的不动点, $\varphi(x)$ 在 x^* 的某邻域内有连续的一阶导数, 且 $|\varphi'(x^*)| < 1$, 则不动点迭代 (2.3) 产生的迭代序列$\{x_n\}$局部收敛; 且存在常数 $0 < L < 1$, 有误差估计

$$|x_n - x^*| \leqslant \frac{1}{1-L} |x_{n+1} - x_n| \tag{2.4}$$

和

$$|x_n - x^*| \leqslant \frac{L^n}{1-L} |x_1 - x_0|. \tag{2.5}$$

证明 由 $\varphi(x)$ 在 x^* 的性态推出, 存在 x^* 的某个邻域 $N_\delta(x^*) = [x^* - \delta, x^* + \delta]$, 使对 $\forall x \in N(x^*)$, 有 $|\varphi'(x)| \leqslant L < 1$. 于是, 对任意的 $x_0 \in N(x^*)$, 迭代 (2.3) 产生的迭代序列$\{x_n\}$, 满足

$$|x_{n+1} - x^*| = |\varphi(x_n) - \varphi(x^*)| \leqslant |\varphi'(\xi)| |x_n - x^*| \leqslant L |x_n - x^*|, \tag{2.6}$$

$$|x_{n+1} - x_n| = |\varphi(x_n) - \varphi(x_{n-1})| \leqslant |\varphi'(\xi)| |x_n - x_{n-1}| \leqslant L |x_n - x_{n-1}|, \tag{2.7}$$

由式 (2.6) 推出

$$|x_{n+1} - x^*| \leqslant L |x_n - x^*| \leqslant \cdots \leqslant L^{n+1} |x_0 - x^*| \leqslant L^{n+1}\delta.$$

所以, 不动点迭代 (2.3) 产生的迭代序列$\{x_n\}$局部收敛.

由

$$\begin{aligned} |x_n - x^*| &= |x_n - x_{n+1} + x_{n+1} - x^*| \leqslant |x_n - x_{n+1}| + |x_{n+1} - x^*| \\ &\leqslant |x_n - x_{n+1}| + L |x_n - x^*|, \end{aligned}$$

得

$$|x_n - x^*| \leqslant \frac{1}{1-L} |x_{n+1} - x_n|.$$

再利用式 (2.7), 递推得

$$|x_n - x^*| \leqslant \frac{L^n}{1-L} |x_1 - x_0|.$$

证毕.

定理 2.1 称为不动点迭代的局部收敛性定理, 它对初值 x_0 的要求较高. 实际应用时, 常常先用二分法求得较好的初值, 再进行迭代.

定理 2.1 中式 (2.5) 说明, L 越小, 序列$\{x_n\}$收敛越快. 追求最快收敛速度的算法是理想目标.

定理 2.1 中式 (2.4) 表明, 只要相邻两次迭代的偏差 $|x_{n+1}-x_n|$ 足够小, 就可以保证近似解 x_n 有足够精度. 因此, 在算法设计中, 常用条件 $|x_n-x_{n-1}|\leqslant\varepsilon$ 来控制迭代过程结束; 当 $|x_n|$ 的数量级较大时, 用相对误差 $\dfrac{|x_n-x_{n-1}|}{|x_n|}\leqslant\varepsilon$ 作为迭代终止条件.

定义 2.2 设迭代 $x_{n+1}=\varphi(x_n)$ 产生的序列$\{x_n\}$收敛到 $\varphi(x)$ 的不动点 x^*, 记误差 $e_n=x_n-x^*$, 如果存在正数 p 和 c 使得

$$\lim_{n\to\infty}\frac{|e_{n+1}|}{|e_n|^p}=c$$

成立, 则称该迭代法是 p 阶收敛的.

显然, 收敛阶 p 刻画了迭代序列$\{x_n\}$的**收敛速度**, p 越大收敛越快. 特别地, 当 p=1(此时必须要 $c<1$) 时, 称迭代法为线性收敛; 当 $p>1$ 时, 统称为超线性收敛; 当 $p=2$ 时, 称迭代法为平方收敛.

2.4 牛顿 (Newton) 迭代法及其改进

牛顿迭代法是基于函数的局部线性化思想而形成的. 设 x^* 为方程 (2.1) 的根, $f(x)$ 在 x^* 及其邻域有一阶的连续导数, 且 $f'(x^*)\neq 0$.

按导数定义及其性质, 则存在邻域 $N_\delta(x^*)=[x^*-\delta,x^*+\delta]$, 当 $x\in N_\delta(x^*)$ 时, 使 $f'(x)\neq 0$, 且

$$0=f(x^*)=f(x)+f'(x)(x^*-x)+o\left(|x^*-x|\right), \tag{2.8}$$

其中 $o(\cdot)$ 表示高阶无穷小.

显然, 当 x_0 充分靠近 x^* 时, 由式 (2.8) 得到

$$f(x_0)+f'(x_0)(x^*-x_0)\approx 0,$$

解得

$$x^*\approx x_0-\frac{f(x_0)}{f'(x_0)}.$$

记

$$x_1=x_0-\frac{f(x_0)}{f'(x_0)}, \tag{2.9}$$

可以证明, x_1 比 x_0 更靠近 x^*.

视 x_1 为 x_0, 重复以上过程, $\cdots\cdots$, 得到迭代算法

$$x_{n+1}=x_n-\frac{f(x_n)}{f'(x_n)},\quad n=0,1,2,\cdots \tag{2.10}$$

称之为牛顿迭代法.

牛顿迭代法有明显的几何解释, 如图 2.2 所示.

求 $f(x)=0$ 的根 x^*, 即求曲线 $y=f(x)$ 与 x 轴的交点的横坐标.

牛顿迭代法就是曲线在点 $(x_n, f(x_n))$ 处的切线

$$y=f(x_n)+f'(x_n)(x-x_n).$$

与 x 轴的交点的横坐标

$$x=x_n-\frac{f(x_n)}{f'(x_n)}.$$

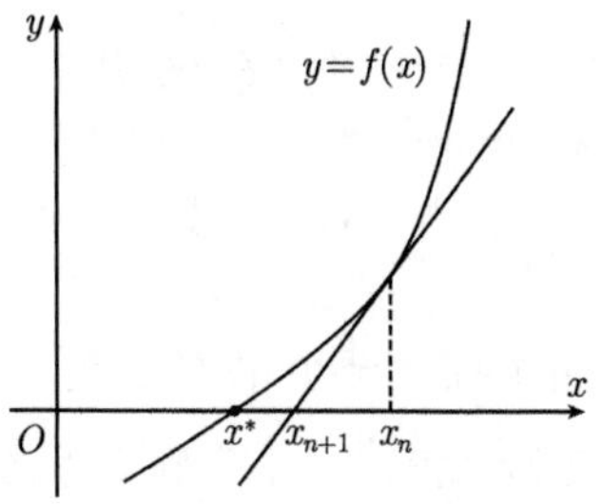

图 2.2　牛顿法的几何解释

用它作为 x^* 的更好的近似, 故牛顿迭代法也称为切线法.

显然, 牛顿迭代法 (2.10) 的迭代函数为

$$\varphi(x)=x-\frac{f(x)}{f'(x)}.$$

定理 2.2　设 $f(x)$ 在 x^* 的某邻域内具有连续的一阶导数, 且 $f(x^*)=0, f'(x^*)\neq 0$(x^* 是 $f(x)=0$ 的单根), 则对充分靠近 x^* 的初始值 x_0, 牛顿迭代 (2.10) 产生的序列$\{x_n\}$超线性收敛; 如果 $f(x)$ 在 x^* 的某邻域内还具有连续的二阶导数, 则牛顿迭代 (2.10) 产生的序列$\{x_n\}$至少平方收敛到 x^*.

证明　因为

$$x_{n+1}-x^*=x_n-x^*-\frac{f(x_n)}{f'(x_n)}=-\frac{[f'(x_n)(x^*-x_n)+f(x_n)]}{f'(x_n)},$$

所以, 当 n 充分大时, 有

$$|x_{n+1}-x^*|=o\left(|x_n-x^*|\right),$$

这表明$\{x_n\}$超线性收敛.

如果 $f(x)$ 在 x^* 的某邻域内具有连续的二阶导数, 则有

$$\varphi'(x)=1-\frac{f'(x)^2-f''(x)f(x)}{f'(x)^2}=\frac{f(x)f''(x)}{f'(x)^2},$$

又由 $f(x^*)=0$, $f'(x^*)\neq 0$, 推出 $\varphi'(x^*)=0$, 且

$$\varphi''(x^*)=\lim_{x\to x^*}\frac{\varphi'(x)-\varphi'(x^*)}{x-x^*}=\lim_{x\to x^*}\frac{f''(x)}{f'(x)^2}\cdot\lim_{x\to x^*}\frac{f(x)-f(x^*)}{x-x^*}=\frac{f''(x^*)}{f'(x^*)}.$$

于是

$$\begin{aligned}x_{n+1}&=\varphi(x_n)=\varphi(x^*)+\varphi(x^*)(x_n-x^*)+\frac{1}{2}\varphi''(x^*)(x_n-x^*)^2+o\left(|x_n-x^*|^3\right)\\&=x^*+\frac{1}{2}\varphi''(x^*)(x_n-x^*)^2+o\left(|x_n-x^*|^3\right),\end{aligned}$$

$$\lim_{n\to\infty}\frac{|x_{n+1}-x^*|}{|x_n-x^*|^2}=\frac{1}{2}\varphi''(x^*).$$

这表明牛顿法至少平方收敛.

定理 2.2 指出, 牛顿迭代法是不动点迭代的特例, 也是局部收敛的算法. 它的突出优点是求方程单根的收敛速度很快, 如果初始近似选的可靠, 一般迭代 5 步之内得到根. 但它也有明显的问题:

(1) $f'(x^*)=0$ 时, 牛顿迭代法还能用吗? 即能求重根吗?

(2) 每一步要计算导数 $f'(x_n)$, 带来计算复杂性问题. 因此, 在实际应用中, 常根据情况对牛顿法作适当修改, 下面介绍几个常用的修正算法.

弦截法 为了避免导数 $f'(x_n)$ 计算, 通常可用差商来代替导数, 即

$$f'(x_n)\approx\frac{f(x_n)-f(x_{n-1})}{x_n-x_{n-1}},$$

有

$$x_{n+1}=x_n-\frac{f(x_n)}{f(x_n)-f(x_{n-1})}(x_n-x_{n-1}),\quad n=1,2,\cdots \tag{2.11}$$

称之为弦截法.

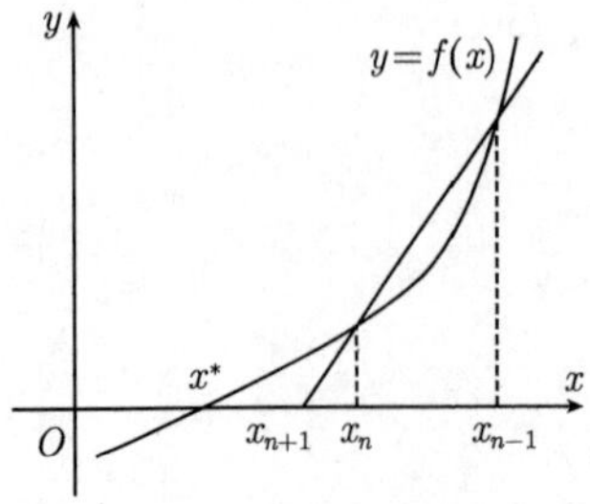

图 2.3 弦截法示意图

从几何上看, 如图 2.3 所示, 式 (2.11) 实际上是过曲线 $y=f(x)$ 上两点 $(x_{n-1},f(x_{n-1}))$ 和 $(x_n,f(x_n))$ 的割线与 x 轴交点的横坐标即为 x_{n+1}, 故弦截法也称为割线法.

应用弦截法式 (2.11) 求根时, 需要给出两个初始值 x_0, x_1. 可以证明, 当 x_0, x_1 充分靠近 x^* 时, 弦截法 (2.11) 产生的序列$\{x_n\}$是超线性收敛的, 且收敛阶 $p=\dfrac{1+\sqrt{5}}{2}\approx 1.618$.

重根情况 $f(x)=(x-x^*)^m g(x)$, 正整数 $m\geqslant 2$, $g(x^*)\neq 0$. 因为

$$\begin{aligned}\varphi(x)&=x-\frac{f(x)}{f'(x)}=x-\frac{(x-x^*)g(x)}{mg(x)+(x-x^*)g'(x)},\\ \varphi(x^*)&=\lim_{x\to x^*}\varphi(x)=x^*,\\ \varphi'(x^*)&=\lim_{x\to x^*}\frac{\varphi(x)-\varphi(x^*)}{x-x^*}\\ &=\lim_{x\to x^*}\left[1-\frac{g(x)}{mg(x)+(x-x^*)g'(x)}\right]\\ &=1-\frac{1}{m},\end{aligned}$$

且 $|\varphi'(x^*)|=1-\dfrac{1}{m}<1$, 所以牛顿迭代法求重根是线性收敛.

显然, 取 $\varphi(x)=x-m\dfrac{f(x)}{f'(x)}$, 则 $\varphi'(x^*)=0$, 相应的迭代格式

$$x_{n+1}=x_n-m\frac{f(x_n)}{f'(x_n)},\quad n=0,1,2,\cdots \tag{2.12}$$

至少平方收敛.

迭代格式 (2.12) 需要知道根的重数 m, 这在实际中往往很困难. 因此, 迭代格式 (2.12) 并不能直接使用. 下面的改进更有实用价值.

令 $u(x)=\dfrac{f(x)}{f'(x)}$, 则 x^* 是 $u(x)=0$ 的单根. 对方程 $u(x)=0$ 用牛顿法, 有迭代格式

$$\begin{cases}x_{n+1}=x_n-\dfrac{u(x_n)}{u'(x_n)}=x_n-\dfrac{f(x_n)f'(x_n)}{f'(x_n)^2-f(x_n)f''(x_n)},\\ n=0,1,2,\cdots,\end{cases} \tag{2.13}$$

它至少平方阶收敛.

例 3 用牛顿迭代法、割线法和改进牛顿迭代法 (2.13) 求方程 $f(x)=(x+1)(x-1)^3=0$ 的三重根 $x^*=1$, 观察方法的收敛性. 初值 $x_0=1.5, \bar{x}_0=1.6$.

解 计算结果见表 2.3.

表 2.3 计算结果

k	x_k(牛顿法)	x_k(割线法)	x_k(改进牛顿法 (2.13))
1	1.34375000000000	1.30468750000000	0.97368421052632
2	1.23450741525424	1.20626411846965	0.99988148850438
3	1.15898041639144	1.13101133639153	0.99999999765889

续表

k	x_k(牛顿法)	x_k(割线法)	x_k(改进牛顿法 (2.13))
4	1.10725653794966	1.08377457379977	1.00000000000000
5	1.07210081832811	1.05266883492349	
6	1.04834277385061	1.03298993579585	
7	1.03235429682260	1.02054730533455	
8	1.02162645889627	1.01276539826219	
9	1.01444325350751	1.00791435000345	
25	1.00002206801841	1.00000360495092	
26	1.00001471203933	1.00000222798424	
27	1.00000980803824	1.00000137697077	
28	1.00000653869751	1.00000085101503	
29	1.00000435913405	1.00000052595633	

计算结果表明, 求重根时, 牛顿迭代法和割线法收敛速度相当, 均为线性收敛; 而改进牛顿法达到平方收敛速度, 但这需要求二阶导数.

2.5 加速收敛技术

不动点迭代 (2.3)、牛顿迭代在求重根时通常只有线性收敛, 效率很低, 甚至是不收敛的, 因此迭代过程的加速是需要研究的问题.

设 $x^* = \varphi(x^*)$ 是 $\varphi(x)$ 的不动点, 迭代法 $x_{n+1} = \varphi(x_n)$ 收敛很慢, 表现为第 n 步以后的结果是

$$\frac{x_{n+1} - x^*}{x_{n+2} - x^*} \approx \frac{(x_n - x^*)}{(x_{n+1} - x^*)},$$

解出

$$x^* \approx \frac{x_{n+2} \cdot x_n - x_{n+1}^2}{x_{n+2} - 2x_{n+1} + x_n} = x_n - \frac{(x_{n+1} - x_n)^2}{x_{n+2} - 2x_{n+1} + x_n}.$$

由此, 可形成一种方程求根的计算格式：$n = 0, 1, 2, \cdots$

$$\begin{aligned} &\text{预估} \quad y_n = \varphi(x_n), \\ &\text{预估} \quad z_n = \varphi(y_n), \\ &\text{校正} \quad x_{n+1} = x_n - \frac{(y_n - x_n)^2}{z_n - 2y_n + x_n}. \end{aligned} \tag{2.14}$$

称之为斯蒂芬森 (Steffensen) 迭代法.

斯蒂芬森迭代法的收敛性 此迭代法的迭代函数为

$$\psi(x) = x - \frac{[\varphi(x) - x]^2}{\varphi(\varphi(x)) - 2\varphi(x) + x}.$$

定理 2.3 若 x^* 为 $\varphi(x)$ 的不动点, 且 $\varphi''(x^*)$ 存在, $\varphi'(x^*) \neq 1$, 则 x^* 是 $\psi(x)$ 的不动点且斯蒂芬森迭代 (2.14) 至少平方收敛.

证明 由洛必达法则

$$\begin{aligned}\psi(x^*) &= \lim_{x \to x^*} \psi(x) = \lim_{x \to x^*} \frac{x\varphi(\varphi(x)) - \varphi^2(x)}{\varphi(\varphi(x)) - 2\varphi(x) + x} \\ &= \lim_{x \to x^*} \frac{x\varphi'(\varphi(x))\varphi'(x) + \varphi(\varphi(x)) - 2\varphi(x)\varphi'(x)}{\varphi'(\varphi(x))\varphi'(x) - 2\varphi'(x) + 1} \\ &= x^*,\end{aligned}$$

这说明 x^* 是 $\psi(x)$ 的不动点.

又由于

$$\begin{aligned}\varphi(x) &= x^* + A(x - x^*) + O\left(|x - x^*|^2\right), \\ \varphi(\varphi(x)) &= x^* + A^2(x - x^*) + O\left(|x - x^*|^2\right),\end{aligned}$$

其中 $A = \varphi'(x^*)$. 可推出

$$\psi(x) - x^* = O\left(|x - x^*|^2\right),$$

于是

$$\lim_{n \to \infty} \frac{x_{n+1} - x^*}{(x_n - x^*)^2} = \lim_{n \to \infty} \frac{\psi(x_n) - x^*}{(x_n - x^*)^2} = \lim_{x \to x^*} \frac{\psi(x) - x^*}{(x - x^*)^2} = c.$$

这说明斯蒂芬森迭代 (2.14) 至少平方收敛.

斯蒂芬森迭代 (2.14) 的优点是不求导数且是平方收敛的方法.

例 4 用斯蒂芬森迭代求方程 $f(x) = (x+1)(x-1)^3 = 0$ 的三重根 $x^* = 1$. 这里原始迭代函数取牛顿迭代 $\varphi(x) = x - \dfrac{f(x)}{f'(x)}$, 初值 $x_0 = 1.5$.

解 计算结果见表 2.4.

表 2.4 计算结果

k	y_k	z_k	x_{k+1}
1	1.34375000000000	1.23450741525424	0.98063380281690
2	0.98711031049555	0.99141618389523	0.99995771754443
3	0.99997181179561	0.99998120790789	0.99999999980135
4	0.99999999986757	0.99999999991171	1.00000000000000

本章总结

本章主要介绍求单变量非线性方程 $f(x)=0$ 的根的方法. 二分法, 适合为局部收敛的迭代法提供好的初始值. 在迭代法中牛顿法最为实用, 求单根具有至少二阶收敛速度. 但是, 牛顿法在实际应用中, 会遇到对初值选取和导数计算的困难. 初值选取的困难是由于牛顿法的局部收敛性引起的, 寻求大范围收敛的算法才能解决.

习 题 2

1. 用二分法求方程 $2e^{-x}-\sin x=0$ 在区间 $[0,1]$ 内的根, 精确到 3 位有效数字.

2. 为求方程 $x^3-x^2-1=0$ 在 $x_0=1.5$ 附近的根, 将方程改写成下列等价形式:

(1) $x=1+\dfrac{1}{x^2}$; (2) $x^3=1+x^2$; (3) $x^2=\dfrac{1}{x-1}$; (4) $x^2=x^3-1$.

试分析每种迭代的收敛性, 并选取一种公式求出具有 4 位有效数字的近似根.

3. 给定函数 $f(x)$, 设对一切 x, $f'(x)$ 存在且 $0<m\leqslant f'(x)\leqslant M$, 证明对于范围 $0<\lambda<\dfrac{2}{M}$ 内的任意常数 λ, 迭代 $x_{n+1}=x_n-\lambda f(x_n)$ 均收敛于 $f(x)=0$ 的根 x^*.

4. 设方程 $12-3x+2\cos x=0$ 的迭代法 $x_{n+1}=4+\dfrac{2}{3}\cos x_n$, 解决下列问题:

(1) 证明对 $\forall x_0\in\mathbf{R}$, 均有 $\lim\limits_{n\to\infty}x_n=x^*$, 其中 x^* 为方程的根;

(2) 此迭代法收敛阶是多少? 证明你的结论.

5. 用下列方法求方程 $x^3-2x-5=0$ 在 $x_0=2$ 附近的根, 计算到 4 位有效数字.

(1) 牛顿法;

(2) 弦截法, 取 $x_0=2$, $x_1=2.2$.

6. 对于 $f(x)=0$ 的牛顿公式 $x_{n+1}=x_n-\dfrac{f(x_n)}{f'(x_n)}$, 证明: $R_n=\dfrac{(x_n-x_{n-1})}{(x_{n-1}-x_{n-2})^2}$ 收敛到 $-\dfrac{1}{2}\dfrac{f''(x^*)}{f'(x^*)}$, 这里 x^* 是 $f(x)=0$ 的单根.

7. 写出用牛顿法求方程 $x^m-a=0$ 的根 $\sqrt[m]{a}$ 的迭代公式 $(a>0)$, 分析在什么范围内取初值 x_0, 就可保证牛顿法收敛.

8. 证明对 $\forall x_0>0$, 迭代公式

$$x_{n+1}=\frac{x_n(x_n^2+3a)}{3x_n^2+a}$$

是计算 $\sqrt{a}$ 的三阶方法, 并求 $\lim\limits_{n\to\infty}\dfrac{(\sqrt{a}-x_{n+1})}{(\sqrt{a}-x_n)^3}$.

9. 考虑求解方程 $x^2+2x-3=0$ 的牛顿迭代格式

$$x_{n+1}=x_n-\frac{x_n^2+2x_n-3}{2x_n+2},\quad n=0,1,2,\cdots$$

证明 (1) 当 $x_0 \in (-\infty, -1)$ 时, $\lim\limits_{n\to\infty} x_n = -3$;

(2) 当 $x_0 \subset (-1, +\infty)$ 时, $\lim\limits_{n\to\infty} x_n = 1$.

10. 设 $\varphi(x) = x - p(x)f(x) - q(x)f^2(x)$, 试确定函数 $p(x)$ 和 $q(x)$, 使求解 $f(x)=0$ 且以 $\varphi(x)$ 为迭代函数的迭代法至少三阶收敛.

计算实习 2

分别用二分法、牛顿迭代法、割线法、斯蒂芬森迭代法求方程

$$f(x) = \left(x^2+1\right)(x-1)^6 = 0$$

的根 $x=1$, 观察不同初始值下的收敛性, 并给出你的结论.

第 3 章

Chapter 3

插值与拟合

3.1 问题的提出

找到描述问题内在规律的数量关系 $y=f(x)$ 是所希望的, 但往往做不到. 一方面, 问题的数量关系 (函数) 是通过实验或观测得到的, 表现为一张函数表, 即只能是给出区间 $[a,b]$ 上的一系列点 x_i 以及对应的函数值 y_i, 其中 $y_i=f(x_i)$ $(i=1,2,\cdots,n)$. 另一方面, 虽然有的函数有解析式, 但由于计算复杂, 通常也是构造一张函数表, 比如大家熟悉的三角函数表、对数表、算数平方根表和立方根表等等. 因此, 需要根据给定的函数表, 做出一个既能反映函数 $y=f(x)$ 的特性, 又能方便于计算的简单函数 $P(x)$, 即用简单函数 $P(x)$ 近似函数 $f(x)$. 本章将介绍解决这个问题的两种途径：一个是插值法, 一个是曲线拟合.

插值法 设函数 $y=f(x)$ 在区间 $[a,b]$ 上有定义, 且给定点 $a\leqslant x_0<x_1<\cdots<x_n\leqslant b$ 上的函数值 y_0, y_1, $\cdots$, y_n, 寻找一个简单函数 $P(x)$, 使得

$$P(x_i)=y_i\quad(i=0,1,\cdots,n).\tag{3.1}$$

这种方法称为插值法; $P(x)$ 称为 $f(x)$ 的插值函数; 点 x_0, x_1, $\cdots$, x_n 称为插值节点; 包含插值节点的区间 $[a,b]$ 称为插值区间; 在插值区间 $[a,b]$ 上任意一点 x 处的误差

$$R(x)=f(x)-P(x)\tag{3.2}$$

称为插值余项.

特别地, 若插值函数 $P(x)$ 是次数不超过 n 的代数多项式

$$P(x)=a_0+a_1x+\cdots+a_nx^n,$$

则称为代数插值; 若 $P(x)$ 为有理函数, 就称为有理插值; 若 $P(x)$ 为三角多项式, 就称为三角插值.

从几何上看, 插值法实际上就是求曲线 $y=P(x)$, 使其通过给定的 $n+1$ 个点, 即 "过点", 并用它来近似函数 $y=f(x)$. 如图 3.1 所示.

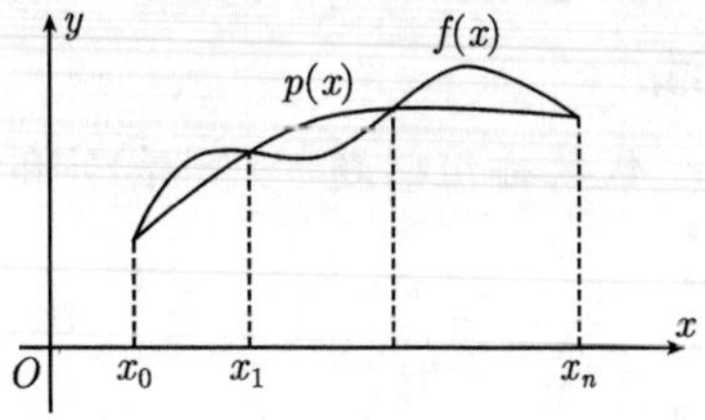

图 3.1　插值法示意图

插值法是一种古老的方法, 早在公元 6 世纪, 我国刘卓已将等距二次插值应用于天文计算. 17 世纪, Newton 和 Gregory 建立了等距节点上的一般插值公式. 18 世纪, Lagrange 给出了更一般的非等距节点上的插值公式. 由于应用上和理论上的需要, 近几十年来, 插值法仍不断有新的发展. 特别是样条函数插值法, 已经应用到了机械精密加工, 计算机图形学等领域. 另外, 插值法还是数值微分、数值积分、微分方程数值解等数值计算的基础.

曲线拟合　已知一组观测数据 (x_i, y_i), $i=1,2,\cdots,m$, 选择一个简单函数 $P(x)$, 在一定指标意义下最接近这组数据, 但并不要求必须通过数据点, 这就是曲线拟合问题. 这样被确定的简单函数 $P(x)$, 称为拟合函数. 与曲线拟合相近的问题是函数逼近, 函数逼近就是已知一个较复杂的连续函数 $f(x)$, 要求寻找一个较简单的函数 $P(x)$, 在一定指标意义下最接近 $f(x)$.

在科学实验或统计计算中, 经常是从数据 (x_i, y_i), $i=1,2,\cdots,m$ 中找出自变量 x 和因变量 y 的函数变化关系 $y=f(x)$. 如果要求曲线 $y=f(x)$ 必须通过给定的点 (x_i, y_i), 则有如下两个方面的局限性：一方面观测误差被保留了下来; 另一方面这样得到的曲线 $y=f(x)$ 也不一定真实地反映实验数据的变化规律, 而且误差可能很大. 因此, 对这类问题一般不能用插值法, 而是采用曲线拟合方法.

曲线拟合方法中, 最常用的是曲线的最小二乘拟合法. 所谓曲线的最小二乘拟合, 即由给定的数据 (x_i, y_i), $i=1,2,\cdots,m$, 选择拟合函数类 $y=P(x,a_0,a_1,\cdots,a_n)$, 其中 $a_0,a_1,\cdots,a_n$ 为待定参数. 根据在给定点误差的平方和

$$\sum_{i=1}^{m}[P(x_i,a_0,a_1,\cdots,a_n)-y_i]^2 \tag{3.3}$$

最小的原则, 求出参数 $a_0,a_1,\cdots,a_n$ 的值, 从而求出拟合曲线的表达式 $y=P*(x)$.

本章主要介绍代数插值 (多项式插值、分段低次多项式插值), 正交多项式及其应用、数据的最小二乘法拟合等内容.

3.2 代数插值

多项式类函数不仅简单, 而且能一致逼近任何连续函数. 因此, 选择多项式作为插

值函数是合理的. 本节主要介绍常用的 Lagrange 插值法、Newton 插值法和 Hermite 插值法.

代数插值问题　对于给定的插值节点 $a \leqslant x_0 < x_1 < \cdots < x_n \leqslant b$, 求形如

$$P_n(x) = a_0 + a_1 x + \cdots + a_n x^n \tag{3.4}$$

的插值多项式, 使其满足插值条件

$$P_n(x_i) = y_i = f(x_i) \quad (i = 0, 1, \cdots, n). \tag{3.5}$$

定理 3.1　在次数不超过 n 的多项式集合 $H_n(x)$ 中, 满足条件 (3.5) 的多项式 $P_n(x)$ 是存在唯一的.

证明　由插值条件 (3.5) 得非齐次线性方程组

$$\begin{cases} a_0 + a_1 x_0 + a_2 x_0^2 + \cdots + a_n x_0^2 = y_0, \\ a_0 + a_1 x_1 + a_2 x_1^2 + \cdots + a_n x_1^2 = y_1, \\ \cdots\cdots \\ a_0 + a_1 x_n + a_2 x_n^2 + \cdots + a_n x_n^2 = y_n. \end{cases}$$

其系数行列式

$$D = \begin{vmatrix} 1 & x_0 & x_0^2 & \cdots & x_0^n \\ 1 & x_1 & x_1^2 & \cdots & x_1^n \\ \vdots & \vdots & \vdots & & \vdots \\ 1 & x_n & x_n^2 & \cdots & x_n^n \end{vmatrix}$$

为 Vandermonde 行列式.

因为 $x_0, x_1, \cdots, x_n$ 是一组互异的点, 所以 $D \neq 0$. 方程组有唯一解 $a_0, a_1, \cdots, a_n$. 即满足插值条件的多项式存在, 并且唯一.

定理 3.2　设 $f(x)$ 在区间 $[a, b]$ 上具有直到 $n+1$ 阶的导数, 则满足插值条件 (3.5) 的多项式 $P_n(x)$, 对于任意 $x \in [a, b]$, 存在 $\xi \in (a, b)$, 使插值余项

$$R_n(x) = f(x) - P_n(x) = \frac{f^{n+1}(\xi)}{(n+1)!}\omega_{n+1}(x), \tag{3.6}$$

其中 $\omega_{n+1}(x) = (x - x_0)(x - x_1)\cdots(x - x_n) = \prod\limits_{i=0}^{n}(x - x_i)$.

证明　由插值条件 (3.5) 可知, $R_n(x_i) = 0, i = 0, 1, \cdots, n$. 于是有

$$R_n(x) = k(x)(x - x_0)(x - x_1)\cdots(x - x_n) = k(x)\omega_{n+1}(x),$$

其中 $k(x)$ 是与 x 有关的待定函数. 对于任意给定的 $x \in [a,b]$, 构造函数

$$\varphi(t) = f(t) - P_n(t) - k(x)\omega_{n+1}(t),$$

当 $x \neq x_i$ 时, 有

$$\varphi(x) = \varphi(x_0) = \varphi(x_1) = \cdots = \varphi(x_n) = 0,$$

即 $\varphi(t)$ 在 $[a,b]$ 上至少有 $n+2$ 个零点.

由罗尔中值定理, 存在 $\xi \in (a,b)$, 使得

$$\varphi^{(n+1)}(\xi) = f^{(n+1)}(\xi) - (n+1)!k(x) = 0,$$

即

$$k(x) = \frac{f^{(n+1)}(\xi)}{(n+1)!}.$$

所以

$$R_n(x) = f(x) - P_n(x) = \frac{f^{(n+1)}(\xi)}{(n+1)!}\omega_{n+1}(x),$$

如果我们能够得到 $M_{n+1} = \max\limits_{a<x<b} |f^{(n+1)}(x)|$ 的一个好的估计, 那么用插值多项式 $P_n(x)$ 近似 $f(x)$, 则其截断误差满足

$$|R_n(x)| \leqslant \frac{M_{n+1}}{(n+1)!}|\omega_{n+1}(x)|. \tag{3.7}$$

3.2.1 Lagrange 插值多项式

在节点 $x_0 < x_1 < \cdots < x_n$ 上, 定义 n 次多项式

$$\begin{aligned} l_k(x) &= \frac{(x-x_0)(x-x_1)\cdots(x-x_{k-1})(x-x_{k+1})\cdots(x-x_n)}{(x_k-x_0)(x_k-x_1)\cdots(x_k-x_{k-1})(x_k-x_{k+1})\cdots(x_k-x_n)} \\ &= \frac{\omega_{n+1}(x)}{(x-x_k)\omega'_{n+1}(x_k)}, \quad k = 0,1,\cdots,n. \end{aligned} \tag{3.8}$$

$l_k(x)$ $(k = 0,1,\cdots,n)$ 具有性质:

$$l_k(x_j) = \begin{cases} 1, & k = j, \\ 0, & k \neq j. \end{cases}$$

可以证明, $l_0(x), l_1(x), \cdots, l_n(x)$**线性无关**, 构成 $H_n(x)$ 的一个基底.

这样, 对任意 $P_n(x) \in H_n(x)$, 均有

$$P_n(x) = \sum_{k=0}^{n} a_k l_k(x). \tag{3.9}$$

特别的, 有多项式

$$L_n(x) = \sum_{k=0}^{n} y_k l_k(x). \tag{3.10}$$

容易验证 $L_n(x)$ 满足插值条件.

定义 3.1 称 $l_0(x), l_1(x), \cdots, l_n(x)$ 为节点 $x_0, x_1, \cdots, x_n$ 上的 n 次 Lagrange 插值基函数. 称为 Lagrange 插值多项式.

特别地, 一次 Lagrange 插值称为线性插值, 二次 Lagrange 插值称为抛物线插值.

由定理 3.1 和定理 3.2 可知, 只要 $f(x)$ 在区间 $[a,b]$ 上具有直到 $n+1$ 阶导数, 则 Lagrange 插值多项式 $L_n(x)$ 的插值余项为

$$R_n(x) = f(x) - L_n(x) = \frac{f^{n+1}(\xi)}{(n+1)!}\omega_{n+1}(x), \tag{3.11}$$

其中 $\xi \in (a,b)$. 而截断误差限满足

$$|R_n(x)| \leqslant \frac{M_{n+1}}{(n+1)!}|\omega_{n+1}(x)|, \tag{3.12}$$

这里 $M_{n+1} = \max\limits_{a<x<b} |f^{(n+1)}(x)|$.

特别地, 线性插值函数为

$$L_1(x) = y_0 \cdot \frac{x-x_1}{x_0-x_1} + y_1 \cdot \frac{x-x_0}{x_1-x_0}, \tag{3.13}$$

线性插值的余项为

$$R_1(x) = \frac{f''(\xi)}{2}(x-x_0)(x-x_1), \tag{3.14}$$

其中 $\xi \in (x_0, x_1)$. 截断误差满足

$$|R_1(x)| \leqslant \frac{M_2}{8}(x_1-x_0)^2, \tag{3.15}$$

这里 $M_2 = \max\limits_{x_0<x<x_1} |f''(x)|$.

这说明小区间上可用线性插值来逼近. 而对于大区间, 先分成有限多个小区间, 然后对每个小区间上施行线性插值, 就可以达到整体逼近效果.

例 1 已知 $f(-1)=2, f(1)=1, f(2)=1$, 求 $f(x)$ 的 Lagrange 插值多项式.

解 设 $x_0=-1, x_1=1, x_2=2$, 则

$$l_0(x) = \frac{(x-x_1)(x-x_2)}{(x_0-x_1)(x_0-x_2)} = \frac{(x-1)(x-2)}{(-1-1)(-1-2)} = \frac{1}{6}(x^2-3x+2),$$

$$l_1(x) = \frac{(x-x_0)(x-x_2)}{(x_1-x_0)(x_1-x_2)} = \frac{(x+1)(x-2)}{(1+1)(1-2)} = -\frac{1}{2}(x^2-x+2),$$

$$l_2(x) = \frac{(x-x_0)(x-x_1)}{(x_2-x_0)(x_2-x_1)} = \frac{(x+1)(x-1)}{(2+1)(2-1)} = \frac{1}{3}(x^2-1),$$

故所求插值多项式为

$$L_2(x) = f(x_0)l_0(x) + f(x_1)l_1(x) + f(x_2)l_2(x) = \frac{1}{6}(x^2-3x+8).$$

3.2.2 Newton 插值多项式

利用 Lagrange 插值基函数构造的插值多项式, 当增加或减少一个节点时, Lagrange 插值基函数全部需要重新计算, 整个公式也将发生变化. 这种结构上的紧密性, 在实际科学计算中是不方便的. 为了克服这个缺陷, 提出了如下的 Newton 插值法.

Newton 插值法　对于给定的插值节点 $a \leqslant x_0 < x_1 < \cdots < x_n \leqslant b$, 构造次数不超过 n 插值多项式

$$\begin{aligned} N_n(x) = {} & a_0 + a_1(x-x_0) \\ & + a_2(x-x_0)(x-x_1) \\ & + \cdots \\ & + a_n(x-x_0)(x-x_1)\cdots(x-x_{n-1}), \end{aligned} \tag{3.16}$$

使其满足插值条件 (3.5). 这样得到的插值多项式 $N_n(x)$ 称为Newton 插值多项式.

由 $N_n(x_0) = a_0 = f(x_0)$, 推得 $a_0 = f(x_0)$. 记

$$f[x_0] = f(x_0), \tag{3.17}$$

称之为 $f(x)$ 关于点 x_0 的0 阶差商;

由 $N_n(x_1) = a_0 + a_1(x_1-x_0) = f(x_1)$, 推得 $a_1 = \dfrac{f(x_1)-f(x_0)}{x_1-x_0}$. 记

$$f[x_0,x_1] = \frac{f(x_1)-f(x_0)}{x_1-x_0}, \tag{3.18}$$

称之为函数 $f(x)$ 关于点 x_0, x_1 的1 阶差商;

由 $N_n(x_2) = a_0 + a_1(x_2-x_0) + a_2(x_2-x_0)(x_2-x_1) = f(x_2)$, 推得

$$a_2 = \frac{f[x_0,x_2]-f[x_0,x_1]}{x_2-x_1},$$

记

$$f[x_0,x_1,x_2]=\frac{f[x_0,x_2]-f[x_0,x_1]}{x_2-x_1}, \tag{3.19}$$

称之为 $f(x)$ 关于点 x_0,x_1,x_2 的2 阶差商;

以此类推, 得到 $(k=3,4,\cdots,n)$

$$a_k=\frac{f\left[x_0,\cdots,x_{k-2},x_k\right]-f\left[x_0,\cdots,x_{k-2},x_{k-1}\right]}{x_k-x_{k-1}},$$

记

$$f\left[x_0,\cdots,x_{k-1},x_k\right]=\frac{f\left[x_0,\cdots,x_{k-2},x_k\right]-f\left[x_0,\cdots,x_{k-2},x_{k-1}\right]}{x_k-x_{k-1}},$$

称之为 $f(x)$ 关于点 $x_0,x_1,\cdots,x_k$ 的 k阶差商.

综合上述, 得到 Newton 插值多项式为

$$\begin{aligned}N_n(x)=&f\left[x_0\right]\\&+f\left[x_0,x_1\right](x-x_0)\\&+f\left[x_0,x_1,x_2\right](x-x_0)(x-x_1)\\&+\cdots\\&+f\left[x_0,x_1,\cdots,x_n\right](x-x_0)(x-x_1)\cdots(x-x_{n-1}).\end{aligned} \tag{3.20}$$

为了得到 Newton 插值多项式的**余项**, 我们不加证明的给出差商的下列性质:

(1) 差商是函数值的线性组合. 即

$$f\left[x_0,x_1,\cdots,x_n\right]=\sum_{k=0}^{n}\frac{1}{\omega'_{n+1}(x_k)}f(x_k). \tag{3.21}$$

(2) 差商与节点的排列次序无关, 这一性质称为对称性. 即

$$f\left[x_0,\cdots,x_i,\cdots,x_j,\cdots,x_n\right]=f\left[x_0,\cdots,x_j,\cdots,x_i,\cdots,x_n\right]. \tag{3.22}$$

(3) 若 $f^{(n)}(x)$ 在区间 $[a,b]$ 上连续, 则

$$f\left[x_0,x_1,\cdots,x_n\right]=\frac{f^{(n)}(\xi)}{n!},\ \xi\in(a,b). \tag{3.23}$$

特别地,

$$f[\underbrace{x_0,x_0,\cdots,x_0}_{n+1\text{个}}]=\frac{f^{(n)}(x_0)}{n!}. \tag{3.24}$$

证明留给读者作练习.

定理 3.3 Newton 插值多项式 (3.20) 的插值余项为

$$R_n(x)=f(x)-N_n(x)=f\left[x,x_0,x_1,\cdots,x_n\right]\omega_{n+1}(x) \tag{3.25}$$

证明 由差商定义, 有

$$f[x]=f[x_0]+f[x,x_0](x-x_0), \tag{3.26}$$

$$f\left[x,x_0\right]=f\left[x_0,x_1\right]+f[x,x_0,x_1](x-x_1), \tag{3.27}$$

$$f[x,x_0,x_1]=f\left[x_0,x_1,x_2\right]+f[x,x_0,x_1,x_2](x-x_2), \tag{3.28}$$

$$\cdots\cdots$$

$$f[x,x_0,x_1,\cdots,x_{n-1}]=f\left[x_0,\cdots,x_{n-1},x_n\right]+f[x,x_0,\cdots,x_n](x-x_n), \tag{3.29}$$

先将式 (3.27) 两边同乘以 $(x-x_0)$, 式 (3.28) 两边同乘以 $(x-x_0)(x-x_1)$, 以此类推, $\cdots\cdots$, 式 (3.29) 两边同乘以 $(x-x_0)(x-x_1)\cdots(x-x_{n-1})$, 然后再与式 (3.26) 相加得到

$$f\left[x\right]=N_n(x)+f\left[x,x_0,x_1,\cdots,x_n\right](x-x_0)(x-x_1)\cdots(x-x_n).$$

这说明定理 3.3 成立.

实际应用 Newton 插值多项式时, 采用如下的**差商**表 3.1 进行.

表 3.1 差商表

x_i	$f(x_i)$	一阶差商	二阶差商	三阶差商
x_0	$f(x_0)$			
x_1	$f(x_1)$	$f[x_0,x_1]$		
x_2	$f(x_2)$	$f[x_1,x_2]$	$f[x_0,x_1,x_2]$	
x_3	$f(x_3)$	$f[x_2,x_3]$	$f[x_1,x_2,x_3]$	$f[x_0,x_1,x_2,x_3]$
$\vdots$	$\vdots$	$\vdots$	$\vdots$	$\vdots$

需要说明的是, Newton 插值与 Lagrange 插值是一样的, 它们都是满足插值条件 (3.5) 的插值多项式. 但是 Newton 插值余项 (3.25) 更具有一般性, 它对于 $f(x)$ 是由离散点描述的情形或导数不存在的情形均适用. 然而 Lagrange 插值余项对函数 $f(x)$ 的导数要求比较高.

例 2 试求满足插值条件

x	1	2	3	4
y	0	−5	−6	3

的 3 次 Newton 插值多项式 $N_3(x)$.

解 由差商表

$x_0=1$	$y_0=0$			
$x_1=2$	$y_1=-5$	$f[x_0,x_1]=-5$		
$x_2=3$	$y_2=-6$	$f[x_1,x_2]=-1$	$f[x_0,x_1,x_2]=2$	
$x_3=4$	$y_3=3$	$f[x_2,x_3]=9$	$f[x_1,x_2,x_3]=5$	$f[x_0,x_1,x_2,x_3]=1$

则所求 3 次 Newton 插值多项式为

$$\begin{aligned}N_3(x)&=0-5(x-1)+2(x-1)(x-2)+1\times(x-1)(x-2)(x-3)\\&=x^3-4x^2+3.\end{aligned}$$

例 3 用下表中的数据求方程 $x-\mathrm{e}^{-x}=0$ 的近似解.

x	0.3	0.4	0.5	0.6
e^{-x}	0.740818	0.670320	0.606531	0.548812

解 函数 $y=x-\mathrm{e}^{-x}$ 是单调递增的, 因此用反函数表进行插值. 反函数表如下:

y	−0.440818	−0.270320	−0.106531	0.051188
x	0.3	0.4	0.5	0.6

建立差商表

−0.440818	0.3			
−0.270320	0.4	0.586517		
−0.106531	0.5	0.610542	0.071869	
0.051188	0.6	0.634039	0.073084	0.002469

有 Newton 插值多项式

$$\begin{aligned}N_3(y)=&0.3+0.586517(y+0.440818)+0.071869(y+0.440818)(y+0.270320)\\&+0.002469(y+0.440818)(y+0.270320)(y+0.106531),\end{aligned}$$

所以方程 $x-\mathrm{e}^{-x}=0$ 的近似解为

$$\begin{aligned}x&\approx N_3(0)\\&=0.3+0.586517(0+0.440818)+0.071869(0+0.440818)(0+0.270320)\\&\quad+0.002469(0+0.440818)(0+0.270320)(0+0.106531)\\&=0567143.\end{aligned}$$

等距节点上的 Newton 插值 等距节点 $x_k = x_0 + kh$, $k = 0, 1, 2, \cdots, n$ 是比较常见情况. 这里 h 为常数, 称为步长. 为了描述方便, 引入下面的差分概念.

定义 3.2 记

$$\Delta f_k = f_{k+1} - f_k$$

和

$$\nabla f_k = f_k - f_{k-1},$$

分别称为 $f(x)$ 在 x_k 处以 h 为步长的一阶向前差分和一阶向后差分. 符号 Δ, ∇ 分别称为向前差分算子和向后差分算子.

一般地, $f(x)$ 在 x_k 点的 n**阶向前差分**, 定义为 $(n-1)$ 阶向前差分的一阶向前差分, 即

$$\Delta^n f_k = \Delta(\Delta^{n-1} f_k) = \Delta^{n-1} f_{k+1} - \Delta^{n-1} f_k, \tag{3.30}$$

$f(x)$ 在 x_k 点的 n 阶向后差分, 定义为 $(n-1)$ 阶向后差分的一阶向后差分, 即

$$\nabla^n f_k = \nabla(\nabla^{n-1} f_k) = \nabla^{n-1} f_k - \nabla^{n-1} f_{k-1}. \tag{3.31}$$

由数学归纳法, 可以证明:

$$f[x_k, x_{k+1}, \cdots, x_{k+m}] = \frac{\Delta^m f_k}{m! h^m}, \ m = 1, 2, \cdots \tag{3.32}$$

$$f[x_k, x_{k-1}, \cdots, x_{k-m}] = \frac{\nabla^m f_k}{m! h^m}, \ m = 1, 2, \cdots \tag{3.33}$$

将 Newton 插值公式 (3.20) 中的差商用相应的差分替换, 就得到等距节点上的 Newton 插值公式. 这里只推导常用的 Newton 前插和后插公式.

计算 x_0 附近的点 x 的函数值 $f(x)$: 令 $x = x_0 + th$, $0 \leqslant t \leqslant 1$

$$\begin{aligned} f(x) \approx N_n(x_0 + th) = f_0 + \frac{t}{1!}\Delta f_0 + \frac{t(t-1)}{2!}\Delta^2 f_0 \\ + \cdots + \frac{t(t-1)\cdots(t-n+1)}{n!}\Delta^n f_0, \end{aligned} \tag{3.34}$$

其余项为

$$R_n(x) = f(x) - N_n(x_0 + th) = \frac{t(t-1)\cdots(t-n)}{(n+1)!} h^{n+1} f^{(n+1)}(\xi),$$

其中 $\xi \in (x_0, x_n)$. 公式 (3.34) 通常称为Newton 前插公式.

计算 x_n 附近的点 x 的函数值 $f(x)$：令 $x = x_n + th\,, -1 \leqslant t \leqslant 0$,

$$f(x) \approx N_n(x_n+th) = f_n + \frac{t}{1!}\nabla f_n + \frac{t(t+1)}{2!}\nabla^2 f_n + \cdots + \frac{t(t+1)\cdots(t+n-1)}{n!}\nabla^n f_n, \tag{3.35}$$

其余项为

$$R_n(x) = f(x) - N_n(x_n+th) = \frac{t(t+1)\cdots(t+n)}{(n+1)!}h^{n+1}f^{(n+1)}(\xi),$$

其中 $\xi \in (x_0, x_n)$. 公式 (3.35) 通常称为Newton 后插公式.

差分表 3.2 为等距节点上的 Newton 插值计算带来方便.

表 3.2　差分表

x_i	$y_i = f(x_i)$	一阶差分	二阶差分	三阶差分	四阶差分	$\cdots$
x_0	y_0					
		$\Delta y_0(\nabla y_1)$				
x_1	y_1		$\Delta^2 y_0(\nabla^2 y_2)$			
		$\Delta y_1(\nabla y_2)$		$\Delta^3 y_0(\nabla^3 y_3)$		
x_2	y_2		$\Delta^2 y_1(\nabla^2 y_3)$		$\Delta^4 y_0(\nabla^4 y_4)$	$\vdots$
		$\Delta y_2(\nabla y_3)$		$\Delta^3 y_1(\nabla^3 y_4)$	$\vdots$	
x_3	y_3		$\Delta^2 y_2(\nabla^2 y_4)$	$\vdots$		
		$\Delta y_3(\nabla y_4)$	$\vdots$			
x_4	y_4	$\vdots$				
$\vdots$	$\vdots$					

这里需要说明的是, 向前插值公式和向后插值公式只是形式上的不同, 对同一个点 x, 计算结果是一样的.

例 4　已知函数 $y = f(x)$ 的数值表

x	0	1	2	3
y	1	2	17	64

试分别求出 $f(x)$ 的三次 Newton 向前和向后插值公式, 并分别计算 $x = 0.5$ 和 $x = 2.5$ 时 $f(x)$ 的近似值.

解　构造向前和向后差分表

$x_0 = 0$	$y_0 = 1$			
		$\Delta y_0(\nabla y_1) = 1$		
$x_1 = 1$	$y_1 = 2$		$\Delta^2 y_0(\nabla^2 y_1) = 14$	
		$\Delta y_1(\nabla y_2) = 15$		$\Delta^3 y_0(\nabla^3 y_3) = 18$
$x_2 = 2$	$y_2 = 17$		$\Delta^2 y_1(\nabla^2 y_2) = 32$	
		$\Delta y_2(\nabla y_3) = 47$		
$x_3 = 3$	$y_3 = 64$			

三次 Newton 向前插值公式为

$$\begin{aligned} N_3(x) &= y_0 + \frac{t}{1!}\Delta y_0 + \frac{t(t-1)}{2!}\Delta^2 y_0 + \frac{t(t-1)(t-2)}{3!}\Delta^3 y_0 \\ &= 1 + \frac{t}{1!} \times 1 + \frac{t(t-1)}{2!} \times 14 + \frac{t(t-1)(t-2)}{3!} \times 18 \\ &= 1 - 2t^2 + 3t^3, \end{aligned}$$

由 $x = 0.5 = x_0 + th, h = 1$, 得 $t = 0.5$, 所以 $f(0.5) \approx N_3(0.5) = 0.875$.

三次 Newton 向后插值公式为

$$\begin{aligned} N_3(x) &= y_3 + \frac{t}{1!}\nabla y_3 + \frac{t(t+1)}{2!}\nabla^2 y_3 + \frac{t(t+1)(t+2)}{3!}\nabla^3 y_3 \\ &= 64 + \frac{t}{1!} \times 47 + \frac{t(t+1)}{2!} \times 32 + \frac{t(t+1)(t+2)}{3!} \times 18 \\ &= 64 - 69t + 25t^2 + 3t^3, \end{aligned}$$

由 $x = 2.5 = x_3 + th, h = 1$, 得 $t = -0.5$, 所以 $f(2.5) \approx N_3(2.5) = 35.375$.

3.2.3 Hermite 插值多项式

问题 给定节点 $a \leqslant x_0 < x_1 < \cdots < x_n \leqslant b$ 处的函数值 $y_i = f(x_i)$ 和导数值 $y_i' = f'(x_i)$, 其中 $i = 0, 1, 2, \cdots, n$. 寻找多项式 $H(x)$, 使其满足插值条件

$$H(x_i) = y_i, \quad H'(x_i) = y_i', \quad i = 0, 1, \cdots, n. \tag{3.36}$$

满足条件 (3.36) 的插值多项式称为Hermite 插值多项式. 显然, 条件 (3.36) 给出了 $2n+2$ 个独立条件, 可唯一确定一个次数不超过 $2n+1$ 的多项式 $H_{2n+1}(x)$. 下面我们仿照 Lagrange 插值法中基函数的策略来确定 $H_{2n+1}(x)$.

如果选择基函数 $\alpha_j(x), \beta_j(x)$ $(j = 0, 1, \cdots, n)$, 使每个基函数都是 $2n+1$ 次多项式, 且满足条件

$$\begin{cases} \alpha_j(x_i) = \delta_{ji}, \alpha_j'(x_i) = 0, \\ \beta_j(x_i) = 0, \beta_j'(x_i) = \delta_{ji}, \\ j, i = 0, 1, \cdots, n. \end{cases} \tag{3.37}$$

这里 $\delta_{ji}=\begin{cases}1, & j=i,\\ 0, & j\neq i.\end{cases}$

则满足插值条件 (3.36) 的 Hcrmite 插值多项式 $H_{2n+1}(x)$ 为

$$H_{2n+1}(x)=\sum_{j=0}^{n}y_j\alpha_j(x)+\sum_{j=0}^{n}y_j'\beta_j(x). \tag{3.38}$$

借助于 Lagrange 基函数, 令 $\alpha_j(x)=(a_jx+b_j)l_j^2(x)$, 则由条件 (3.37) 得

$$\alpha_j(x_j)=(a_jx_j+b_j)l_j^2(x_j)=a_jx_j+b_j=1$$

和

$$\alpha_j'(x_j)=a_j\left[l_j(x_j)\right]^2+2(a_jx_j+b_j)l_j(x_j)l_j'(x_j)=a_j+2l_j'(x_j)=0,$$

所以

$$a_j=-2l_j'(x_j),\ b_j=1+2x_jl_j'(x_j),$$

其中 $l_j'(x_j)=\sum\limits_{i=0,i\neq j}^{n}\dfrac{1}{x_j-x_i}$. 因此

$$\alpha_j(x)=\left[1-2(x-x_j)\sum_{i=0,i\neq j}^{n}\frac{1}{x_j-x_i}\right]l_j^2(x). \tag{3.39}$$

同理, 令 $\beta_j(x)=(c_jx+d_j)l_j^2(x)$, 则由条件 (3.37) 可得

$$\beta_j(x)=(x-x_j)l_j^2(x). \tag{3.40}$$

仿照定理 3.2 的证明方法, 可以得到 Hermite 插值多项式的插值余项.

定理 3.4 若 $f(x)$ 在 (a,b) 内存在 $2n+2$ 阶导数, 则 Hermite 插值多项式 $H_{2n+1}(x)$ 的插值余项为

$$R(x)=f(x)-H_{2n+1}(x)=\frac{f^{2n+2}(\xi)}{(2n+2)!}\omega_{n+1}^2(x), \tag{3.41}$$

其中 $\xi\in(a,b)$.

特别的, 当 $n=1$ 时的三次 Hermite 插值多项式为

$$H_3(x)=y_0\alpha_0(x)+y_1\alpha_1(x)+y_0'\beta_0(x)+y_1'\beta_1(x), \tag{3.42}$$

其中插值基函数

$$\alpha_0(x)=\left(1+2\frac{x-x_0}{x_1-x_0}\right)\left(\frac{x-x_1}{x_0-x_1}\right)^2,$$

$$\alpha_1(x) = \left(1 + 2\frac{x - x_1}{x_0 - x_1}\right)\left(\frac{x - x_0}{x_1 - x_0}\right)^2,$$

$$\beta_0(x) = (x - x_0)\left(\frac{x - x_1}{x_0 - x_1}\right)^2,$$

$$\beta_1(x) = (x - x_1)\left(\frac{x - x_0}{x_1 - x_0}\right)^2.$$

相应的插值余项为

$$R_3(x) = f(x) - H_3(x) = \frac{1}{4!}f^{(4)}(\xi)(x - x_0)^2(x - x_1)^2. \tag{3.43}$$

其中 ξ 介于 x_0, x_1 之间.

Hermite 插值是针对各节点处导数都给定的条件下形成的, 而实际情况往往是, 只有少量几个节点处的导数给定. 这类插值问题可用下面的例子说明.

例 5 设 $f(x)$ 在 $[a,b]$ 上存在 4 阶导数, 试求满足

$$H(x_0) = f(x_0), \quad H(x_1) = f(x_1), \quad H(x_2) = f(x_2), \quad H'(x_1) = f'(x_1)$$

的插值多项式 $H(x)$ 及其插值余项表达式.

解 由于 $H(x)$ 满足

$$H(x_0) = f(x_0), \quad H(x_1) = f(x_1), \quad H(x_2) = f(x_2).$$

所以可设

$$H(x) = f(x_0) + f[x_0, x_1](x - x_0) + f[x_0, x_1, x_2](x - x_0)(x - x_1) + A(x - x_0)(x - x_1)(x - x_2),$$

其中 A 为待定系数. 由条件 $H'(x_1) = f'(x_1)$ 可得

$$A = \frac{f'(x_1) - f[x_0, x_1] - (x_1 - x_0)f[x_0, x_1, x_2]}{(x_1 - x_0)(x_1 - x_2)}.$$

仿照定理 3.2 的证明方法, 构造函数

$$\varphi(t) = f(t) - H(t) - K(x)(t - x_0)(t - x_1)^2(t - x_2).$$

显然, $\varphi(x_i) = 0\ (i = 0, 1, 2)$, 且 $\varphi'(x_1) = 0, \varphi(x) = 0$, 所以 $\varphi(t) = 0$ 在 $[a, b]$ 内有至少有 5 个零点 (重根按重数计算). 利用罗尔中值定理可得 $\varphi^{(4)}(t) = 0$ 在 (a, b) 内至少有一个零点 ξ, 即 $K(x) = \dfrac{f^{(4)}(\xi)}{4!}$, 于是余项表达式为

$$R(x) = \frac{f^{(4)}(\xi)}{4!}(x - x_0)(x - x_1)^2(x - x_2),$$

其中 ξ 介于 x_0, x_1, x_2 和 x 所确定的范围之间.

例 6 根据下列数据表建立次数不超过 3 次的多项式及其插值余项.

x	0	1	2
y	1	2	9
y'		3	

解 构造差商表

$x_0=0$	$y_0=1$			
$x_1=1$	$y_1=2$	1		
$x_2=1$	$y_2=2$	3	2	
$x_3=2$	$y_3=9$	7	4	1

写出插值多项式

$$\begin{aligned}H(x)&=f(0)+f[0,1](x-0)+f[0,1,1](x-0)(x-1)\\&\quad+f[0,1,1,2](x-0)(x-1)(x-1)\\&=x^3+1,\end{aligned}$$

插值余项为

$$R(x)=f(x)-H(x)=\frac{f^{(4)}(\xi)}{4!}x(x-1)^2(x-2).$$

3.3 分段低次多项式插值

多项式被认为是最好的逼近工具之一. 就前面讨论过的代数插值而言, 随着插值节点个数的增加, 插值多项式的次数也在升高, 然而高次多项式插值的逼近效果往往并不理想. 20 世纪初, Runge 就发现: 随着节点的加密, 采用高次多项式插值, 当 n 增大时, 插值函数 $P_n(x)$ 在两端会发生激烈的振荡. 这就是所谓的 Runge 现象. 例如, 讨论函数

$$f(x)=\frac{1}{1+x^2},\quad x\in[-5,5]$$

在 $[-5,5]$ 上取 $n+1$ 个等距节点 $x_k=-5+\dfrac{10k}{n}\ (k=0,1,\cdots,n)$ 的 Lagrange 插值. 当 $n=2,5,10$ 时, n 次插值多项式 $P_n(x)$ 和 $f(x)=\dfrac{1}{1+x^2}, x\in[-5,5]$ 的图像如图 3.2 所示.

从图 3.2 可见, 高次插值稳定性差, 而低次插值对于较大区间长度逼近即精度又不够; 解决这一矛盾的有效方法就是采用分段低次代数插值. 本节主要讨论分段线性插值、分段三次 Hermite 插值和三次样条插值.

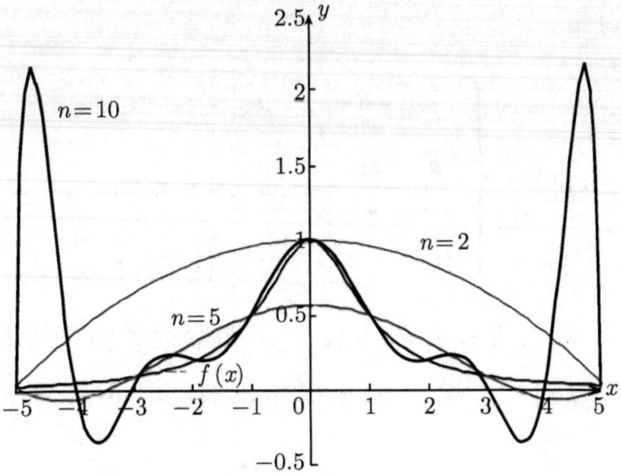

图 3.2 龙格观象

3.3.1 分段线性插值

对于给定的插值节点 $a \leqslant x_0 < x_1 < \cdots < x_n \leqslant b$, 以及节点处的函数值

$$f(x_0), \quad f(x_1), \quad \cdots, \quad f(x_n).$$

记 $h_k = x_{k+1} - x_k$, $h = \max\limits_k \{h_k\}$. 如果在每个小区间 $[x_k, x_{k+1}]$ 上用线性插值函数

$$I_h(x) = \frac{x - x_{k+1}}{x_k - x_{k+1}} f_k + \frac{x - x_k}{x_{k+1} - x_k} f_{k+1}, \tag{3.44}$$

来逼近原始函数 $f(x)$, 则这样得到的插值函数 $I_h(x)$ 称为分段线性插值函数, 且 $I_h(x)$ 具有下列性质:

(1) $I_h(x) \in C[a,b]$, 即 $I_h(x)$ 是区间 $[a,b]$ 上的连续函数;

(2) $I_h(x_k) = f_k$, $k = 0, 1, \cdots, n$;

(3)$I_h(x)$ 在每个小区间 $[x_k, x_{k+1}]$ 上是线性函数.

分段线性插值函数 (3.44) 也可用基函数表示

$$I_h(x) = \sum_{k=0}^{n} f_k l_k(x), \tag{3.45}$$

其中基函数 $l_k(x)$ 为

$$l_0(x) = \begin{cases} \dfrac{x - x_1}{x_0 - x_1}, & x_0 \leqslant x \leqslant x_1, \\ 0, & x \notin [x_0, x_1]. \end{cases}$$

$$l_n(x) = \begin{cases} \dfrac{x - x_{n-1}}{x_n - x_{n-1}}, & x_{n-1} \leqslant x \leqslant x_n, \\ 0, & x \notin [x_{n-1}, x_n]. \end{cases}$$

对于 $k=1,2,\cdots,n-1$.

$$l_k(x)=\begin{cases}\dfrac{x-x_{k-1}}{x_k-x_{k-1}}, & x_{k-1}\leqslant x\leqslant x_k,\\ \dfrac{x-x_{k+1}}{x_k-x_{k+1}}, & x_k\leqslant x\leqslant x_{k+1},\\ 0, & x\notin[x_{k-1},x_{k+1}].\end{cases}$$

可以验证, $l_k(x_j)=\delta_{kj}, j,k=0,1,\cdots,n$. (证明给读者留作练习).

分段线性插值的误差估计 设 $f(x)\in C^2[a,b]$, 且记 $M_2=\max\limits_{a\leqslant x\leqslant b}|f''(x)|$, 则由线性插值的误差估计式

$$|f(x)-I_h(x)|\leqslant\frac{\max\limits_{x_k\leqslant x\leqslant x_{k+1}}|f''(x)|}{8}h_k^2\leqslant\frac{M_2}{8}h^2,\quad x\in[x_k,x_{k+1}],$$

得到

$$\max_{a\leqslant x\leqslant b}|f(x)-I_h(x)|\leqslant\frac{M_2}{8}h^2. \tag{3.46}$$

从误差估计式 (3.46) 看出, $I_h(x)$ 在 $[a,b]$ 上一致收敛于 $f(x)$.

分段线性插值的优点是计算简单、曲线连续和一致收敛, 但不具有光滑性, 即它的导数是间断的. 不适用于一些要求光滑性较高的逼近问题. 因此, 有必要讨论具有更高光滑性的分段低次插值法.

3.3.2 分段三次 Hermite 插值

给定节点 $a\leqslant x_0<x_1<\cdots<x_n\leqslant b$ 上的函数值 $f(x_0), f(x_1),\cdots,f(x_n)$ 和导数值 $f'(x_0),f'(x_1),\cdots,f'(x_n)$, 并记 $h_k=x_{k+1}-x_k, h=\max\limits_k\{h_k\}$. 如果在每个小区间 $[x_k,x_{k+1}]$ 上用三次 Hermite 插值函数

$$\begin{aligned}I_h(x)=&\left(1+2\frac{x-x_k}{x_{k+1}-x_k}\right)\left(\frac{x-x_{k+1}}{x_k-x_{k+1}}\right)^2f_k\\&+\left(1+2\frac{x-x_{k+1}}{x_k-x_{k+1}}\right)\left(\frac{x-x_k}{x_{k+1}-x_k}\right)^2f_{k+1}\\&+(x-x_k)\left(\frac{x-x_{k+1}}{x_k-x_{k+1}}\right)^2f_k'\\&+(x-x_{k+1})\left(\frac{x-x_k}{x_{k+1}-x_k}\right)^2f_{k+1}'\end{aligned}\tag{3.47}$$

来逼近原始函数 $f(x)$, 则这样得到的插值函数 $I_h(x)$ 称为分段三次 Hermite 插值函数, 且它具有下列性质:

(1) $I_h(x) \in C^1[a,b]$, 即在区间 $[a,b]$ 上具有一阶连续导数;

(2) $I_h(x_k) = f_k, k = 0, 1, \cdots, n$;

(3) $I_h(x)$ 在每个小区间 $[x_k, x_{k+1}]$ 上是三次多项式.

分段三次 Hermite 插值 (3.47) 也可以用基函数表示

$$I_h(x) = \sum_{k=0}^{n} [f_k \alpha_k(x) + f'_k \beta_k(x)], \tag{3.48}$$

其中区间 $[a,b]$ 上定义一组 $\alpha_k(x)$ 及 $\beta_k(x)$ 为

$$\alpha_0(x) = \begin{cases} \left(1 + 2\dfrac{x - x_0}{x_1 - x_0}\right)\left(\dfrac{x - x_1}{x_0 - x_1}\right)^2, & x_0 \leqslant x \leqslant x_1, \\ 0, & x_1 < x \leqslant x_n. \end{cases}$$

$$\alpha_n(x) = \begin{cases} \left(1 + 2\dfrac{x - x_n}{x_{n-1} - x_n}\right)\left(\dfrac{x - x_{n-1}}{x_n - x_{n-1}}\right)^2, & x_{n-1} \leqslant x \leqslant x_n, \\ 0, & x_0 \leqslant x < x_{n-1}, \end{cases}$$

对于 $k = 1, 2, \cdots, n-1$,

$$\alpha_k(x) = \begin{cases} \left(1 + 2\dfrac{x - x_k}{x_{k-1} - x_k}\right)\left(\dfrac{x - x_{k-1}}{x_k - x_{k-1}}\right)^2, & x_{k-1} \leqslant x \leqslant x_k, \\ \left(1 + 2\dfrac{x - x_k}{x_{k+1} - x_k}\right)\left(\dfrac{x - x_{k+1}}{x_k - x_{i+1}}\right)^2, & x_k \leqslant x \leqslant x_{k+1}, \\ 0, & x \notin [x_{k-1}, x_{k+1}]. \end{cases}$$

$$\beta_0(x) = \begin{cases} (x - x_0)\left(\dfrac{x - x_1}{x_0 - x_1}\right)^2, & x_0 \leqslant x \leqslant x_1, \\ 0, & x_1 < x \leqslant x_n. \end{cases}$$

$$\beta_n(x) = \begin{cases} (x - x_n)\left(\dfrac{x - x_{n-1}}{x_n - x_{n-1}}\right)^2, & x_{n-1} \leqslant x \leqslant x_n, \\ 0, & x_0 \leqslant x < x_{n-1}. \end{cases}$$

对于 $k = 1, 2, \cdots, n-1$,

$$\beta_k(x) = \begin{cases} (x - x_k)\left(\dfrac{x - x_{k-1}}{x_k - x_{k-1}}\right)^2, & x_{k-1} \leqslant x \leqslant x_k, \\ (x - x_k)\left(\dfrac{x - x_{k+1}}{x_k - x_{k+1}}\right)^2, & x_k < x \leqslant x_{k+1}, \\ 0, & x \notin [x_{k-1}, x_{k+1}]. \end{cases}$$

分段三次 Hermite 插值的误差估计　当 $x \in [x_k, x_{k+1}]$, 有

$$\begin{aligned} &I_h(x) = f_k\alpha_k(x) + f_{k+1}\alpha_{k+1}(x) + f'_k\beta_k(x) + f'_{k+1}\beta_{k+1}(x), \\ &|\beta_k(x)| \leqslant \frac{4}{27}h_k, \\ &\alpha_k(x) + \alpha_{k+1}(x) \equiv 1. \end{aligned}$$

所以

$$\begin{aligned} &|f(x) - I_h(x)| \\ =& \left|f(x)(\alpha_k(x) + \alpha_{k+1}(x)) - \left[f_k\alpha_k(x) + f_{k+1}\alpha_{k+1}(x) + f'_k\beta_k(x) + f'_{k+1}\beta_{k+1}(x)\right]\right| \\ \leqslant& \alpha_k(x)|f(x) - f_k| + \alpha_{k+1}(x)|f(x) - f_{k+1}| + \frac{4}{27}(|f'_k| + |f'_{k+1}|)h_k \\ \leqslant& \alpha_k(x)|f'(\xi)|h_k + \alpha_{k+1}(x)|f'(\eta)|h_k + \frac{4}{27}(|f'_k| + |f'_{k+1}|)h_k. \end{aligned}$$

这里 $\xi, \eta \in (x_k, x_{k+1})$ 且依赖于 x. 于是, 当 $x \in [a, b]$ 时, 得到分段三次 Hermite 插值的误差估计式

$$\max_{a \leqslant x \leqslant b} |f(x) - I_h(x)| \leqslant \frac{35}{27}h \max_{a \leqslant x \leqslant b} |f'(x)| \tag{3.49}$$

由误差估计式 (3.49) 看出, $I_h(x)$ 在 $[a, b]$ 上一致收敛于 $f(x)$.

需要指出的是, 分段三次 Hermite 插值虽然具有一阶光滑度, 但收敛阶较低, 为 $o(h)$, 且计算较复杂, 实用性较差.

3.3.3　三次样条插值

在实际工程应用中, 比如, 飞机机翼轮廓线, 船体放样等往往要求具有二阶光滑度. 因此, 我们需要做出光滑度较好, 而次数又不宜太高的插值多项式. 下面讨论的三次样条插值就是实用性较强的方法.

定义 3.3　已知节点 $a = x_0 < x_1 < \cdots < x_n = b$ 上的函数值为 $f(x_k) = y_k$, $k = 0, 1, \cdots, n$, 若构造一个函数 $S(x)$ 满足条件:

(1) $S(x)$ 在每个小区间 $[x_{k-1}, x_k]$ 上为三次多项式;

(2) $S(x)$ 在区间 (a, b) 上存在二阶连续导数;

(3) $S(x_k) = y_k$, $k = 0, 1, 2, \cdots, n$.

则称 $S(x)$ 为在节点 $x_0, x_1, \cdots, x_n$ 上的 $f(x)$ 的三次样条插值函数. 只满足条件 (1) 和 (2) 的 $S(x)$ 称为三次样条函数.

根据三次样条插值函数的定义, $S(x)$ 在每个小区间 $[x_{k-1}, x_k]$ 上为三次多项式, 有 4 个待定系数, 共有 n 个小区间, 故总共要确定 $4n$ 个参数. 为了确定这 $4n$ 个参数, 下面来分析给定的条件.

$S(x) \in C^2(a,b)$, 说明 $S(x)$ 在每个内节点 $x_1, x_2, \cdots, x_{n-1}$ 上, 满足下面的连续性条件:

(1) 函数连续 $S(x_k-0)=S(x_k+0)$;

(2) 一阶导数连续 $S'(x_k-0)=S'(x_k+0)$;

(3) 二阶导数连续 $S''(x_k-0)=S''(x_k+0)$.

共给定 $3n-3$ 个. 再加上给定的 $n+1$ 个插值条件, 这样共计有 $4n-2$ 个独立条件. 因此, 要确定 $4n$ 个待定系数, 还需要补充 2 个条件.

在实际应用中, 通常在端点 x_0 和 x_n 处规定 $S(x)$ 满足某种边界条件. 下面列出的是常用的三种边界条件:

(1) 第一种边界条件

$$S'(x_0)=y_0',\ S'(x_n)=y'; \tag{3.50}$$

(2) 第二种边界条件

$$S''(x_0)=y_0'',\ S''(x_n)=y_n''; \tag{3.51}$$

特别地,

$$S''(x_0)=0, \quad S''(x_n)=0$$

称为自然边界条件.

(3) 第三种边界条件 当 $f(x)$ 是以 x_n-x_0 为周期的周期函数或为封闭曲线时, $S(x)$ 边界条件应满足

$$s(x_0+0)=s(x_n-0), \quad s'(x_0+0)=s'(x_n-0) \tag{3.52}$$

或

$$s(x_0+0)=s(x_n-0), \quad s''(x_0+0)=s''(x_n-0) \tag{3.53}$$

满足这样条件的样条函数 $S(x)$ 称为周期样条函数.

构造三次样条插值函数 $S(x)$ 的表达式有多种方法. 本节讨论用二阶导数值来构造三次样条插值函数的方法, 称之为三弯矩法.

设 $S(x)$ 在节点 x_j $(j=0,1,\cdots,n)$ 处的二阶导数值为 M_j(待定), 即 $S''(x_j)=M_j$. 为了讨论方便, 不妨设节点为等距离节点. 因为 $S(x)$ 在区间 $[x_j, x_{j+1}]$ 上是三次多项式, 所以有

$$S''(x)=\frac{x_{j+1}-x}{h}M_j+\frac{x-x_j}{h}M_{j+1}=M_j+\frac{M_{j+1}-M_j}{h}(x-x_j).$$

对上式积分两次得

$$S(x) = A_j + B_j(x - x_j) + \frac{M_j}{2}(x - x_j)^2 + \frac{M_{j+1} - M_j}{6h}(x - x_j)^3,$$

其中 A_j, B_j 为积分常数. 由插值条件 $S(x_j) = y_j$, $S(x_{j+1}) = y_{j+1}$, 易得

$$A_j = y_j, \quad B_j = \frac{y_{j+1} - y_j}{h} - \frac{2M_j + M_{j+1}}{6}h.$$

综合上述, 有

$$S(x) = y_j + \left(\frac{y_{j+1} - y_j}{h} - \frac{2M_j + M_{j+1}}{6}h\right)(x - x_j) + \frac{M_j}{2}(x - x_j)^2 + \frac{M_{j+1} - M_j}{6h}(x - x_j)^3 \tag{3.54}$$

于是, 在区间 $[x_j, x_{j+1}]$ 上, 有

$$S'(x) = \left(\frac{y_{j+1} - y_j}{h} - \frac{2M_j + M_{j+1}}{6}h\right) + M_j(x - x_j) + \frac{M_{j+1} - M_j}{2h}(x - x_j)^2.$$

而在区间 $[x_{j-1}, x_j]$ 上, 有

$$S'(x) = \left(\frac{y_j - y_{j-1}}{h} - \frac{2M_{j-1} + M_j}{6}h\right) + M_{j-1}(x - x_{j-1}) + \frac{M_j - M_{j-1}}{2h}(x - x_{j-1})^2.$$

由一阶光滑性 $S'(x_j - 0) = S'(x_j + 0)$, 得到

$$\frac{y_j - y_{j-1}}{h} - \frac{2M_{j-1} + M_j}{6}h + M_{j-1}h + \frac{M_j - M_{j-1}}{2}h = \frac{y_{j+1} - y_j}{h} - \frac{2M_j + M_{j+1}}{6}h.$$

化简得

$$\begin{cases} M_{j-1} + 4M_j + M_{j+1} = \dfrac{6}{h^2}(y_{j+1} - 2y_j + y_{j-1}), \\ j = 1, 2, \cdots, n-1. \end{cases} \tag{3.55}$$

对于第一种边界条件 $S'(x_0) = y_0', S'(x_n) = y'$, 可导出两个方程

$$2M_0 + M_1 = \frac{6}{h}\left(\frac{y_1 - y_0}{h} - y_0'\right), \tag{3.56}$$

$$M_{n-1} + 2M_n = \frac{6}{h}\left(y_n' - \frac{y_n - y_{n-1}}{h}\right), \tag{3.57}$$

结合式 (3.55)、式 (3.56) 和式 (3.57), 得到 $M_j\,(j = 0, 1, 2, \cdots, n)$ 的三对角方程组

$$\begin{pmatrix} 2 & 1 & & & \\ 1 & 4 & 1 & & \\ & \ddots & \ddots & \ddots & \\ & & 1 & 4 & 1 \\ & & & 1 & 2 \end{pmatrix} \begin{pmatrix} M_0 \\ M_1 \\ \vdots \\ M_{n-1} \\ M_n \end{pmatrix} = \begin{pmatrix} d_0 \\ d_1 \\ \vdots \\ d_{n-1} \\ d_n \end{pmatrix} \tag{3.58}$$

其中

$$d_0=\frac{6}{h}\left(\frac{y_1-y_0}{h}-y_0'\right)=6f[x_0,x_0,x_1],$$

$$d_j=\frac{6}{h^2}(y_{j+1}-2y_j+y_{j-1})=6f[x_{j-1},x_j,x_{j+1}],j=1,2,\cdots,n-1,$$

$$d_n=\frac{6}{h}\left(y_n'-\frac{y_n-y_{n-1}}{h}\right)=6f[x_{n-1},x_n,x_n].$$

将方程组 (3.58) 的解代入式 (3.54), 便得到基于第一种边界条件的三次样条插值函数的表达式.

类似地, 可讨论基于第二种边界条件和第三种边界条件的情形. 讨论过程给读者留作练习.

对于不等距插值节点 $h_j=x_j-x_{j-1}$, 经过相类似的推导, 在 $[x_j,x_{j+1}]$ 上有

$$\begin{aligned}S(x)=&\frac{(x_{j+1}-x)^3}{6h_{j+1}}M_j+\frac{(x-x_j)^3}{6h_{j+1}}M_{j+1}\\&+\left(y_j-\frac{M_jh_{j+1}^2}{6}\right)\frac{x_{j+1}-x}{h_{j+1}}+\left(y_{j+1}-\frac{M_{j+1}h_{j+1}^2}{6}\right)\frac{x-x_j}{h_{j+1}},\end{aligned}\tag{3.59}$$

由一阶光滑性 $S'(x_j-0)=S'(x_j+0)$, 得到

$$\begin{cases}\dfrac{h_j}{6}M_{j-1}+\dfrac{h_j+h_{j+1}}{3}M_j+\dfrac{h_{j+1}}{6}M_{j+1}=\dfrac{y_{j+1}-y_j}{h_{j+1}}-\dfrac{y_j-y_{j-1}}{h_j},\\ j=1,2,\cdots,n-1.\end{cases}$$

若令

$$\mu_j=\frac{h_j}{h_j+h_{j+1}},\ \lambda_j=1-\mu_j,d_j=6f[x_{j-1},x_j,x_{j+1}],$$

则 M 关系式可简写为

$$\begin{cases}\mu_jM_{j-1}+2M_j+\lambda_jM_{j+1}=d_j,\\ j=1,2,\cdots,n-1.\end{cases}\tag{3.60}$$

对于**第一种边界条件** $S'(x_0)=y_0',S'(x_n)=y'$, 可导出两个方程

$$2M_0+M_1=\frac{6}{h_1}\left(\frac{y_1-y_0}{h_1}-y_0'\right)=d_0,\tag{3.61}$$

$$M_{n-1}+2M_n=\frac{6}{h_n}\left(y_n'-\frac{y_n-y_{n-1}}{h_n}\right)=d_n,\tag{3.62}$$

所以, 基于第一种边界条件样条函数 $S(x)$ 的二阶导数值 $M_j\,(j=0,1,2,\cdots,n)$ 满足方程组

$$\begin{pmatrix} 2 & 1 & & & \\ \mu_1 & 2 & \lambda_1 & & \\ & \ddots & \ddots & \ddots & \\ & & \mu_{n-1} & 2 & \lambda_{n-1} \\ & & & 1 & 2 \end{pmatrix}\begin{pmatrix} M_0 \\ M_1 \\ \vdots \\ M_{n-1} \\ M_n \end{pmatrix}=\begin{pmatrix} d_0 \\ d_1 \\ \vdots \\ d_{n-1} \\ d_n \end{pmatrix}. \tag{3.63}$$

当样条函数 $S(x)$ 满足**第二种边界条件**, 即 $M_0=y_0'', M_n=y_n''$. 有样条函数 $S(x)$ 的二阶导数值 $M_j\,(j=0,1,2,\cdots,n)$ 满足方程组

$$\begin{pmatrix} 2 & \lambda_1 & & & \\ \mu_2 & 2 & \lambda_2 & & \\ \ddots & \ddots & \ddots & & \\ & \mu_{n-2} & 2 & \lambda_{n-2} \\ & & \mu_{n-1} & 2 \end{pmatrix}\begin{pmatrix} M_1 \\ M_2 \\ \vdots \\ M_{n-2} \\ M_{n-1} \end{pmatrix}=\begin{pmatrix} d_1-\mu_1 y_0'' \\ d_2 \\ \vdots \\ d_{n-2} \\ d_{n-1}-\lambda_{n-1}y_n'' \end{pmatrix}. \tag{3.64}$$

当样条函数 $S(x)$ 满足**第三种边界条件**(3.52) 时, 有

$$M_0=M_n,$$
$$\mu_n M_{n-1}+2M_n+\lambda_n M_1=d_n,$$

其中

$$\mu_n=\frac{h_n}{h_n+h_1},\quad \lambda_n=\frac{h_1}{h_n+h_1},\quad d_n=\frac{f[x_0,x_1]-f[x_{n-1},x_n]}{h_n+h_1}=6f[x_{n-1},x_n,x_1],$$

所以, 样条函数 $S(x)$ 的二阶导数值 $M_j\,(j=0,1,2,\cdots,n)$ 满足方程组

$$\begin{pmatrix} 2 & \lambda_1 & & & \mu_1 \\ \mu_2 & 2 & \lambda_2 & & \\ & \ddots & \ddots & \ddots & \\ & & \mu_{n-1} & 2 & \lambda_{n-1} \\ \lambda_n & & & \mu_n & 2 \end{pmatrix}\begin{pmatrix} M_1 \\ M_2 \\ \vdots \\ M_{n-1} \\ M_n \end{pmatrix}=\begin{pmatrix} d_1 \\ d_2 \\ \vdots \\ d_{n-1} \\ d_n \end{pmatrix}. \tag{3.65}$$

例 7 设 $f(x)$ 在 $[27.7,30]$ 上有定义, 节点及其节点上的函数值为

$$x_0=27.7,\ f_0=4.1,\ x_1=28,\ f_1=4.3,\ x_2=29,\ f_2=4.1,\ x_3=30,\ f_3=3.0,$$

试求满足边界条件 $s'(x_0)=3.0, s'(x_n)=-4.0$ 的三次样条函数.

解 基于第一种边界条件的方程组 (3.62) 的系数

$$\mu_1 = \frac{h_1}{h_1+h_2} = \frac{3}{13}, \quad \mu_2 = \frac{h_2}{h_2+h_3} = \frac{1}{2}, \quad \lambda_1 = \frac{10}{13}, \quad \lambda_2 = \frac{1}{2}.$$

$$\begin{aligned} d_0 &= \frac{6}{h_1}(f[x_0,x_1]-f_0') = -46.6666, \\ d_1 &= 6f[x_0,x_1,x_2] = -4.0000, \\ d_2 &= 6f[x_1,x_2,x_3] = -2.7000, \\ d_3 &= \frac{6}{h_3}(f_3'-f[x_2,x_3]) = -17.4000. \end{aligned}$$

得到

$$\begin{pmatrix} 2 & 1 & & \\ \frac{3}{13} & 2 & \frac{10}{13} & \\ & \frac{1}{2} & 2 & \frac{1}{2} \\ & & 1 & 2 \end{pmatrix} \begin{pmatrix} M_0 \\ M_1 \\ M_2 \\ M_3 \end{pmatrix} = \begin{pmatrix} -46.6666 \\ -4.0000 \\ -2.7000 \\ -17.4000 \end{pmatrix}.$$

解此方程组得

$$M_0 = -23.531, \quad M_1 = 0.395, \quad M_2 = 0.830, \quad M_n = -9.115.$$

将 M_0, M_1, M_2, M_n 代入式 (3.59), 则所求的三次样条插值函数为

$$S(x) = \begin{cases} 13.07278(x-28)^3 - 14.84322(x-28) + 0.21944(x-27.7)^3 \\ \quad +14.31358(x-27.7), & x \in [27.7, 28], \\ 0.06583(29-x)^3 + 4.23417(29-x) + 0.13833(x-28)^3 \\ \quad +3.96167(x-28), & x \in [28, 29], \\ 0.13833(30-x)^3 + 3.96167(30-x) - 1.51917(x-29)^3 \\ \quad +4.51917(x-29), & x \in [29, 30]. \end{cases}$$

例 8 已知函数 $f(x)$ 的三个函数值分别为 $f(-1)=1, f(0)=0, f(1)=1$, 求函数在区间 $[-1,1]$ 上的三次自然样条插值函数.

解 因为节点较少, 所以可直接用待定系数法. 设所求函数为

$$S(x) = \begin{cases} a_1x^3 + b_1x^2 + c_1x + d_1, & x \in [-1, 0], \\ a_2x^3 + b_2x^2 + c_2x + d_2, & x \in [0, 1]. \end{cases}$$

根据插值条件和函数连续条件得

$$
\begin{aligned}
&S(-1) = -a_1 + b_1 - c_1 + d_1 = 1,\\
&S(0^-) = d_1 = 0,\\
&S(0^+) = d_2 = 0,\\
&S(1) = a_2 + b_2 + c_2 + d_2 = 1.
\end{aligned}
$$

由自然边界条件得

$$
\begin{aligned}
&S''(-1) = -6a_1 + 2b_1 = 0,\\
&S''(1) = 6a_2 + 2b_2 = 0.
\end{aligned}
$$

在 $x_1 = 0$ 处一阶导数连续和二阶导数连续得

$$
c_1 = c_2, 2b_1 = 2b_2,
$$

联立上面等式的方程组求解得

$$
\begin{aligned}
&a_1 = -a_2 = \frac{1}{2}, b_1 = b_2 = \frac{3}{2},\\
&c_1 = c_2 = d_1 = d_2 = 0.
\end{aligned}
$$

故问题的解为

$$
s(x) = \begin{cases} \dfrac{1}{2}x^3 + \dfrac{3}{2}x^2, & x \in [-1, 0],\\ -\dfrac{1}{2}x^3 + \dfrac{3}{2}x^2, & x \in [0, 1]. \end{cases}
$$

三次样条函数的误差界和收敛性　三次样条函数的收敛性和误差估计比较复杂, 这里不加证明的直接主要结论. 见参考文献 [6].

定理 3.5　设 $f(x) \in C^4[a, b]$, $S(x)$ 为满足第一种边界条件或第二种边界条件的三次样条函数, 令 $h_j = x_j - x_{j-1}$ $(j = 1, 2, \cdots, n)$, $h = \max\limits_{1 \leqslant j \leqslant n} \{h_j\}$, 则对于 $k = 0, 1, 2$, 有

$$
\max_{a \leqslant x \leqslant b} \left| f^{(k)}(x) - S^{(k)}(x) \right| \leqslant C_k M_4 h^{4-k}, \tag{3.66}
$$

其中 $C_0 = \dfrac{5}{384}, C_1 = \dfrac{1}{24}, C_2 = \dfrac{3}{8}$, $M_4 = \max\limits_{a \leqslant x \leqslant b} \left| f^{(4)}(x) \right|$.

3.4　正交多项式及其在函数逼近中的应用

函数逼近的一般概念是, 对在包含 $f(x)$ 的函数类 A 中, 确定一个简单的便于计算的函数类 B, 在这个函数类 B 中寻找一个函数 $P(x)$, 使得 $P(x)$ 与 $f(x)$ 的误差 (在某

种度量意义下) 最小, 即所谓的函数最佳逼近问题. 前面讨论的插值法, 在 "过点" 意义下也是函数逼近的一种.

正交多项式是简单函数类, 有很好的性质, 它在函数逼近中起着重要的作用. 本节将介绍几种典型的正交多项式, 并讨论其在函数逼近中的应用.

3.4.1 正交多项式

定义 3.4 如果函数 $f(x),g(x)\in C[a,b]$, $\rho(x)$ 为 $[a,b]$ 上的权函数, 且满足

$$(f(x),g(x))=\int_a^b \rho(x)f(x)g(x)\mathrm{d}x=0, \tag{3.67}$$

则称 $f(x),g(x)$在 $[a,b]$ 上带权函数 $\rho(x)$ 正交.

注 所谓 $\rho(x)$ 为有限或无限区间 (a,b) 上的权函数, 如果满足

(1) $\rho(x)\geqslant 0, x\in(a,b)$;

(2) 对 $k=0,1,2,\cdots$, $\int_a^b \rho(x)x^k\mathrm{d}x$ 存在;

(3) 对任意非负函数 $f(x)\in C[a,b]$, 如果 $\int_a^b \rho(x)f(x)\mathrm{d}x=0$, 则 $f(x)\equiv 0$.

在不引起混淆的情况下, 内积 $(f(x),g(x))$ 也简单记作 (f,g).

定义 3.5 如果函数族 $\{\varphi_k(x),k=0,1,\cdots,n,\cdots\}$ 中每个函数 $\varphi_k(x)$ 在区间 $[a,b]$ 上连续, 不恒等于零, 且满足

$$(\varphi_i(x),\varphi_j(x))=\int_a^b \rho(x)\varphi_i(x)\varphi_j(x)\mathrm{d}x=\begin{cases}0, & i\neq j,\\ A_j\neq 0, & i=j.\end{cases} \tag{3.68}$$

则称函数族 $\{\varphi_k(x)\}$ 是区间 $[a,b]$ 上带权函数 $\rho(x)$ 的正交函数族. 特别地, 当 $\varphi_k(x)$ 是 k 次多项式时, 称 $\varphi_k(x)$ 为 k次正交多项式.

事实上, 只要给定区间 $[a,b]$ 及权函数 $\rho(x)$, 均可以由线性无关的幂函数族

$$\{1,x,x^2,\cdots,x^n,\cdots\}$$

利用 **Schmidt 正交化方法**构造出正交多项式序列 $\{\varphi_n(x)\}$:

$$\begin{cases}\varphi_0(x)=1,\\ \varphi_n(x)=x^n-\displaystyle\sum_{k=0}^{n-1}\frac{(x^n,\varphi_k(x))}{(\varphi_k(x),\varphi_k(x))}\varphi_k(x),\\ n=1,2,\cdots.\end{cases}$$

正交多项式序列 $\{\varphi_n(x)\}_{k=0}^{\infty}$ 具有性质: (证明见参考文献 [14])

(1) 任何 n 次多项式 $P_n(x) \in H_n$, 均可表示成 $\varphi_0(x), \varphi_1(x), \cdots, \varphi_n(x)$ 的线性组合;

(2) 具有递推关系 $(n = 0, 1, \cdots)$

$$\varphi_{n+1}(x) = (x - \alpha_n)\varphi_n(x) - \beta_n \varphi_{n-1}(x), \tag{3.69}$$

其中

$$\varphi_0(x) \equiv 1, \quad \varphi_{-1}(x) \equiv 0,$$
$$\alpha_n = \frac{(x\varphi_n, \varphi_n)}{(\varphi_n, \varphi_n)}, \quad \beta_n = \frac{(\varphi_n, \varphi_n)}{(\varphi_{n-1}, \varphi_{n-1})};$$

(3) $\varphi_n(x)$ $(n \geqslant 1)$ 的 n 个根都在区间 (a, b) 内, 且都是单重实根.

下面介绍几个最常用的正交多项式.

Legendre 正交多项式 在区间 $[-1, 1]$ 上带权函数 $\rho(x) \equiv 1$ 的正交多项式

$$\begin{cases} L_0(x) \equiv 1, \\ L_n(x) = \dfrac{1}{2^n n!} \dfrac{\mathrm{d}^n}{\mathrm{d}x^n} \left[(x^2 - 1)^n\right], \\ n = 1, 2, \cdots. \end{cases} \tag{3.70}$$

称为 **Legendre(勒让德) 正交多项式**.

Legendre 多项式的递推关系式

$$\begin{cases} L_0(x) = 1, L_1(x) = x, \\ L_{n+1}(x) = \dfrac{2n+1}{n+1} x L_n(x) - \dfrac{n}{n+1} L_{n-1}(x), \\ n = 1, 2, \cdots. \end{cases} \tag{3.71}$$

Chebyshev 正交多项式 在 $[-1, 1]$ 上关于权函数 $\rho(x) = \dfrac{1}{\sqrt{1 - x^2}}$ 的正交多项式

$$T_n(x) = \cos(n \arccos x), \quad n = 0, 1, \cdots \tag{3.72}$$

称为 **n 次 Chebyshev(切比雪夫) 正交多项式**.

Chebyshev 多项式的递推关系式

$$T_{n+1}(x) = 2xT_n(x) - T_{n-1}(x), \quad n = 1, 2, \cdots \tag{3.73}$$

$T_n(x)$ 零点是全部落在 $(-1, 1)$ 内部的实单根为

$$x_k = \cos \frac{2k-1}{2n} \pi, \quad k = 1, 2, \cdots, n.$$

Laguerre(拉盖尔) 正交多项式　在区间 $[0,+\infty)$ 上带权 $\rho(x)=\mathrm{e}^{-x}$ 的正交多项式

$$U_n(x)=\mathrm{e}^{-x}\frac{\mathrm{d}^n}{\mathrm{d}x^n}(x^n\mathrm{e}^{-x}), \tag{3.74}$$

称为 **Laguerre 正交多项式**.

Laguerre 正交多项式的递推关系式

$$\begin{cases} U_0(x)=1, U_1(x)=1-x, \\ U_{n+1}(x)=(1+2n-x)U_n(x)-n^2U_{n-1}(x), \\ n=1,2,\cdots. \end{cases} \tag{3.75}$$

Hermite 正交多项式　在区间 $(-\infty,+\infty)$ 上带权 $\rho(x)=\mathrm{e}^{-x^2}$ 的正交多项式

$$H_n(x)=(-1)^n\mathrm{e}^{-x^2}\frac{\mathrm{d}^n}{\mathrm{d}x^n}(\mathrm{e}^{-x^2}), \tag{3.76}$$

称为 **Hermite(厄尔米特) 正交多项式**.

Hermite 正交多项式递推关系式

$$\begin{cases} H_0(x)=1, H_1(x)=2x, \\ H_{n+1}(x)=2xH_n(x)-2nH_{n-1}(x), \\ n=1,2,\cdots. \end{cases} \tag{3.77}$$

3.4.2　最佳平方逼近

函数逼近是数学中的一个经典课题, 它与数学中的很多分支有着密切的联系, 也是计算数学的基础. 下面我们讨论区间 $[a,b]$ 上的最佳平方逼近问题.

设 $\varphi_0(x),\varphi_1(x),\cdots,\varphi_n(x)$ 是 $[a,b]$ 上线性无关的连续函数, 记

$$\begin{aligned}\varphi &= \operatorname{span}\{\varphi_0(x),\varphi_1(x),\cdots,\varphi_n(x)\} \\ &= \{c_0\varphi_0(x)+c_1\varphi_1(x)+\ldots+c_n\varphi_n(x) \mid c_0,c_1,\cdots,c_n\in\mathbf{R}\}.\end{aligned}$$

最佳平方逼近问题　对 $f(x)\in C[a,b]$, 求 $S^*(x)\in\varphi$, 使得

$$\|f(x)-S^*(x)\|_2^2=\min_{S(x)\in\varphi}\|f(x)-S(x)\|_2^2, \tag{3.78}$$

其中

$$\begin{aligned}\|f(x)-S(x)\|_2^2 &= (f(x)-S(x),f(x)-S(x)) \\ &= \int_a^b \rho(x)\left[f(x)-S(x)\right]^2\mathrm{d}x.\end{aligned} \tag{3.79}$$

称满足式 (3.78) 的 $S^*(x)$ 是 $f(x)$ 在子集 $\varphi \subseteq C[a,b]$ 中的**最佳平方逼近函数**. 特别地, 若 $\varphi_0(x),\varphi_1(x),\cdots,\varphi_n(x)$ 是多项式函数, 则 $S^*(x)$ 称为在 $[a,b]$ 上 $f(x)$ 的**最佳平方逼近多项式**.

因为 $S(x)=c_0\varphi_0(x)+c_1\varphi_1(x)+\ldots+c_n\varphi_n(x)$, 所以最佳平方逼近问题 (3.78) 等价于多元函数

$$I(c_0,\cdots,c_n)=\int_a^b \rho(x)\left[f(x)-\sum_{k=0}^{n} c_k\varphi_k\right]^2 \mathrm{d}x \tag{3.80}$$

取最小值的问题.

$I\left(c_0,c_1,\cdots,c_n\right)$ 是关于 $\boldsymbol{c}=(c_0,c_1,\cdots,c_n)^{\mathrm{T}}$ 的二次函数, 故 $I\left(c_0,c_1,\cdots,c_n\right)$ 取得最小值的充要条件是

$$\frac{\partial I}{\partial c_k}=0, k=\ 0,\ 1,2,\cdots,n. \tag{3.81}$$

由于

$$\frac{\partial I}{\partial c_k}=2\int_a^b \rho(x)\left[f(x)-\sum_{j=0}^{n} c_j\varphi_j(x)\right][-\varphi_k(x)]\,\mathrm{d}x=0,$$

推出

$$\sum_{j=0}^{n}(\varphi_k,\varphi_j)a_j=(f,\varphi_k) \quad (k=0,1,2,\cdots,n),$$

即

$$\begin{pmatrix} (\varphi_0,\varphi_0) & (\varphi_0,\varphi_1) & \cdots & (\varphi_0,\varphi_n) \\ (\varphi_1,\varphi_0) & (\varphi_1,\varphi_1) & \cdots & (\varphi_1,\varphi_n) \\ \vdots & \vdots & & \vdots \\ (\varphi_n,\varphi_0) & (\varphi_n,\varphi_1) & \cdots & (\varphi_n,\varphi_n) \end{pmatrix}\begin{pmatrix} c_0 \\ c_1 \\ \vdots \\ c_n \end{pmatrix}=\begin{pmatrix} (f,\varphi_0) \\ (f,\varphi_1) \\ \vdots \\ (f,\varphi_n) \end{pmatrix}. \tag{3.82}$$

这是关于 $c_0,c_1,\cdots,c_n$ 的线性方程组, 称之为*法方程*.

因为 $\varphi_0(x),\varphi_1(x),\cdots,\varphi_n(x)$ 线性无关, 所以法方程 (3.82) 的系数矩阵可逆. 因此, 方程组 (3.82) 有唯一解 $c_k=c_k^*(k=0,1,\cdots,n)$. 从而得到最佳平方逼近

$$S^*(x)=\sum_{k=0}^{n} a_k^*\varphi_k(x).$$

$S^*(x)$ 逼近 $f(x)$ 的平方误差　令 $\delta(x)=f(x)-S^*(x)$, 则

$$(\delta(x),S^*(x))=0.$$

从而

$$\begin{aligned}\|\delta(x)\|_2^2 &= (f(x)-S^*(x), f(x)-S^*(x)) \\ &= (f(x), f(x)) - (S^*(x), f(x)) \\ &= \|f(x)\|_2^2 - \sum_{k=0}^{n} c_k^* (\varphi_k(x), f(x)),\end{aligned} \tag{3.83}$$

特别地, 当 $\{\varphi_0(x), \varphi_1(x), \cdots, \varphi_n(x)\}$ 是正交函数族时, 由式 (3.82) 得

$$\begin{pmatrix} (\varphi_0,\varphi_0) & & & \\ & (\varphi_1,\varphi_1) & & \\ & & \ddots & \\ & & & (\varphi_n,\varphi_n) \end{pmatrix} \begin{pmatrix} c_0^* \\ c_1^* \\ \vdots \\ c_n^* \end{pmatrix} = \begin{pmatrix} (f,\varphi_0) \\ (f,\varphi_1) \\ \vdots \\ (f,\varphi_n) \end{pmatrix}.$$

即

$$c_k^* = \frac{(f,\varphi_k)}{(\varphi_k,\varphi_k)} \quad k = 0, 1, \cdots, n.$$

所以最佳平方逼近函数为

$$S^*(x) = \sum_{k=0}^{n} \frac{(f,\varphi_k)}{(\varphi_k,\varphi_k)} \varphi_k(x). \tag{3.84}$$

当最佳平方逼近多项式的次数较高时, 法方程 (3.82) 往往是病态方程组. 而选择正交函数族 $\{\varphi_0(x), \varphi_1(x), \cdots, \varphi_n(x)\}$ 可避免法方程的病态. 不仅如此, 还有更重要的性质:

定理 3.6 设 $f(x) \in C[a,b]$, $S^*(x)$ 是基于正交多项式族 $\{\varphi_0(x), \varphi_1(x), \cdots, \varphi_n(x)\}$ 的最佳平方逼近多项式, 则有

$$\lim_{n\to\infty} \|f(x) - S^*(x)\|_2 = 0.$$

证明见参考文献 [15].

例 9 求函数 $y = \arctan x$ 在 $[0,1]$ 上的一次最佳平方逼近多项式.

解 (方法一) 设 $\varphi_0(x) = 1, \varphi_1(x) = x$, 所求函数为 $p(x) = a_0 + a_1 x$.

首先算出

$$\begin{aligned}(\varphi_0,\varphi_0) &= \int_0^1 1\mathrm{d}x = 1, \\ (\varphi_0,\varphi_1) &= \int_0^1 x\mathrm{d}x = \frac{1}{2}, \\ (\varphi_1,\varphi_1) &= \int_0^1 x^2\mathrm{d}x = \frac{1}{3},\end{aligned}$$

$$(\varphi_0, y) = \int_0^1 \arctan x \mathrm{d}x = \frac{\pi}{4} - \frac{1}{2}\ln 2,$$

$$(\varphi_1, y) = \int_0^1 x \arctan x \mathrm{d}x = \frac{\pi}{4} - \frac{1}{2},$$

得法方程为

$$\begin{cases} a_0 + \dfrac{1}{2}a_1 = \dfrac{\pi}{4} - \dfrac{1}{2}\ln 2, \\ \dfrac{1}{2}a_0 + \dfrac{1}{3}a_1 = \dfrac{\pi}{4} - \dfrac{1}{2}, \end{cases}$$

解此方程组得

$$a_0 = 3 - 2\ln 2 - \frac{\pi}{2} \approx 0.042909,$$

$$a_1 = \frac{3}{2}\pi + 6 + 3\ln 2 \approx 0.791831,$$

故

$$P(x) = 0.042909 + 0.791831x.$$

(方法二) 利用 Legendre 正交多项式求解, 所以作代换 $x = \frac{1}{2}(t+1)$, 将 $[0,1]$ 变换到 $[-1,1]$, 函数 $y = \arctan x$ 变为

$$y = \arctan\frac{t+1}{2},\ t \in [-1,1],$$

因为 $L_0(t) = 1, L_1(t) = t$, 而

$$(y, L_0) = \int_{-1}^1 \arctan\frac{t+1}{2}\mathrm{d}t = \frac{\pi}{2} - \ln 2,$$

$$(y, L_1) = \int_{-1}^1 \arctan\frac{t+1}{2}\mathrm{d}t = \frac{\pi}{2} - 2 + \ln 2,$$

$$(L_0, L_0) = \int_{-1}^1 1\mathrm{d}t = 2,$$

$$(L_1, L_1) = \int_{-1}^1 t^2\mathrm{d}t = \frac{2}{3}.$$

由式 (3.84) 知

$$\alpha_0 = \frac{1}{2}(y, p_0) = \frac{\pi}{4} - \frac{1}{2}\ln 2,$$

$$\alpha_1 = \frac{3}{2}(y, p_1) = \frac{3}{2}\left[\frac{\pi}{2} - 2 + \ln 2\right],$$

所求的一次最佳平方逼近多项式为

$$\bar{p}(t) = \left(\frac{\pi}{4} - \frac{1}{2}\ln 2\right) + \frac{3}{2}\left[\frac{\pi}{2} - 2 + \ln 2\right]t,$$

即

$$p(x) = \left(\frac{\pi}{4} - \frac{1}{2}\ln 2\right) + \frac{3}{2}\left[\frac{\pi}{2} - 2 + \ln 2\right](2x-1)$$
$$\approx 0.042909 + 0.791831x.$$

例 10　求函数 $f(x) = \mathrm{e}^x$ 在 $[-1,1]$ 上的 3 次最佳平方逼近多项式.

解　取 $[-1,1]$ 上的 Legendre 正交多项式

$$p_0(x) = 1,\quad p_1(x) = x,\quad p_2(x) = \frac{3}{2}x^2 - \frac{1}{2},\quad p_3(x) = \frac{5}{2}x^3 - \frac{3}{2}x,$$

由于

$$(f,p_0) = \int_{-1}^{1} \mathrm{e}^x \mathrm{d}x \approx 2.3504,$$
$$(f,p_1) = \int_{-1}^{1} x\mathrm{e}^x \mathrm{d}x \approx 0.7358,$$
$$(f,p_2) = \int_{-1}^{1} \left(\frac{3}{2}x^2 - \frac{1}{2}\right)\mathrm{e}^x \mathrm{d}x \approx 0.1431,$$
$$(f,p_3) = \int_{-1}^{1} \left(\frac{5}{2}x^3 - \frac{3}{2}x\right)\mathrm{e}^x \mathrm{d}x \approx 0.02013.$$

得

$$c_0^* = \frac{1}{2}(f,p_0) \approx 1.1752,\quad c_1^* = \frac{3}{2}(f,p_1) \approx 1.1036,$$
$$c_2^* = \frac{5}{2}(f,p_2) \approx 0.3578,\quad c_3^* = \frac{7}{2}(f,p_3) \approx 0.07046,$$

所以

$$S_3^*(x) = 1.1752p_0 + 1.1036p_1 + 0.3578p_2 + 0.07046p_3$$
$$= 0.9963 + 0.09979x + 0.5367x^2 + 0.1761x^3,$$

其均方误差为

$$||\delta_n(x)||_2 = ||\mathrm{e}^x - S_3^*(x)||_2 = \sqrt{\int_{-1}^{1} \mathrm{e}^{2x}\mathrm{d}x - \sum_{k=0}^{3} \frac{2}{2k+1} a_k^{*2}} \leqslant 0.0084.$$

3.5　数据的最小二乘法拟合

从一组实验数据 $\{(x_i, y_i)\}_{i=0}^m$ 出发, 寻找自变量与因变量之间的函数关系. 对于这个问题, 前面已经介绍了一种插值方法, 但它有一定的局限性. 首先, 由于数据源是由测量或观测得到的, 它本身就有误差, 而插值的主要特点就是一定要通过节点, 所以从实际来看, 要求近似函数一定要经过点 (x_i, y_i), 是不合理的; 其次, 当 m 很大时, 采用插值法计算又很复杂. 为此, 本节介绍一种 "整体趋势" 逼近的方法 —— 数据的最小二乘拟合.

3.5.1 数据的最小二乘拟合

数据的最小二乘拟合的一般提法就是, 对于给定的数据 $\{(x_i, y_i)\}_{i=0}^{m}$, 进行

(1) 根据给定数据的发展趋势和对研究对象的经验, 选出线性无关函数族

$$\varphi_0(x), \varphi_1(x), \cdots, \varphi_n(x)$$

称之为基函数 (特征函数组). 由此, 确定了一个目标空间 $\varphi = \mathrm{span}\{\varphi_0(x), \cdots, \varphi_n(x)\}$ 和相应的目标函数

$$S(x) = \sum_{k=0}^{n} a_k \varphi_k(x); \tag{3.85}$$

(2) 在此空间 φ 中找一个函数 (拟合曲线)

$$S^*(x) = \sum_{k=0}^{n} a_k^* \varphi_k(x)$$

要求在数据点 $\{(x_i, y_i)\}_{i=0}^{m}$ 上产生的**误差的平方和最小** (最小二乘), 即

$$\sum_{i=0}^{m} [S^*(x_i) - f(x_i)]^2 = \min_{S(x)\in\varphi} \sum_{i=0}^{m} [S(x_i) - f(x_i)]^2; \tag{3.86}$$

(3) 数据最小二乘拟合的**平方误差**

$$\delta^2 = \sum_{i=0}^{m} [S^*(x_i) - f(x_i)]^2. \tag{3.87}$$

应该指出, 由 $\varphi_0(x), \varphi_1(x), \cdots, \varphi_n(x)$ 确定的目标函数 $S(x)$ 可以是更加一般的形式

$$S(x) = f(x, a_0, a_1, \cdots, a_n),$$

但人们通常是采用形如式 (3.85) 的线性组合.

在数据的最小二乘拟合问题的提法中, 有时为了体现数据点 (x_i, y_i) 的重要性方面有区别, 考虑**加权求和**, 即

$$\sum_{i=0}^{m} \rho(x_i)[S^*(x_i) - f(x_i)]^2 = \min_{S(x)\in\varphi} \sum_{i=0}^{m} \rho(x_i)[S(x_i) - f(x_i)]^2, \tag{3.88}$$

这里 $\rho(x) \geqslant 0$ 是 $[a, b]$ 上的权函数, 它表示数据点 (x_i, y_i) 占总体的比重. 例如 $\rho(x_i)$ 表示数据点 (x_i, y_i) 观测到的次数等.

实际上, 最小二乘拟合问题 (3.87) 就是求多元函数

$$\delta^2(a_0, \cdots, a_n) = \sum_{i=0}^{m} \left[\sum_{k=0}^{n} a_k \varphi_k(x_i) - f(x_i)\right]^2 \tag{3.89}$$

的极小值问题. 又因为 $\delta^2(a_0, a_1, \cdots, a_n)$ 是关于 $a_0, a_1, \cdots, a_n$ 的二次函数, 所以最小二乘拟合问题 (3.87) 等价于解方程组

$$\frac{\partial \delta^2}{\partial a_k} = 0, \quad k = 0, 1, \cdots, n. \tag{3.90}$$

由于

$$\frac{\partial \delta^2}{\partial a_k} = 2\sum_{i=0}^{m} \rho(x_i)\left[\sum_{j=0}^{n} a_j \varphi_j(x_i) - f(x_i)\right]\varphi_k(x_i),$$

若记

$$(\varphi_k, \varphi_j) = \sum_{i=0}^{m} \rho(x_i)\varphi_k(x_i)\varphi_j(x_i),$$

$$(f, \varphi_k) = \sum_{i=0}^{m} \rho(x_i) f(x_i)\varphi_k(x_i).$$

则方程组 (3.89) 就是

$$\begin{pmatrix} (\varphi_0,\varphi_0) & (\varphi_0,\varphi_1) & \cdots & (\varphi_0,\varphi_n) \\ (\varphi_1,\varphi_0) & (\varphi_1,\varphi_1) & \cdots & (\varphi_1,\varphi_n) \\ \vdots & \vdots & & \vdots \\ (\varphi_n,\varphi_0) & (\varphi_n,\varphi_1) & \cdots & (\varphi_n,\varphi_n) \end{pmatrix} \begin{pmatrix} a_0 \\ a_1 \\ \vdots \\ a_n \end{pmatrix} = \begin{pmatrix} (f,\varphi_0) \\ (f,\varphi_1) \\ \vdots \\ (f,\varphi_n) \end{pmatrix} \tag{3.91}$$

这是关于 $a_0, a_1, \cdots, a_n$ 的线性方程组, 称之为法方程.

从以上分析可以看出, 最小二乘拟合法的**难点**就是确定 $S(x)$ 的形式. 一般可以取 $\varphi = \mathrm{span}\{1, x, \cdots, x^n\}$, 它能保证任意精度要求的逼近. 但这样做也有缺点, 一是不能表现问题的物理特征, 比如 "饱和"、"振荡频率" 等; 二是当 $n \geqslant 3$ 时, 法方程 (3.90) 容易出现病态.

例 11 已知实测数据表

y_i	0.2	0.5	0.7	0.85	1
x_i	1.221	1.649	2.014	2. 340	2.718

试按最小二乘法求 $f(x)$ 的二次多项式拟合曲线.

解 因为 $\varphi_0(x) = 1, \varphi_1(x) = x, \varphi_2(x) = x^2$, 所以有

$$\begin{cases} (\varphi_k, \varphi_j) = \displaystyle\sum_{i=0}^{4} \varphi_k(x_i)\varphi_j(x_i) = \sum_{i=0}^{4}\left(x_i^k \cdot x_i^j\right), \\ k, j = 0, 1, 2. \end{cases}$$

$$\begin{cases} (f,\varphi_j)=\sum_{i=0}^{4} y_i\varphi_j(x_i)=\sum_{i=0}^{4}\left(y_i\cdot x_i^j\right),\\ j=0,1,2. \end{cases}$$

法方程组为

$$\begin{pmatrix} 5 & 3.250 & 2.503 \\ 3.250 & 2.530 & 2.090 \\ 2.503 & 2.090 & 1.826 \end{pmatrix}\begin{pmatrix} a_0 \\ a_1 \\ a_2 \end{pmatrix}=\begin{pmatrix} 9.942 \\ 7.185 \\ 5.857 \end{pmatrix},$$

解得

$$a_0=1.036,\quad a_1=0.751,\quad a_2=0.928,$$

故

$$P_2(x)=1.036+0.751x+0.928x^2.$$

拟合平方误差

$$\delta^2=\sum_{i=0}^{4}\left[P_2(x_i)-y_i\right]^2=6.3\times 10^{-5}.$$

例 12 在某化学反应里, 测得生成物的质量浓度 y 与时间 t(min) 的关系如下表. 为了研究该化学反应的性质 (如反映速率等), 欲求 y 与 t 之间的函数关系.

t	1	2	3	4	6	8	10	12	14	16
y	4.00	6.41	8.01	8.79	9.53	9.86	10.33	10.42	10.53	10.61

解 数据点的变化趋势如图 3.3 所示.

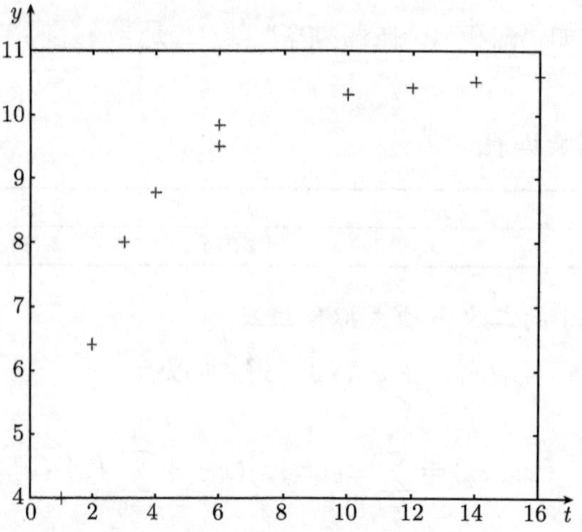

图 3.3 数据点变化趋势

可见, 可以假设所求函数为

$$\varphi(t) = c_0 + c_1 t + c_2 t^2. \tag{3.92}$$

或

$$\varphi(t) = \alpha e^{\frac{\beta}{t}}. \tag{3.93}$$

就模型 (3.92) 讨论：按照最小二乘拟合方法, 容易得到其法方程为

$$\begin{pmatrix} 10 & 76 & 826 \\ 76 & 826 & 10396 \\ 826 & 10396 & 140434 \end{pmatrix} \begin{pmatrix} c_0 \\ c_1 \\ c_2 \end{pmatrix} = \begin{pmatrix} 88.49 \\ 757.59 \\ 8530.01 \end{pmatrix},$$

解得

$$\boldsymbol{c} = (4.1490, 1.1436, -0.048320),$$

拟合函数为

$$\varphi(t) = 4.1490 + 1.1436t - 0.048320t^2,$$

拟合平方误差

$$\delta^2 = 3.9486.$$

就模型 (3.93) 讨论：做变换 $z = \ln(y)$, $x = \dfrac{1}{t}$, 则有

$$z = a + bx, \tag{3.94}$$

其中 $a = \ln(\alpha), b = \beta$.

把原始数据 (t, y) 转换为 (x, z), 有

x	1.000	0.500	0.3333	0.2500	0.1667	0.1250	0.100	0.0833	0.0714	0.0625
z	1.3863	1.8579	2.0807	2.1736	2.2544	2.2885	2.3351	2.3437	2.3542	2.3618

按照最小二乘拟合方法, 容易得到模型 (3.94) 的法方程为

$$\begin{pmatrix} 10 & 2.6923 \\ 2.6923 & 1.4930 \end{pmatrix} \begin{pmatrix} a \\ b \end{pmatrix} = \begin{pmatrix} 21.4362 \\ 4.9586 \end{pmatrix},$$

解出

$$a = 2.4284, b = -1.0579, \quad 和\ \alpha = e^a = 11.3411, \beta = -1.0579.$$

拟合函数为

$$\varphi(t) = 11.3411e^{-1.0579/t},$$

拟合平方误差

$$\delta^2 = 0.1109,$$

两种拟合模型的拟合效果见图 3.4. 可见模型 (3.93) 优于 (3.92).

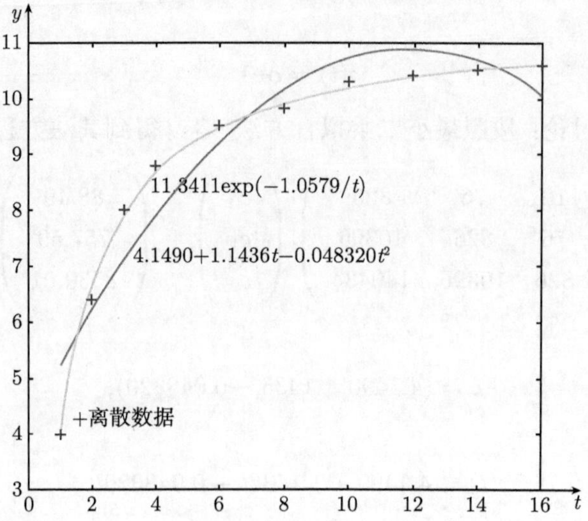

图 3.4 拟合模型效果图

本例说明, 选择一个合适的拟合模型至关重要!

3.5.2 基于正交多项式的最小二乘拟合

一般来说, 数据的最小二乘拟合的法定方程组是稠密并可能是病态的. 但是, 如果选择 $\varphi_0(x), \varphi_1(x), \cdots, \varphi_n(x) \in C[a,b]$ 是关于点列 $\{x_i\}_{i=0}^m$ 的带权 $\rho(x_i)$ 的**正交的函数族**, 即满足

$$(\varphi_j, \varphi_k) = \sum_{i=0}^m \rho(x_i)\varphi_j(x_i)\varphi_k(x_i) = \begin{cases} 0, & j \neq k, \\ A_k \neq 0, & j = k. \end{cases} \tag{3.95}$$

此时法方程变为

$$\begin{pmatrix} (\varphi_0,\varphi_0) & & & \\ & (\varphi_1,\varphi_1) & & \\ & & \ddots & \\ & & & (\varphi_n,\varphi_n) \end{pmatrix} \begin{pmatrix} a_0^* \\ a_1^* \\ \vdots \\ a_n^* \end{pmatrix} = \begin{pmatrix} (f,\varphi_0) \\ (f,\varphi_1) \\ \vdots \\ (f,\varphi_n) \end{pmatrix},$$

所以

$$a_k^* = \frac{(f,\varphi_k)}{(\varphi_k,\varphi_k)} = \frac{\displaystyle\sum_{i=0}^m \rho(x_i)f(x_i)\varphi_k(x_i)}{\displaystyle\sum_{i=0}^m \rho(x_i)\varphi_k^2(x_i)}, \quad k = 0, 1, \cdots, n.$$

故拟合曲线为

$$S^*(x)=\sum_{k=0}^{n}\frac{(f,\varphi_k)}{(\varphi_k,\varphi_k)}\varphi_k(x) \tag{3.96}$$

人们经常选用的正交的函数族, 是点列 $\{x_i\}_{i=0}^m$ 上带权 $\rho(x_i)$ 的**正交的多项式族**. 现在的问题是, 如何寻找适合于点集 $\{x_i\}_{i=0}^m$ 和权函数 $\rho(x)>0$ 的正交的多项式族呢?

利用正交多项式的递推性质

$$\begin{cases} P_0(x)=1, P_1(x)=(x-\alpha_1)P_0(x), \\ P_{k+1}(x)=(x-\alpha_{k+1})P_k(x)-\beta_k P_{k-1}(x), \\ k=1,2,\cdots,n-1. \end{cases} \tag{3.97}$$

并要求

$$(P_j,P_k)=\sum_{i=0}^{m}\rho(x_i)P_j(x_i)P_k(x_i)=0, j\neq k.$$

容易推出

$$\begin{cases} \alpha_{k+1}=\dfrac{(xP_k,P_k)}{(P_k,P_k)}=\dfrac{\sum\limits_{i=0}^{m}\rho(x_i)x_iP_k^2(x_i)}{\sum\limits_{i=0}^{m}\rho(x_i)P_k^2(x_i)}, \\ k=0,1,2,\cdots,n-1. \end{cases} \tag{3.98}$$

$$\begin{cases} \beta_k=\dfrac{(P_k,P_k)}{(P_{k-1},P_{k-1})}=\dfrac{\sum\limits_{i=0}^{m}\rho(x_i)P_k^2(x_i)}{\sum\limits_{i=0}^{m}\rho(x_i)P_{k-1}^2(x_i)}, \\ k=1,2,\cdots,n-1. \end{cases} \tag{3.99}$$

显然, 此多项式列 $\{P_k(x), k=0,1,\cdots,n\}$ 组成一个关于点集 $\{x_i\}_{i=0}^m$ 的正交系. 利用此正交系进行最小二乘拟合, 得到最小二乘拟合曲线为

$$S^*(x)=\sum_{k=0}^{n}a_k^*P_k(x), \tag{3.100}$$

其中

$$a_k^*=\frac{(f,P_k)}{(P_k,P_k)}=\frac{\sum\limits_{i=0}^{m}\rho(x_i)f(x_i)P_k(x_i)}{\sum\limits_{i=0}^{m}\rho(x_i)P_k^2(x_i)},\quad k=0,1,\cdots,n. \tag{3.101}$$

例 13 针对例 12 的数据, 权函数 $\rho(x) \equiv 1$, 求基于正交多项式的最小二乘拟合曲线.

解 选定所求拟合函数是二次函数. 按式 (3.97)~(3.99) 得

$$\begin{aligned}
&P_0(x)=1, \quad \alpha_1=7.6, \quad P_1(x)=x-7.6, \quad \beta_1=24.84,\\
&\alpha_2=8.9797, \quad P_2(x)=(x-8.9797)P_1(x)-24.84P_0(x),\\
&a_0^*=8.8490, \quad a_1^*=0.3425, \quad a_2^*=-0.0483,
\end{aligned}$$

所求拟合函数为

$$\varphi(t)=4.1495+1.1433t-0.0483t^2,$$

平方误差

$$\delta^2=\sum_{i=0}^{9}\left(\varphi(t_i)-y_i\right)^2=3.9486.$$

本章总结

依数据 (x_i, y_i), $i=0,1,\cdots,n$, 找出自变量 x 和因变量 y 的函数变化关系 $y=f(x)$, 是科学研究和实践应用中经常遇到的问题. 在本章主要介绍了解决这个问题的插值法和曲线拟合.

插值法是函数逼近, 数值积分和微分方程数值解的基础. 拉格朗日 (Lagrange) 插值、牛顿 (Newton) 插值和厄尔米特 (Hermite) 插值在理论上较为重要, 因为这些插值法, 随着插值节点数量的增多, 插值多项式次数随之增高, 往往会出现 Runge 现象. 正是由于高次插值存在病态性质, 一般在实际应用中很少使用高次插值, 而是更多的使用分段低次插值. 特别是三次样条插值, 由于它有良好的收敛性和光滑度, 因此在理论和应用中均有重要意义, 本章较详细的讨论了三次样条插值多项式.

函数逼近是数学中的另一个经典课题, 它与数学中的很多分支有着密切的联系, 也是计算数学的基础. 无论是前面说的插值法, 还后面讨论的曲线拟合, 从某种意义上说, 都属于函数逼近的范畴. 正交多项式在函数逼近中扮演着重要的角色, 特别地, 勒让德 (Legendre) 正交多项式和切比雪夫 (Chebyshev) 多项式等几种常用的正交多项式, 它们在函数逼近和高斯 (Gauss) 积分中有着重要的应用.

离散数据的拟合是在工程技术与科学实验中经常遇到的问题, 它是基于离散数据的最佳平方逼近. 最小二乘法是计算机数据处理的重要内容, 工程技术与科学实验中被广泛采用. 采用基于离散数据的正交多项式可以避免解法方程时带来的病态问题, 这为利用多项式实现最小二乘法拟合提供了可行的算法.

习 题 3

1. 依据如下函数表建立不超过三次的 Lagrange 插值多项式及 Newton 插值多项式, 并验证插值多项式的唯一性.

x	0	1	2	4
$f(x)$	1	9	23	3

2. 依据如下函数表分别通过线性、二次、三次插值多项式近似计算 $f(8.4)$ 的值.

x	8.1	8.3	8.6	8.7
$f(x)$	16.94410	17.56492	18.50515	18.82091

3. 已知由数据 $(0,0),(0.5,y),(1,3),(2,2)$ 构造出的三次插值多项式 $P_3(x)$ 的 x^3 的系数是 6, 试确定数据 y.

4. 依据表中的数据求方程 $x-\mathrm{e}^{-x}=0$ 解的近似值.

x	0.3	0.4	0.5	0.6
e^{-x}	0.740818	0.670320	0.606531	0.548812

附: $y=x-\mathrm{e}^{-x}$ 反函数值表

y	−0.440818	−0.270320	−0.106531	0.051188
x	0.3	0.4	0.5	0.6

5. 已知关于互异节点 $\{x_i\}_{i=0}^n$ 的多项式

$$\begin{aligned}P_n(x)=&f(x_0)+f[x_0,x_1](x-x_0)+a_2(x-x_0)(x-x_1)\\&+a_3(x-x_0)(x-x_1)(x-x_2)+\cdots+a_n(x-x_0)(x-x_1)\cdots(x-x_n),\end{aligned}$$

若有 $P_n(x_2)=f(x_2)$ 成立, 试证明 $a_2=f[x_0,x_1,x_2]$.

6. 利用基于数据表的 Newton 向前插值公式以及 Newton 向后插值公式计算 $f(0.05)$ 的近似值.

x	0.0	0.2	0.4	0.6
$f(x)$	1.00000	1.22140	1.49182	1.82212

7. 试用数据表建立不超过 3 次的插值多项式及其插值误差估计.

x	0	1	2
$f(x)$	1	2	9
$f'(x)$		3	

8. 试建立 $f(x)=\cos\pi x$ 关于节点 $x=0,0.25,0.5,0.75,1.0$ 的三次样条函数插值函数, 附加边界条件为 $f'(0)=0$ 和 $f'(1.0)=0$. 计算样条函数在 $[0,1]$ 上的定积分值, 用样条函数的导数近似 $f'(0.5),f''(0.5)$. 将计算结果和真实值比较.

9. 设 $f(x)\in C^2[a,b]$ 且 $f(a)=f(b)=0$. 求证:

$$\max_{a\leqslant x\leqslant b}|f(x)|\leqslant\frac{1}{8}(b-a)^2\max_{a\leqslant x\leqslant b}|f''(x)|.$$

10. 求 $f(x)=x^2$ 在 $[a,b]$ 上的分段线性插值函数 $I_h(x)$, 并估计误差.

11. 求 $f(x)=x^4$ 在 $[a,b]$ 上的分段 Hermite 插值, 并估计误差.

12. 试构造关于点集 $\{-2,-1,0,1,2\}$ 首项系数为 1 的正交多项式系 $\{\varphi_i\}_{i=0}^{+\infty}$ 中的前四项.

13. 求下列函数的三次最佳平方致逼近多项式

(1) $f(x)=2x^4,x\in[-1,1]$;　　(2) $f(x)=x^4,x\in[0,2]$.

14. 求函数 $f(x)=\sqrt{x}$ 在区间 $\left[\frac{1}{4},1\right]$ 上的一次最佳平方逼近多项式 $P_1(x)$, 并计算均方误差 $\|f-P_1\|_2$.

15. 确定参数 a,b,c, 使得积分 $I(a,b,c)=\int_{-1}^{1}\frac{1}{\sqrt{1-x^2}}[\sqrt{1-x^2}-(ax^2+bx+c)]^2\mathrm{d}x$ 取得最小值, 并计算该最小值.

16. 求 $f(x)=\ln x,x\in[1,2]$ 上的二次最佳平方逼近多项式及平方误差.

17. 已知函数值表, 试用二次多项式 $y=c_0+c_1x+c_2x^2$ 拟合这组数据.

x	-2	-1	0	1	2
$y=f(x)$	0	1	2	1	0

18. 用最小二乘原理确定经验公式 $y=a\mathrm{e}^{bx}$ 中的参数 a,b, 使之与表所列数据拟合.

x_i	1	2	3	4
y_i	60	30	20	15

19. 对权函数 $\rho(x)=1+x^2$, 区间 $[-1,1]$, 试求首项系数为 1 的正交多项式 $\varphi_n(x),n=0,1,2,3$.

20. 求 $f(x)=\mathrm{e}^x$ 在 $[0,1]$ 上的一次最佳平方逼近多项式.

21. 求 $f(x)=x^4+3x^3-1$ 在 $[0,1]$ 上的三次最佳平方逼近多项式, 并估计误差.

22. 已知实验数据如表所示, 试用最小二乘法求形如 $y=a+bx^2$ 的经验公式, 并计算均方误差.

x_i	19	25	31	38	44
y_i	19.0	32.3	49.0	73.3	97.8

23. $f(x)=\sin\frac{\pi}{2}x$ 在 $[-1,1]$ 上按勒让德多项式展开求 $f(x)$ 的三次最佳平方逼近多项式.

24. 若 $f(x)=a_0+a_1x+\cdots+a_nx^n$ 有 n 的不同实根 $x_1,x_2,\cdots,x_n$, 试证明

$$\sum_{i=1}^{n}\frac{x_i^k}{f'(x_i^k)}=\begin{cases}0, & 0\leqslant k\leqslant n-2,\\ a_n^{-1}, & k=n-1.\end{cases}$$

25. 设 $f(x)=1+3x+2x^4+x^7$, 求 $f[2^0,2^1,\cdots,2^7], f[2^0,2^1,\cdots,2^8]$.

26. 证明 $\sum\limits_{i=1}^{n-1}\Delta^2 y_i=\Delta y_n-\Delta y_0$.

27. 设节点 $x_k=x_0+kh\ (k=0,1,2,\cdots,n)$, 证明:

(1) $f[x_k,x_{k+1},\cdots,x_{k+m}]=\dfrac{\Delta^m f_k}{m!h^m}$;

(2) $f[x_k,x_{k-1},\cdots,x_{k-m}]=\dfrac{\nabla^m f_k}{m!h^m}$.

28. 证明下列命题:

(1) $\sum\limits_{j=0}^{n} l_j(x)\equiv 1$;

(2) $\sum\limits_{j=0}^{n} l_j(x)x_j^k\equiv x^k, k=0,1,\cdots,n$;

(3) $\sum\limits_{j=0}^{n} (x_j-x)^k l_j(x)\equiv 0,\ k=0,1,\cdots,n$.

计算实习 3

1. 区间 $[-1,1]$ 作等距划分:

$$x_k=-1+kh(k=0,1,\cdots,n), h=\frac{2}{n},$$

以 x_k 为节点对函数 $f(x)=\dfrac{1}{5+x^2}$ 进行插值逼近.

(1) 分别取 $n=1,5,10,20,25$, 用牛顿插值对 $f(x)$ 进行逼近, 并在同一坐标系下作出函数的图形, 进行比较. 写出插值函数对 $f(x)$ 的逼近程度与节点个数的关系, 并分析原因;

(2) 试用三次样条插值对 $f(x)$ 进行逼近, 在同一坐标下画出图形, 观察样条插值函数对 $f(x)$ 的逼近程度与节点个数的关系;

(3) 整体插值有何局限性? 如何避免?

2. 已知一组数据如下, 求其拟合曲线.

i	0	1	2	3	4	5	6	7	8	9	10
x_i	2	3	4	7	8	10	11	14	16	18	19
y_i	106.42	108.2	109.5	110	109.93	110.49	110.59	110.6	110.76	111	111.2

(1) 求以上数据形如 $y(x)=c_0+c_1x+c_2x^2$ 的拟合曲线及其平方误差;

(2) 求以上数据形如 $y(x)=a\mathrm{e}^{-\frac{b}{x}}$ 的拟合曲线及其平方误差;

(3) 通过观察 (1)(2) 的结果, 写出你对数据拟合的认识.

第4章

Chapter 4

数值微分和数值积分

4.1 问题的提出

在科学和工程中常常要计算函数导数和积分的值，有些数值方法，如微分方程和积分方程的求解，直接联系着导数与积分计算. 在微积分理论中，导数计算可用定义和运算法则得到；对于积分

$$I=\int_a^b f(x)\mathrm{d}x$$

只要找到被积函数 $f(x)$ 的原函数 $F(x)$，就可以用牛顿 - 莱布尼茨公式

$$\int_a^b f(x)\mathrm{d}x=F(b)-F(a)$$

解决定积分计算问题. 这种方法原则上可行，但实际应用起来往往有困难. 因为大量实际问题所涉及的函数，要么不是初等函数，要么隐含于方程之中；特别要提出的是，当 $f(x)$ 是用某种测量或数值方法给出的一张数据表时，原来方法不能直接应用. 所以在解决实际问题时，常常用数值微分和数值积分.

4.2 数值微分法

数值微分是根据函数在一些离散点的值，推算它在某点的导数或高阶导数的近似值的方法. 具体的方法有以下几种：

1. 差商代替导数. 按照函数导数定义，有以下的数值微分公式：

向前差商公式 $$f'(a)\approx\frac{f(a+h)-f(a)}{h}. \tag{4.1}$$

向后差商公式 $$f'(a)\approx\frac{f(a)-f(a-h)}{h}. \tag{4.2}$$

中心差商公式 $$f'(a)\approx\frac{f(a+h)-f(a-h)}{2h}. \tag{4.3}$$

其中 h 称为步长.

利用这些公式计算导数, 欲达到一定的近似精度, 需要选取合适的步长. 由泰勒公式

$$f(a+h)=f(a)+hf'(a)+\frac{h^2}{2!}f''(a)+\frac{h^3}{3!}f'''(a)+\frac{h^4}{4!}f^{(4)}(a)+\cdots \tag{4.4}$$

$$f(a-h)=f(a)-hf'(a)+\frac{h^2}{2!}f''(a)-\frac{h^3}{3!}f'''(a)+\frac{h^4}{4!}f^{(4)}(a)+\cdots \tag{4.5}$$

推得

$$f'(a)=\frac{f(a+h)-f(a)}{h}-\frac{h}{2}f''(\xi_1),$$

$$f'(a)=\frac{f(a)-f(a-h)}{h}+\frac{h}{2}f''(\xi_2),$$

$$f'(a)=\frac{f(a+h)-f(a-h)}{2h}-\frac{h^2}{6}f'''(\xi_3),$$

可知向前差商和向后差商截断误差为 $O(h)$, 称 (4.3) 为具有一阶精度; 中心差商截断误差为 $O(h^2)$, 称 (4.3) 为具有二阶精度.

将式 (4.4) 和 (4.5) 相加得

$$f''(a)=\frac{f(a+h)-2f(a)+f(a-h)}{h^2}-\frac{h^2}{12}f^{(4)}(\xi) \tag{4.6}$$

它称为二阶中心差商, 截断误差为 $O(h^2)$.

2. 按照函数在给定节点的插值多项式, 直接求导得到数值微分公式. 设 $f\in C^{n+1}(a,b)$, $[a,b]$ 上 $(n+1)$ 个不同的点 $\{x_0,x_1,\cdots,x_n\}$ 的拉格朗日插值公式为

$$f(x)=\sum_{k=0}^{n}l_k(x)f(x_k)+\frac{f^{(n+1)}(\zeta)}{(n+1)!}\omega_{n+1}(x),$$

其中 $\omega_{n+1}(x)=(x-x_0)(x-x_1)\cdots(x-x_n)$. 对其两端求导得

$$f'(x)=\sum_{k=0}^{n}l'_k(x)f(x_k)+\frac{f^{(n+1)}(\zeta)}{(n+1)!}\omega'_{n+1}(x)+\frac{1}{(n+1)!}\omega_{n+1}(x)\frac{\mathrm{d}}{\mathrm{d}x}f^{(n+1)}(\zeta(x)),$$

$$f''(x)=\sum_{k=0}^{n}l''_k(x)f(x_k)+\frac{f^{(n+1)}(\zeta)}{(n+1)!}\omega''_{n+1}(x)+\frac{2}{(n+1)!}\omega'_{n+1}(x)\frac{\mathrm{d}}{\mathrm{d}x}f^{(n+1)}(\zeta(x))$$
$$+\frac{1}{(n+1)!}\omega_{n+1}(x)\frac{\mathrm{d}^2}{\mathrm{d}x^2}f^{(n+1)}(\zeta(x)).$$

如果仅考虑节点 $\{x_0,x_1,\cdots,x_n\}$ 上的导数值, 则有

$$f'(x_j)=\sum_{k=0}^{n}l'_k(x_j)f(x_k)+\frac{f^{(n+1)}(\zeta)}{(n+1)!}\omega'_{n+1}(x_j) \tag{4.7}$$

$$f''(x_j) = \sum_{k=0}^{n} l_k''(x_j) f(x_k) + \frac{f^{(n+1)}(\zeta)}{(n+1)!}\omega_{n+1}''(x_j) + \frac{2}{(n+1)!}\omega_{n+1}'(x_j)\frac{\mathrm{d}}{\mathrm{d}x}f^{(n+1)}(\zeta(x)), \quad (4.8)$$

称为逼近 $f'(x_j)$, $f''(x_j)$ 的 $(n+1)$ 点的公式.

常用的有逼近 $f'(x)$ 的三点公式:

$$f'(x) = \frac{1}{2h}[-3f(x) + 4f(x+h) - f(x+2h)] + \frac{h^2}{3}f^{(3)}(\xi), \quad (4.9)$$

其中 $\xi \in [x, x+2h]$,

$$f'(x) = \frac{1}{2h}[-f(x-h) + f(x+h)] - \frac{h^2}{6}f^{(3)}(\xi), \quad (4.10)$$

其中 $\xi \in [x-h, x+h]$,

$$f'(x) = \frac{1}{2h}[f(x-2h) + 4f(x-h) + 3f(x)] + \frac{h^2}{3}f^{(3)}(\xi) \quad (4.11)$$

其中 $\xi \in [x-2h, x]$.

式 (4.9) 和 (4.11) 用于端点逼近, 式 (4.10) 用于中点逼近.

逼近 $f'(x)$ 的五点公式:

$$f'(x) = \frac{1}{12h}[f(x-2h) - 8f(x-h) + 8f(x+h) - f(x+2h)] + \frac{h^4}{30}f^{(5)}(\xi), \quad (4.12)$$

其中 $\xi \in [x-2h, x+2h]$;

$$\begin{aligned} f'(x) = &\frac{1}{12h}[-25f(x) + 48f(x+h) - 36f(x+2h) \\ &+16f(x+3h) - 3f(x+4h)] + \frac{h^4}{5}f^{(5)}(\xi), \end{aligned} \quad (4.13)$$

其中 $\xi \in [x, x+4h]$.

例 1 分别采用两点、三点、五点公式计算 $f(x) = \sqrt{x}$ 在 $x = 2$ 处的导数值. 取 $h = 0.1$.

解 解析解为

$$f'(2) = \frac{1}{2\sqrt{2}} \approx 0.35355339059327.$$

两点公式

$$f'(2) \approx \frac{\sqrt{2+h} - \sqrt{2-h}}{2h} = 0.35366399704961;$$

三点公式

$$f'(2) \approx \frac{1}{2h}[-3 \times \sqrt{2} + 4 \times \sqrt{2+h} - \sqrt{2+2h}] = 0.35335156968679;$$

五点公式

$$f'(2) \approx \frac{1}{12h}[\sqrt{2-2h} - 8\times\sqrt{2-h} + 8\times\sqrt{2+h} - \sqrt{2+2h}] = 0.35355290363343;$$

计算结果表明, 五点公式逼近精度最高.

4.3　数值求积方法

按照定积分定义, 如图 4.1 所示, 设函数 $f(x)$ 在区间 $[a, b]$ 上连续, 则对于正整数 n, $h = \dfrac{b-a}{n}$, $x_k = a + kh(k = 0, 1, 2, \cdots, n)$, 有

$$\int_a^b f(x)\mathrm{d}x \approx \sum_{k=0}^{n-1} hf(x_k),$$

它是被积函数在有限个离散点处值的线性组合.

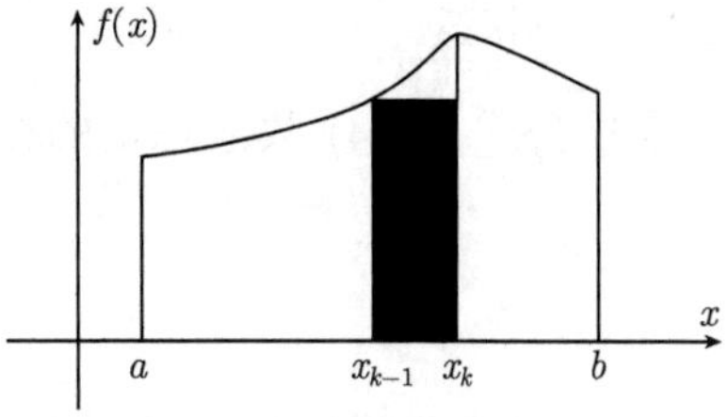

图 4.1

推而广之, 有一般的数值求积公式

$$\int_a^b f(x)\mathrm{d}x \approx \sum_{k=0}^{n} A_k f(x_k), \qquad (4.14)$$

和余项 (截断误差)

$$R[f] = \int_a^b f(x)\mathrm{d}x - f\sum_{k=0}^{n} A_k f(x_k). \qquad (4.15)$$

其中 $x_0, x_1, \cdots, x_n$ 为求积节点, $A_0, A_1, \cdots, A_n$ 为求积系数.

显然, 我们的任务就是确定求积节点和求积系数, 使数值求积公式 (4.14) 满足:

(1) 误差 $|R[f]|$ 尽可能小;

(2) 代数精度的阶尽可能的高;

(3) 数值稳定性好.

所谓代数精度, 就是使数值求积公式 (4.14) 产生准确结果的多项式类的最高次数. 即

定义 4.1　如果数值求积公式 (4.14) 对于不高于 m 次的代数多项式都准确成立, 而存在一个 $m+1$ 次的多项式不能准确成立, 则称此数值求积公式具有 m 阶代数精度.

因为对任意 m 次多项式 $P(x) = a_0 + a_1x + \cdots + a_mx^m$, 有

$$\int_a^b P(x)\mathrm{d}x - \sum_{k=0}^{n} A_kP(x_k) = \sum_{j=0}^{m} a_j\left[\int_a^b x^j\mathrm{d}x - \sum_{k=0}^{n} A_kx_k^j\right].$$

所以, 确定数值积分公式 (4.14) 的代数精度, 只需对幂函数

$$f(x) = 1, x, \cdots, x^m, \cdots$$

依次进行测试即可!

关于算法 (4.14) 的数值稳定性, 就是如果对于函数值 $f(x_k)$ 小的扰动 $\varepsilon_k(|\varepsilon_k| < \varepsilon)$, 求积公式 (4.14) 得到的积分值不会产生大的变动, 则称此求积公式是数值稳定的.

因为

$$\left|\sum_{k=0}^{n} A_k f(x_k) - \sum_{k=0}^{n} A_k(f(x_k) + \varepsilon_k)\right| \leqslant \sum_{k=0}^{n} |A_k||\varepsilon_k| < \varepsilon \sum_{k=0}^{n} |A_k|,$$

所以, 求积公式 (4.14) 数值稳定的充分条件是

$$\sum_{k=0}^{\infty} |A_k| < +\infty.$$

如果所有求积系数 A_k 都大于零, 数值求积公式 (4.14) 一定是数值稳定的. 这是因为, 求积公式对 $f(x) \equiv 1$ 是准确成立的, 即

$$b - a = \int_a^b \mathrm{d}x = \sum_{k=0}^{n} A_k = \sum_{k=0}^{n} |A_k|.$$

例 2 构造形如

$$\int_0^{3h} f(x)\mathrm{d}x \approx A_0 f(0) + A_1 f(h) + A_2 f(2h)$$

的数值求积公式, 使其代数精确度尽可能高, 并讨论它的数值稳定性.

解 由于公式中含有三个待定系数, 所以首先令其对 $f(x) = 1, x, x^2$ 准确成立, 有

$$\begin{cases} 3h = A_0 + A_1 + A_2, \\ \dfrac{9}{2}h^2 = hA_1 + 2hA_2, \\ 9h^3 = h^2 A_1 + 4h^2 A_2. \end{cases}$$

解得

$$A_0 = \frac{3}{4}h, A_1 = 0, A_2 = \frac{9}{4}h,$$

故有数值积分公式

$$\int_0^{3h} f(x)\mathrm{d}x \approx \frac{h}{4}[3f(0) + 9f(2h)].$$

又 $f(x)=x^3$ 时, 求积公式的左边 $\dfrac{81}{4}h^4$, 而右边为 $18h^4$. 这说明求积公式对 $f(x)=x^3$ 不能准确成立, 公式具有二阶代数精度.

因为求积系数全大于零, 所以此求积公式是数值稳定的.

构造数值求积公式的办法有, 以追求最高代数精度为目标的待定系数法, 如例 2 所示; 以多项式逼近为基础的插值型求积方法和高斯型求积方法. 下节重点讨论插值型求积方法, 后面的章节将讨论高斯型求积方法.

4.4 插值型求积方法

给定区间 $[a,b]$ 上一组节点 $a\leqslant x_0<x_1<\cdots<x_n\leqslant b$ 和 $f(x_k), k=0,1,\cdots,n$, 有拉格朗日插值

$$f(x)=\sum_{k=0}^{n}l_k(x)f(x_k)+\frac{f^{(n+1)}(\xi)}{(n+1)!}\omega_{n+1}(x),$$

对其两边积分, 得插值型求积公式

$$\int_a^b f(x)\mathrm{d}x=\sum_{k=0}^{n}A_kf(x_k)+R[f], \tag{4.16}$$

其中求积系数

$$A_k=\int_a^b l_k(x)\mathrm{d}x,\quad k=0,1,\cdots,n. \tag{4.17}$$

求积公式的余项 (误差)

$$R[f]=\int_a^b\frac{f^{(n+1)}(\xi(x))}{(n+1)!}\omega_{n+1}(x)\mathrm{d}x. \tag{4.18}$$

从式 (4.18) 看出, 插值型求积公式 (4.16) 至少具有 n 阶代数精度.

我们知道, 高次拉格朗日插值逼近效果较差. 因此, 讨论低次插值下的求积公式更有意义.

4.4.1 梯形求积公式

取积分区间 $[a,b]$ 的两个端点 $x_0=a, x_1=b$, 构造线性插值函数

$$f(x)=\frac{x_1-x}{x_1-x_0}f(x_0)+\frac{x-x_0}{x_1-x_0}f(x_1)+\frac{f''(\xi)}{2!}(x-x_0)(x-x_1),$$

对两个基函数积分

$$A_0=\int_a^b\frac{x_1-x}{x_1-x_0}\mathrm{d}x=\int_a^b\frac{b-x}{b-a}\mathrm{d}x=\frac{1}{2}(b-a),$$

$$A_1=\int_a^b\frac{x-x_0}{x_1-x_0}\mathrm{d}x=\int_a^b\frac{x-a}{b-a}\mathrm{d}x=\frac{1}{2}(b-a).$$

得到

$$\int_a^b f(x)\mathrm{d}x \approx \frac{b-a}{2}[f(a)+f(b)]. \tag{4.19}$$

称式 (4.19) 为梯形求积公式.

梯形求积公式的误差

$$R[f]=\int_a^b \frac{f''(\xi)}{2}(x-a)(x-b)\mathrm{d}x,$$

利用积分中值定理, 存在 $\eta\in(a,b)$, 使

$$R[f]=\frac{f''(\eta)}{2}\int_a^b (x-a)(x-b)\mathrm{d}x=-\frac{(b-a)^3}{12}f''(\eta). \tag{4.20}$$

容易验证：梯形求积公式的代数精度为 1(证明留给读者作练习).

梯形求积公式具有明显的几何意义, 即为用梯形面积代替曲边梯形面积. 如图 4.2 所示.

4.4.2　辛普森求积公式

将积分区间 $[a,b]$ 二等分, 取三点 $x_0=a, x_1=\dfrac{a+b}{2}, x_2=b$, 构造拉格朗日二次插值函数, 对三个基函数积分

$$A_0=\int_a^b \frac{(x-x_1)(x-x_2)}{(x_0-x_1)(x_0-x_2)}\mathrm{d}x=\frac{2}{(b-a)^2}\int_a^b (x-x_1)(x-x_2)\mathrm{d}x=\frac{b-a}{6},$$

$$A_1=\int_a^b \frac{(x-x_0)(x-x_2)}{(x_1-x_0)(x_1-x_2)}\mathrm{d}x=\frac{-4}{(b-a)^2}\int_a^b (x-x_0)(x-x_2)\mathrm{d}x=\frac{4}{6}(b-a),$$

$$A_2=\int_a^b \frac{(x-x_0)(x-x_1)}{(x_2-x_0)(x_2-x_1)}\mathrm{d}x=\frac{2}{(b-a)^2}\int_a^b (x-x_0)(x-x_1)\mathrm{d}x=\frac{b-a}{6}.$$

得到

$$\int_a^b f(x)\mathrm{d}x \approx \frac{b-a}{6}\left[f(a)+4f\left(\frac{a+b}{2}\right)+f(b)\right], \tag{4.21}$$

称式 (4.21) 为辛普森求积公式.

辛普森求积公式几何意义为用抛物线构成的曲边梯形面积代替原曲边梯形面积, 故又称为抛物线求积公式, 如图 4.3 所示.

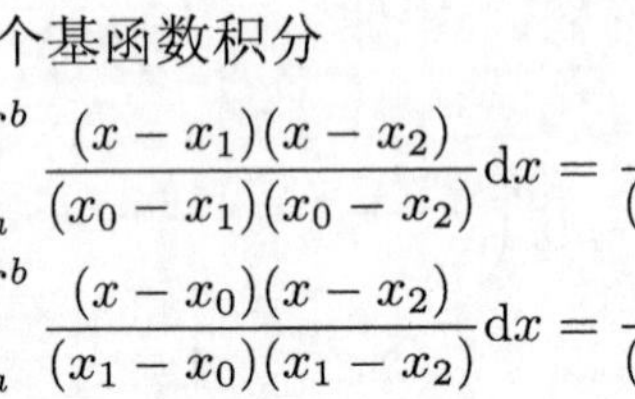

图 4.2

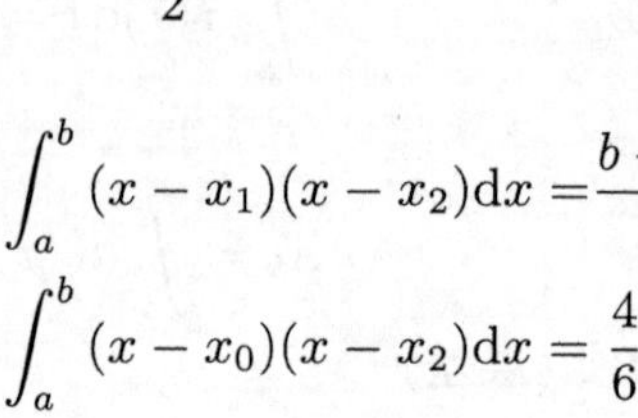

图 4.3

容易验证, 辛普森求积公式的代数精度为 3(证明留给读者作练习).

辛普森求积公式的误差　按照二次插值余项, 辛普森求积公式的误差应该是

$$R[f]=\int_a^b \frac{f'''(\xi(x))}{3!}(x-x_0)(x-x_1)(x-x_2)\mathrm{d}x.$$

然而, 这个误差不是最好的描述.

设 $H(x)$ 是满足条件

$$H(x_0)=f(x_0),\ H(x_1)=f(x_1),\ H(x_2)=f(x_2),\ H'(x_1)=f'(x_1)$$

的次数不超过 3 次的插值多项式, 则

$$f(x)=H(x)+\frac{f^{(4)}(\xi)}{4!}(x-x_0)(x-x_1)^2(x-x_2).$$

对于 $H(x)$, 辛普森求积公式的误差为零, 即有等式

$$\begin{aligned}\int_a^b H(x)\mathrm{d}x&=\frac{b-a}{6}[H(x_0)+4H(x_1)+H(x_2)]\\&=\frac{b-a}{6}\left[f(a)+4f\left(\frac{b-a}{2}\right)+f(b)\right],\end{aligned}$$

于是

$$\begin{aligned}R[f]&=\int_a^b f(x)\mathrm{d}x-\int_a^b H(x)\mathrm{d}x=\int_a^b (f(x)-H(x))\mathrm{d}x\\&=\int_a^b \frac{f^{(4)}(\xi(x))}{4!}(x-x_0)(x-x_1)^2(x-x_2)\mathrm{d}x.\end{aligned}$$

又被积函数 $(x-x_0)(x-x_1)^2(x-x_2)$ 在积分区间 $[a,b]$ 上不变号, 利用积分中值定理有

$$R[f]=\frac{f^{(4)}(\eta)}{4!}\int_a^b (x-x_0)(x-x_1)^2(x-x_2)\mathrm{d}x.$$

最终, 辛普森求积公式的误差为

$$R[f]=-\frac{(b-a)^5}{2880}f^{(4)}(\eta). \tag{4.22}$$

4.4.3　牛顿–科特斯 (Newton–Cotes) 求积公式

一般地, 插值求积公式在等距节点 $x_k=a+kh\left(h=\dfrac{b-a}{n},k=0,1,2,\cdots,n\right)$ 和 $x=a+th$ 下, 有

$$A_k=\int_a^b l_k(x)\mathrm{d}x=h\int_0^n \prod_{j=0,j\neq k}^{n}\frac{t-j}{k-j}\mathrm{d}t,$$

令

$$C_k^{(n)} = \frac{1}{b-a}A_k = \frac{(-1)^{n-k}}{nk!(n-k)!}\int_0^n \prod_{j=0,j\neq k}^{n}(t-j)\mathrm{d}t, \tag{4.23}$$

插值型求积公式 (4.16) 变为

$$\int_a^b f(x)\mathrm{d}x \approx (b-a)\sum_{k=0}^{n} C_k^{(n)} f(x_k). \tag{4.24}$$

称式 (4.24) 为 n 阶牛顿–科特斯 (Newton-Cotes) 求积公式. $C_k^{(n)}$ 称为科特斯系数. 表 4.1 列出部分科特斯系数.

表 4.1　科特斯系数

n	$C_k^{(n)}$								
1	$\frac{1}{2}$	$\frac{1}{2}$							
2	$\frac{1}{6}$	$\frac{4}{6}$	$\frac{1}{6}$						
3	$\frac{1}{8}$	$\frac{3}{8}$	$\frac{3}{8}$	$\frac{1}{8}$					
4	$\frac{7}{90}$	$\frac{32}{90}$	$\frac{12}{90}$	$\frac{32}{90}$	$\frac{7}{90}$				
5	$\frac{19}{288}$	$\frac{75}{288}$	$\frac{50}{288}$	$\frac{50}{288}$	$\frac{75}{288}$	$\frac{19}{288}$			
6	$\frac{41}{840}$	$\frac{63}{840}$	$\frac{27}{840}$	$\frac{272}{840}$	$\frac{27}{840}$	$\frac{63}{840}$	$\frac{41}{840}$		
7	$\frac{751}{17280}$	$\frac{3577}{17280}$	$\frac{1323}{17280}$	$\frac{2989}{17280}$	$\frac{2989}{17280}$	$\frac{1323}{17280}$	$\frac{3577}{17280}$	$\frac{751}{17280}$	
8	$\frac{989}{28350}$	$\frac{5888}{28350}$	$\frac{-928}{28350}$	$\frac{10496}{28350}$	$\frac{-4540}{28350}$	$\frac{10496}{28350}$	$\frac{-928}{28350}$	$\frac{5888}{28350}$	$\frac{989}{28350}$

从表中看到, 梯形求积公式和辛普森求积公式, 是牛顿 - 科特斯求积公式在 $n=1$ 和 $n=2$ 时的情况; 另外, $n \geqslant 8$ 时, 科特斯系数出现负值. 说明 $n \geqslant 8$ 时的牛顿 - 科特斯求积公式数值稳定性没有保证.

定理 4.1　当 n 为偶数时, n 阶牛顿 - 科特斯公式至少有 $n+1$ 阶代数精确度.

证　只需验证 n 为偶数的牛顿 - 科茨公式对 $f(x)=x^{n+1}$ 的余项为零. 按余项公式 (4.18), 有

$$R[f] = \int_a^b (x-x_0)(x-x_1)\cdots(x-x_n)\mathrm{d}x,$$

引进变换 $x=a+th$, 并注意到 $x_j=a+jh$, 有

$$R[f] = h^{n+2}\int_0^n t(t-1)(t-2)\cdots(t-n)\mathrm{d}t,$$

当 n 为偶数时, $\frac{n}{2}$ 为整数, 令 $t=u+\frac{n}{2}$, 有

$$R[f]=h^{n+2}\int_{-\frac{n}{2}}^{\frac{n}{2}}(u+\frac{n}{2})(u+\frac{n}{2}-1)\cdots(u+\frac{n}{2}-n)\mathrm{d}u,$$

此时被积函数

$$g(u)=\prod_{j=0}^{n}(u+\frac{n}{2}-j)=\prod_{j=-\frac{n}{2}}^{\frac{n}{2}}(u-j)$$

是奇函数. 所以

$$R[f]=0.$$

4.5 复合求积方法

低次牛顿 - 科特斯求积公式一般不适于大的积分区间, 而高次牛顿 - 科特斯求积公式又不具备数值稳定性. 为了提高求积精度, 通常将大区间的积分分解为有限个小区间(常等分区间) 上的积分, 然后在每个小区间上用低次牛顿 - 科特斯求积公式, 称之为复合求积方法. 本节只讨论复合梯形公式和复合辛普森公式.

4.5.1 复合梯形公式

将区间 $[a, b]$ 等分为 n 个小区间, 分点为 $x_k=a+kh\left(h=\frac{b-a}{n}, k=0,1,\cdots,n\right)$. 利用定积分性质, 有

$$\int_a^b f(x)\mathrm{d}x=\sum_{k=0}^{n-1}\int_{x_k}^{x_{k+1}}f(x)\mathrm{d}x, \tag{4.25}$$

每个小区间上均用梯形求积公式, 有

$$\int_a^b f(x)\mathrm{d}x=\frac{h}{2}\sum_{k=0}^{n-1}[f(x_k)+f(x_{k+1})]+\sum_{k=0}^{n-1}\left[-\frac{h^2}{12}f(\eta_k)\right],$$

令

$$\begin{aligned}T_n&=\frac{h}{2}\sum_{k=0}^{n-1}[f(x_k)+f(x_{k+1})]\\&=\frac{h}{2}[f(a)+f(b)]+h\sum_{k=1}^{n-1}f(x_k),\end{aligned} \tag{4.26}$$

称式 (4.26) 为复合梯形公式;

令

$$R[f]=\sum_{k=0}^{n-1}\left[-\frac{h^3}{12}f''(\eta_k)\right]=-\frac{nh^3}{12}\cdot\frac{1}{n}\sum_{k=0}^{n-1}f''(\eta_k),$$

由连续函数介值定理，可得复合梯形公式的余项

$$R(f)=-\frac{(b-a)h^2}{12}f''(\eta)=-\frac{(b-a)^3}{12n^2}f''(\eta),\tag{4.27}$$

这里 $\eta\in(a,b)$.

显然，复合梯形公式既收敛于定积分 $\int_a^b f(x)\mathrm{d}x$，也是一种数值稳定的算法. 还有，应用复合梯形公式时会遇到如何取定"n"的困难，因为 $|f''(x)|$ 大小难于估计. 利用梯形公式的收敛性，可得到一个实用的算法，称之为区间逐次分半法.

设 T_n 为将区间 $[a,b]n$ 等分 $\left(h=\dfrac{b-a}{n}\right)$ 下的复合梯形公式，T_{2n} 为将区间 $[a,b]2n$ 等分 $\left(\tilde{h}=\dfrac{b-a}{2n}=\dfrac{h}{2}\right)$ 下的复合梯形公式，则

$$\begin{aligned}T_{2n}&=\frac{h}{4}[f(a)+f(b)]+\frac{h}{2}\sum_{k=1}^{2n-1}f\left(a+k\frac{h}{2}\right)\\&=\frac{h}{4}[f(a)+f(b)]+\frac{h}{2}\sum_{j=1}^{n-1}f(a+jh)+\frac{h}{2}\sum_{j=1}^{n}f\left(a+(2j-1)\frac{h}{2}\right)\\&=\frac{1}{2}T_n+\tilde{h}\sum_{j=1}^{n}f(a+(2j-1)\tilde{h}),\end{aligned}\tag{4.28}$$

式 (4.28) 显示出复合梯形公式的递推关系，大大减少了运算量.

记 $I=\int_a^b f(x)\mathrm{d}x$，根据截断误差估计式 (4.27)，有

$$I-T_n=-\frac{(b-a)^3}{12n^2}f''(\eta_1),$$

$$I-T_{2n}=-\frac{(b-a)^3}{4\times12n^2}f''(\eta_2),$$

根据均值稳定性定理，当 n 充分大时，有 $f''(\eta_1)\approx f''(\eta_2)$. 于是

$$I-T_n\approx4(I-T_{2n}),$$

$$I-T_{2n}=I-T_n+T_n-T_{2n}\approx\frac{1}{3}(T_{2n}-T_n),\tag{4.29}$$

这说明 $T_{2n}-T_n$ 可以作为 T_{2n} 的误差估计.

算法 4.1 (区间分半求积算法)

输入：端点 a,b，精度要求 ε，被积函数 $f(x)$；记 T_0 表示等分区间长度为 h 的复合梯形公式；T_1 表示等分区间长度为 $\dfrac{h}{2}$ 的复合梯形公式.

输出：T_1.

置 $n=1$；$h=b-a$；$T_0=\dfrac{h}{2}(f(a)+f(b))$；

置 $h=\dfrac{h}{2}$；$T_1=\dfrac{1}{2}T_0+hf(a+h)$；$n=n+1$；%区间分半

while $|T_1-T_0|>3\varepsilon$ % 继续区间分半迭代

置 $T_0=T_1$；$h=\dfrac{h}{2}$；$T_1=\dfrac{1}{2}T_0$；

for $k=1:n$ % 计算新插入节点的函数值及其和

$T_1=T_1+hf(a+(2k-1)h)$;

end

$n=n+1$;

end

4.5.2 复合辛普森求积方法

类似于复合梯形公式的推导, 将区间 $[a,\ b]$ 进行 $2n$ 等分, 分点为 $x_j=a+jh\left(h=\dfrac{b-a}{2n},\ j=0,1,\cdots,2n\right)$. 由于

$$\int_a^b f(x)\mathrm{d}x=\sum_{j=1}^{n}\int_{x_{2j-2}}^{x_{2j}} f(x)\mathrm{d}x,$$

如果每个小区间上用辛普森求积公式, 则有

$$\int_a^b f(x)\mathrm{d}x=\frac{h}{3}\sum_{j=1}^{n}[f(x_{2j-2})+4f(x_{2j-1})+f(x_{2j})]-\frac{h^5}{90}\sum_{j=1}^{n}f^{(4)}(\xi_j),$$

令

$$\begin{aligned}S_n&=\frac{h}{3}\sum_{j=1}^{n}[f(x_{2j-2})+4f(x_{2j-1})+f(x_{2j})]\\&=\frac{h}{3}[f(a)+f(b)]+\frac{4h}{3}\sum_{j=1}^{n}f(x_{2j-1})+\frac{2h}{3}\sum_{j=1}^{n-1}f(x_{2j}),\end{aligned}\tag{4.30}$$

称之为复合辛普森公式. 其余项为每个小区间 $[x_{2j-2},x_{2j}]$ 上辛普森公式余项之和, 即

$$R[f]=-\frac{h^5}{90}\sum_{j=1}^{n}f^{(4)}(\eta_j).$$

注意到 $h = \dfrac{b-a}{2n}$, 则由连续函数介值定理得复合辛普森公式的余项 (误差)

$$R[f] = -\frac{b-a}{180}h^4 f^{(4)}(\eta), \tag{4.31}$$

这里 $\eta \in (a,b)$.

例 3 对给定的函数 $f(x) = \dfrac{\sin x}{x}$ 的数据 (见表 4.2), 分别用复合梯形公式和复合辛普森公式计算积分 $I = \displaystyle\int_0^1 \frac{\sin x}{x} \mathrm{d}x$. 此积分精确解 0.9460831.

表 4.2

x	$f(x)$	x	$f(x)$
0	1.0000000	5/8	0.9361556
1/8	0.9973978	3/4	0.9088516
1/4	0.9896158	7/8	0.8771925
3/8	0.9767267	1	0.8414709
1/2	0.9588510		

解 取 $n = 8, h = 0.125$, 用复化梯形公式 (4.26) 求得

$$\int_0^1 \frac{\sin x}{x} \mathrm{d}x \approx 0.9456909,$$

取 $n = 4, h = 0.125$, 用复化辛普森公式 (4.30) 求得

$$\int_0^1 \frac{\sin x}{x} \mathrm{d}x \approx 0.9460832.$$

比较上面两个结果, 它们都需要 9 个点上的函数值, 运算量基本相同. 然而精度却差别很大, 复化梯形方法的结果只有 2 位有效数字, 而复化辛普森方法的结果有 6 位有效数字.

4.6 龙贝格 (Romberg) 积分法

4.6.1 查尔逊 (Richardson) 外推法

假设对给定的数 $h > 0$, 有 p_1 阶逼近于量 M 的公式 $N_0(h)$, 且截断误差具有形式

$$M - N_0(h) = c_1 h^{p_1} + c_2 h^{p_2} + c_3 h^{p_3} + \cdots, \tag{4.32}$$

其中 $p_1 < p_2 < \cdots$.

现在考虑用 qh 代替参数 h 时的结果, 则有公式

$$M = N(qh) + c_1(qh)^{p_1} + c_2(qh)^{p_2} + c_3(qh)^{p_3} + \cdots , \tag{4.33}$$

将式 (4.32) 乘以 q^{p_1} 与式 (4.33) 相减, 消去含 c_1 的项, 得

$$M = \frac{N(qh) - q^{p_1}N(h)}{1 - q^{p_1}} + c_2'h^{p_2} + c_3'h^{p_3} + \cdots .$$

令 $N_1(h) = \dfrac{N_0(qh) - q^{p_1}N_0(h)}{1 - q^{p_1}}$, 它是 p_2 阶逼近于量 M 的公式.
以此类推, 可得到 p_{k+1} 阶逼近于量 M 的公式

$$N_k(h) = \frac{N_{k-1}(qh) - q^{p_k}N_{k-1}(h)}{1 - q^{p_k}}, \quad k = 1, 2, \cdots , \tag{4.34}$$

称式 (4.34) 为查尔逊外推公式.

常使用 $q = \dfrac{1}{2}$ 的情况, 即

$$\begin{cases} N_k(h) = N_{k-1}\left(\dfrac{h}{2}\right) + \dfrac{N_{k-1}\left(\dfrac{h}{2}\right) - N_{k-1}(h)}{2^{p_k} - 1}, \\ k = 1, 2, \cdots . \end{cases} \tag{4.35}$$

实际应用时, 在外推的基础上, 再加上步长减半收缩, 得到

$$\begin{cases} N_k\left(\dfrac{h}{2^{m-k}}\right) = N_{k-1}\left(\dfrac{h}{2^{m-k+1}}\right) + \dfrac{N_{k-1}\left(\dfrac{h}{2^{m-k+1}}\right) - N_{k-1}\left(\dfrac{h}{2^{m-k}}\right)}{2^{p_k} - 1}, \\ m = 1, 2, \cdots ; k = 1, 2, \cdots , m. \end{cases} \tag{4.36}$$

其执行过程如表 4.3 所示.

表 4.3 执行过程

$O(h^{p_1})$	$O(h^{p_2})$	$O(h^{p_3})$	$O(h^{p_4})$	$\cdots$
$N_1(h)$				
$N_1(h/2)$	$N_2(h)$			
$N_1(h/4)$	$N_2(h/2)$	$N_3(h)$		
$N_1(h/8)$	$N_2(h/4)$	$N_3(h/2)$	$N_4(h)$	
$\vdots$	$\vdots$	$\vdots$	$\vdots$	$\cdots$

将步长为 h 的复合梯形公式进行查尔逊外推, 就是下面介绍的龙贝格 (Romberg) 求积方法.

4.6.2 龙贝格求积算法

设步长为 h 的复合梯形公式

$$T(h)=\frac{h}{2}[f(a)+f(b)]+h\sum_{j=1}^{n-1}f(a+jh),$$

其泰勒级数展开式为

$$T(h)=I+a_1h^2+a_2h^4+a_3h^6+\cdots+a_kh^{2k}+\cdots,$$

其中 $a_1,a_2,a_3,\cdots,a_k,\cdots$ 与 h 无关, $I=\int_a^b f(x)\mathrm{d}x$.

记 $T(0,m)$ 为步长 $h=\dfrac{b-a}{2^m}$ 的复合梯形公式, 将其应用到算法 (4.36) 得到

$$\begin{cases}T(k,m-k)=T(k-1,m-k+1)+\dfrac{T(k-1,m-k+1)-T(k-1,m-k)}{4^j-1},\\ m=1,2,\cdots;k=1,2,\cdots,m.\end{cases}\tag{4.37}$$

称式 (4.37) 为龙贝格求积算法. 龙贝格求积算法执行到 $|T(k+1,0)-T(k,0)|\leqslant\varepsilon$ 结束, 过程如表 4.4 所示.

表 4.4　算法过程 ($h=(b-a)/2^m$)

$O(h^2)$	$O(h^4)$	$O(h^6)$	$O(h^8)$	$\cdots$
$T(0,0)$				
$T(0,1)$	$T(1,0)$			
$T(0,2)$	$T(1,1)$	$T(2,0)$		
$T(0,3)$	$T(1,2)$	$T(2,1)$	$T(3,0)$	
$\vdots$	$\vdots$	$\vdots$	$\vdots$	$\cdots$

算法 4.2　(龙贝格算法)

输入：端点 a,b; 定义函数 $f(x)$; 定义一维数组 T 和 S 分别存放表 4.4 中第 m 行和第 $m+1$ 行;

输出：积分值 I.

置 $h=b-a$; $T(1)=\dfrac{h}{2}[f(a)+f(b)]$; $m=1$;

while　1

　　置 $h=\dfrac{h}{2}$;

　　置 $S(1)=\dfrac{1}{2}T(1)+h\displaystyle\sum_{j=1}^{2^{m-1}}f(a+(2j-1)h)$;

for $j=1$: m

$S(j+1)=S(j)+\dfrac{S(j)-T(j)}{4^j-1}$

end

if $|S(m+1)-T(m)|\leqslant \varepsilon$, break; end

置 $T=S$; $m=m+1$;

end

置 $I=S(m+1)$; %积分值.

例 4 应用算法 4.1 和算法 4.2 计算积分 $\int_0^1 \dfrac{\sin x}{x}\mathrm{d}x$, 精确到 4 位有效数字.

解 定义 $f(0)=1$, 应用算法 4.1 所得结果见表 4.5, 应用算法 4.2 所得结果见表 4.6.

表 4.5 算法结果

T_0	T_2	T_4	T_8	T_{16}	T_{32}	T_{64}
0.9207	0.9398	0.9445	0.9457	0.9460	0.9461	0.9461

表 4.6 算法结果

m	$T(0,m)$	$T(1,m)$	$T(2,m)$	$T(3,m)$
0	0.9207			
1	0.9398	0.9461		
2	0.9445	0.9461	0.9461	
3	0.9457	0.9461	0.9461	0.9461

外推算法进行第二次时, 已经达到 4 位有效精度要求.

4.7* 自适应求积方法

自适应数值积分法是按照被积函数在区间上的变化性态来安排求积节点的. 本节介绍自适应 Simpson 积分法.

给定容许误差 ε, 计算 $\int_a^b f(x)\mathrm{d}x$. 过程的第一步, 是在区间 $[a,b]$ 上应用 Simpson 公式

$$S(a,b)=\frac{h}{6}\left[f(a)+4f\left(a+\frac{h}{2}\right)+f(b)\right],$$

$$\int_a^b f(x)\mathrm{d}x-S(a,b)=-\frac{(b-a)^5}{2880}f^{(4)}(\xi_1),$$

其中 $h=b-a$, $\xi_1\in(a,b)$.

下一步, 是将区间 $[a,b]$ 分半, 应用复合 Simpson 公式

$$S_1(a,b)=S(a,\frac{a+b}{2})+S\left(\frac{a+b}{2},b\right),$$

$$\int_a^b f(x)\mathrm{d}x-S_1(a,b)=-\frac{(b-a)}{2880\times 2^4}f^{(4)}(\xi_2),$$

其中 $\xi_2\in(a,b)$.

假设 $f^{(4)}(\xi_1)\approx f^{(4)}(\xi_2)$, 则

$$\int_a^b f(x)\mathrm{d}x-S_1(a,b)=\frac{1}{16}\left(\int_a^b f(x)\mathrm{d}x-S(a,b)\right),$$

于是

$$\left|\int_a^b f(x)\mathrm{d}x-S_1(a,b)\right|\approx\frac{1}{15}\left|S(a,b)-S_1(a,b)\right|,$$

这就是说, 如果 $|S(a,b)-S_1(a,b)|<15\varepsilon$, 即

$$\left|\int_a^b f(x)\mathrm{d}x-S_1(a,b)\right|<\varepsilon.$$

则 $S_1(a,b)$ 可作为 $\int_a^b f(x)\mathrm{d}x$ 满足精度要求的近似值. 否则, 分别在子区间 $[a,(a+b)/2]$ 和 $[(a+b)/2,b]$ 上施行上述计算, 即求出 S, S_1, 检验各自是否满足精度 $\varepsilon/2$. 若子区间中有一个不满足误差, 则再次分其区间, 继续这一过程, 直到每一部分都在所要求的误差限之内.

算法 4.3(自适应求积方法)

```
输入: 端点 a, b; 精度要求 ε;
输出: 近似值 I, 分层数 m, 分点 p.
置 p=[a,b]; p0=p; ep=[ε]; m=0; q=0; I=0;
while 1
    n1=length(ep); n=length(p0);
    if n==1, break, end; %只有一个分点停止迭代.
    h=p0(2)-p0(1);
    s0=h/6*(f(p0(1))+4*f(p0(1)+h/2)+f(p0(1)+h));
    s1=h/12*(f(p0(1))+4*f(p0(1)+h/4)+f(p0(1)+h/2))
    s2=h/12*(f(p0(1)+h/2)+4*f(p0(1)+3h/4)+f(p0(1)+h));
    if abs(s0-s1-s2)<=15*ep(1)
        I=I+s1+s2;
        p0=p0(2:n); %去除当前区间.
```

```
        if n1>= 2
            ep = ep(2:n1);%去除当前区间所对应的误差精度.
        end
        q = q+1;%记录去除当前区间一次
    else
        m = m+1;%分层
        p0 = [p0(1), p0(1) + h/2, p0(2 : n)];%加入分点 p0(1) + h/2.
        if n1 == 1, ep = [ep(1)/2, ep(1)/2];
        else
            ep = [ep(1)/2, ep(1)/2, ep(2 : n1)];
        end
        if q == 0, p = p0; else, p = [p(1 : q), p0]; end
    end
end
```

例 5　用自适应 Simpson 求积法计算积分 $I=\int_1^3(100/x^2)\sin(10/x)\mathrm{d}x$, 计算精度 $\varepsilon=10^{-4}$.

解　结果见图 4.4. 图中显示了被积函数的曲线和自适应 Simpson 求积法产生的 23 个分点用 "*" 表示. 积分值 I=−1.42601929698419.

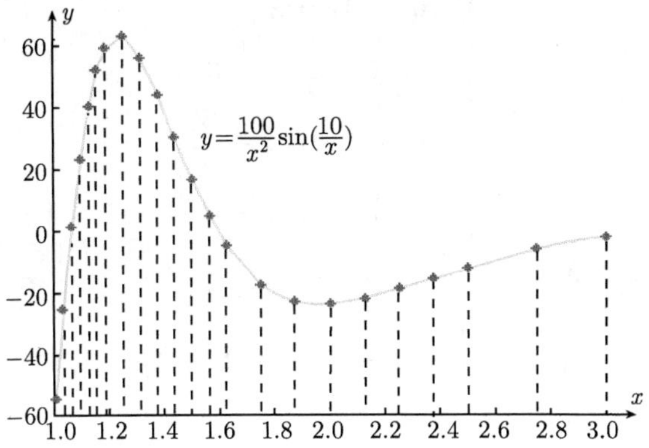

图 4.4　自适应 Simpson 求积法

4.8　高斯 (Gauss) 型求积公式

插值型求积公式是在固定求积节点的前提下导出的, 因此它的代数精度不会是最优的. 如果将一般求积公式 (4.14) 的求积节点 $\{x_0,x_1,\cdots,x_n\}$ 和求积系数 $A_0,A_1,\cdots,A_n$ 都作为待定参数, 则可使求积公式达到最高代数精度. 这样得到的求积公式称之为高斯型求积公式.

本节讨论更加一般化的积分, 即区间 (a,b) 上带权函数 $\rho(x)$ 的积分

$$\int_a^b \rho(x)f(x)\mathrm{d}x, \tag{4.38}$$

这里区间 (a,b) 可以是有限, 也可以是无限区间.

问题 (4.38) 的一般求积公式仍然是

$$\int_a^b \rho(x)f(x)\mathrm{d}x \approx \sum_{k=0}^{n} A_k f(x_k), \tag{4.39}$$

它能达到的最高代数精度为 $2n+1$.

例 6 确定 A_0, A_1, x_0, x_1 使求积公式

$$\int_{-1}^{1} f(x)\mathrm{d}x \approx A_o f(x_0) + A_1 f(x_1)$$

代数精确度尽可能高.

解 最高代数精确度为 3. 因此, $f(x)=1,x,x^2,x^3$ 时, 使求积公式成为等式. 即有

$$\begin{cases} A_0 + A_1 = 2, \\ A_0x_0 + A_1x_1 = 0, \\ A_0x_0^2 + A_1x_1^2 = \dfrac{2}{3}, \\ A_0x_0^3 + A_1x_1^3 = 0. \end{cases}$$

解得

$$x_0 = -\frac{1}{\sqrt{3}}, x_1 = \frac{1}{\sqrt{3}}, \quad A_0 = A_1 = 1,$$

于是

$$\int_{-1}^{1} f(x)\mathrm{d}x \approx f\left(-\frac{1}{\sqrt{3}}\right) + f\left(\frac{1}{\sqrt{3}}\right),$$

即为所求.

定义 4.2 选互异的求积节点 $x_0, x_1, \cdots, x_n$, 使求积公式 (4.14) 达到最高代数精确度为 $2n+1$, 则称该求积公式为高斯型求积公式, 称这些求积节点为高斯点.

按照例 6 的方式解非线性方程组, 建立高斯型求积公式是一件很难的工作. 一般是利用正交多项式确定高斯点.

定理 4.2 如果取区间 (a,b) 上带权函数 $\rho(x)$ 的正交多项式 $p_{n+1}(x)$ 的 $n+1$ 个零点 $x_0,x_1,\cdots,x_n$ 作求积节点, 且求积系数

$$A_k=\int_a^b \rho(x)\frac{p_{n+1}(x)}{(x-x_k)p'_{n+1}(x_k)}\mathrm{d}x, k=0,1,2,\cdots,n,$$

则求积公式

$$\int_a^b \rho(x)f(x)\mathrm{d}x\approx\sum_{k=0}^{n}A_kf(x_k).$$

是高斯型求积公式.

证明见参考文献 [12].

定理 4.2 给出了构造高斯型求积公式的方法. 下面给出几种常用高斯型求积公式.

4.8.1 高斯–勒让德 (Legendre) 求积公式

$$\int_{-1}^{1} f(x)\mathrm{d}x\approx\sum_{k=0}^{n}A_kf(x_k)$$

其中 $x_0,x_1,\cdots,x_n$ 是区间 $(-1,1)$ 上带权函数 $\rho(x)\equiv 1$ 的勒让德正交多项式 $L_{n+1}(x)$ 的零点, 求积系数

$$A_k=\frac{2}{(1-x_k^2)(L'_{n+1}(x_k))^2},\quad k=0,1,2,\cdots,n.$$

误差

$$R(f)=\frac{f^{(2n+2)}(\eta)}{(2n+2)!}\cdot\frac{2^{2n+2}[(n+1)!]^4}{[(2n+2)!]^2}\cdot\frac{2}{2n+3}.$$

表 4.7 给出部分高斯–勒让德求积公式的节点和求积系数, 以便查用.

表 4.7 部分高斯–勒让德求积公式的节点和求积系数

节点数 n	求积点 x_k	求积系数 A_k	节点数 n	求积点 x_k	求积系数 A_k
1	0.0000000	2.0000000	4	+0.8611363	0.3478548
				+0.3399810	0.6521452
				−0.3399810	0.6521452
2	+0.5773503	1.0000000		−0.8611363	0.3748548
	−0.5773503	1.0000000			
			5	+0.9061798	0.2369269
3	+0.7745967	0.5555556		+0.5384593	0.476287
	0.0000000	0.8888889		0.0000000	5.68889
	−0.7745967	0.5555556		−0.5384693	0.4786287
				−0.9061798	0.2369269

4.8.2 高斯–拉盖尔 (Laguerre) 求积公式

$$\int_0^{+\infty} \mathrm{e}^{-x} f(x)\mathrm{d}x \approx \sum_{k=0}^{n} A_k f(x_k),$$

其中 $x_0, x_1, \cdots, x_n$ 是区间 $(0, +\infty)$ 上带权函数 $\rho(x) \equiv \mathrm{e}^{-x}$ 的拉盖尔正交多项式 $U_{n+1}(x)$ 的零点, 求积系数

$$A_k = \frac{((n+1)!)^2}{x_k(U'_{n+1}(x_k))^2}, k = 0, 1, \cdots, n.$$

误差

$$R(f) = \frac{((n+1)!)^2}{(2n+2)!} f^{(2n+2)}(\eta).$$

高斯–拉盖尔求积节点和求积系数可查表得到.

4.8.3 高斯–埃尔米特求积公式

$$\int_{-\infty}^{+\infty} \mathrm{e}^{-x^2} f(x)\mathrm{d}x \approx \sum_{k=0}^{n} A_k f(x_k),$$

其中 $x_0, x_1, \cdots, x_n$ 是区间 $(-\infty, +\infty)$ 上带权函数 $\rho(x) \equiv \mathrm{e}^{-x^2}$ 的埃尔米特正交多项式 $H_{n+1}(x)$ 的零点, 求积系数

$$A_k = \frac{2^{n+2}(n+1)!\sqrt{\pi}}{(H'_{n+1}(x_k))^2}, k = 0, 1, \cdots, n.$$

误差

$$R(f) = \frac{(n+1)!\sqrt{\pi}}{2^{n+1}(2n+2)!} f^{(2n+2)}(\eta).$$

高斯–埃尔米特 (Hermite) 求积节点和求积系数可查表得到.

4.8.4 高斯–切比雪夫 (chebyshev) 求积公式

$$\int_{-1}^{1} \frac{f(x)}{\sqrt{1-x^2}}\mathrm{d}x \approx \frac{\pi}{n+1} \sum_{k=0}^{n} f(x_k),$$

其中 $\left\{x_k = \cos\frac{2(n-k+1)+1}{2n+2}\pi, k = 0, 1, 2, \cdots, n\right\}$ 是区间 $(-1, 1)$ 上带权 $\rho(x) \equiv \frac{1}{\sqrt{1-x^2}}$ 的切比雪夫正交多项式 $T_{n+1}(x)$ 的零点.

误差

$$R(f) = \frac{2\pi}{2^{2n+2}(2n+2)!} f^{(2n+2)}(\eta).$$

高斯–切比雪夫求积节点和求积系数可查表得到.

例 7　用两个节点的高斯–勒让德求积公式计算积分 $\int_0^1 \frac{\sin x}{x}\mathrm{d}x$.

解

$$\int_0^1 \frac{\sin x}{x}\mathrm{d}x = \int_{-1}^1 \frac{1}{t+1}\sin\frac{1}{2}(t+1)\mathrm{d}t,$$

应用两点高斯–勒让德求积公式得

$$\int_0^1 \frac{\sin x}{x}\mathrm{d}x \approx \frac{1}{-0.5773503+1}\sin\frac{-0.5773503+1}{2} + \frac{1}{0.5773503+1}\sin\frac{0.5773503+1}{2}$$

$$= 0.9460411.$$

例 8　分别用 2 点、4 点、6 点高斯–切比雪夫求积公式计算积分

$$I = \int_{-1}^1 \frac{\mathrm{e}^x}{\sqrt{1-x^2}}\mathrm{d}x.$$

解　$f(x) = \mathrm{e}^x$, 由高斯–切比雪夫求积公式得

$$\int_{-1}^1 \frac{\mathrm{e}^x}{\sqrt{1-x^2}}\mathrm{d}x \approx \frac{\pi}{2}\left(\mathrm{e}^{\cos\frac{5}{4}\pi} + \mathrm{e}^{\cos\frac{3}{4}\pi}\right) = 3.9602660,$$

$$\int_{-1}^1 \frac{\mathrm{e}^x}{\sqrt{1-x^2}}\mathrm{d}x \approx \frac{\pi}{4}\sum_{k=0}^{3} \mathrm{e}^{\cos\frac{9-2k}{8}\pi} = 3.9774626,$$

$$\int_{-1}^1 \frac{\mathrm{e}^x}{\sqrt{1-x^2}}\mathrm{d}x \approx \frac{\pi}{6}\sum_{k=0}^{5} \mathrm{e}^{\cos\frac{13-2k}{12}\pi} = 3.9774633.$$

以上介绍的高斯型求积公式的求积系数全是正数, 因此它们都是数值稳定的算法; 另外, 从误差公式看出, 它们不仅具有最高代数精度, 而且收敛阶也很高. 可以利用高斯型求积公式求广义积分. 但需要提出的一点是, 高斯型求积公式求积节点增减时, 前面计算出的函数值不能再利用, 必须重算函数值.

本 章 总 结

本章讨论了数值积分和数值微分的相关理论和算法, 其理论基础是函数的泰勒展开、插值及正交多项式的有关性质. 利用泰勒展开、插值方法给出了建立数值微分的基本方法及几个常用的数值微分公式.

本章重点介绍了数值积分方法, 如等距节点的牛顿–科特斯公式、复化求积公式、龙贝格积分方法及高斯型求积公式. 并以 Simpson 为例, 简单介绍了自适应求积算法.

在等距节点的牛顿–科特斯公式中, 最常用的是梯形公式、Simpson 公式及科特斯公式. 虽然梯形公式、Simpson 公式是低精度公式, 但对被积函数的光滑性要求不高. 高阶

牛顿–科特斯公式稳定性较差, 收敛较慢. 为了提高收敛速度而建立的复化梯形公式、复化 Simpson 公式是目前人们广泛使用的方法. 龙贝格积分法有时也称逐次分半加速法, 它的特点是算法简单、计算量不大 (当节点加密时, 前面计算的结果可为后面的计算使用), 并有简单的误差估计方法.

高斯型求积公式是非等距节点的求积公式, 它的特点是精度高, 但由于节点分布不规则, 当增减节点时, 前面计算出的函数值不能再利用, 必须重算函数值, 计算过程比较麻烦.

习 题 4

1. 分别采用 2 点、3 点、5 点公式计算 $f(x)=\mathrm{e}^x$ 在 $x=1$ 处的导数值, 设取 $h=0.01$.

2. 给定求积节点 $x_0=\dfrac{1}{4}, x_1=\dfrac{3}{4}$, 试构造计算积分的插值型求积公式, 并指明该求积公式的代数精度.

3. 确定下列求积公式中的待定参数, 使其代数精度尽可能高, 并指明所构造出的求积公式所具有的代数精度.

(1) $\displaystyle\int_{-h}^{h} f(x)\mathrm{d}x \approx A_{-1}fl(-h)+A_0f(0)+A_1f(h)$;

(2) $\displaystyle\int_{-2h}^{2h} f(x)\mathrm{d}x \approx A_{-1}f(-h)+A_0f(0)+A_1f(h)$;

(3) $\displaystyle\int_{-1}^{1} f(x)\mathrm{d}x \approx \frac{1}{3}[f(-1)+2f(x_1)+3f(x_2)]$;

(4) $\displaystyle\int_{0}^{h} f(x)\mathrm{d}x \approx \frac{h}{2}[f(0)+f(h)]+ah^2[f'(0)-f'(h)]$.

4. 分别运用梯形公式、辛普森公式、牛顿–科茨公式计算积分 $\displaystyle\int_0^1 \mathrm{e}^x\mathrm{d}x$, 并估计各种方法的误差 (要求小数点后至少保留 5 位).

5. 对于积分 $\displaystyle\int_1^3 \mathrm{e}^x\cdot\sin x\mathrm{d}x$, 当要求误差小于 10^{-6} 时, 用复化梯形公式计算所需节点数是多少?

6. 给定积分 $I=\displaystyle\int_0^1 \frac{\sin x}{x}\mathrm{d}x$,

(1) 利用复合梯形公式计算上述积分值, 使其截断误差不超过 $\dfrac{1}{2}\times 10^{-3}$;

(2) 取同样的求积节点, 改用复合辛普森公式计算时, 截断误差是多少?

(3) 要求截断误差不超过 10^{-6}, 如果用复合辛普森公式计算, 应取多少个函数值?

7. 用龙贝格方法求 $I=\displaystyle\int_0^1 \mathrm{e}^x\mathrm{d}x$, 使误差不超过 $\dfrac{1}{2}\times 10^{-5}$.

8. 采用龙贝格算法计算积分 $\displaystyle\int_1^3 \frac{1}{y}\mathrm{d}y$.

9. 采用 3 点及 5 点高斯–勒让德求积公式计算第 8 题.

10 将积分区间分成 4 等分, 用复合 2 点高斯公式计算第 8 题.

11. 试证明求积公式

$$\int_{-1}^{1} f(x)\mathrm{d}x \approx \frac{1}{9}[5f(\sqrt{0.6}) + 8f(0) + 5f(-\sqrt{0.6})]$$

对于不高于 5 次的多项式准确成立.

12. 利用第 11 题的求积公式计算积分 $\int_0^1 \frac{\sin x}{1+x}\mathrm{d}x$.

13. 确定如下求积公式中的待定参数, 使其代数精度尽量高, 并指出代数精度

$$\int_{-1}^{1} f(x)\mathrm{d}x \approx \frac{1}{3}\left[f(-1) + 2f(\alpha) + 3f(\beta)\right].$$

14. 分别用抛物线公式和 3 点高斯公式计算积分 $\int_{-1}^{1} x^2\cos x\mathrm{d}x$, 并比较它们的精度, 准确值为 0.478267254.

15. 设 $\{\varphi_n(x)\}$ 是区间 $[a,b]$ 上带权 $\rho(x)$ 的正交多项式序列, $\{x_j, j=0,1,2,\cdots,n\}$ 为 $\varphi_{n+1}(x)$ 的零点, $\{l_j(x), j=0,1,\cdots,n\}$ 是以 $\{x_j\}$ 为节点的拉格朗日插值基函数, $\int_a^b \rho f(x)\mathrm{d}x \approx \sum_{k=0}^{n} A_k f(x_k)$ 为高斯型求积公式. 证明:

(1) 当 $0 \leqslant k, l \leqslant n, k \neq l$ 时, $\sum_{j=0}^{n} A_j\varphi_k(x_j)\varphi_l(x_j) = 0$;

(2) $\int_a^b \rho(x)l_k(x)l_m(x)\mathrm{d}x = 0$;

(3) $\sum_{k=0}^{m}\int_a^b \rho(x)l_k^2(x)\mathrm{d}x = \int_a^b \rho(x)\mathrm{d}x$.

计算实习 4

设计区间分半求积算法、龙贝格求积算法和自适应辛普森求积算法的程序, 观察 $n=1,10,100,500$ 时, 积分 $\int_{-1}^{1} x^2\cos(nx)\mathrm{d}x$ 的结果, 并给出相应的评价.

第 5 章 Chapter 5

常微分方程初值问题的数值解法

5.1 问题的提出

微分方程是描述量的连续变化规律的数学语言. 在科学和技术领域中, 问题的数学模型往往以常微分方程的形式表示, 比如, 牛顿第二运动定律

$$F = ma,$$

其中 F 为外力, m 为物体的质量, a 为物体的加速度. 若记物体的位移函数为 $y(t)$, 并规定物体运动开始时的位移 $y(t_0) = y_0$ 和初始速度 $y'(t_0) = y'_0$, 则得到所谓**初值问题**

$$\begin{cases} F = m\dfrac{\mathrm{d}^2y}{\mathrm{d}t^2}, \\ y(t_0) = y_0, y'(t_0) = y'_0. \end{cases}$$

求常微分方程解析解的方法有多种. 可是, 在实际问题中遇到的常微分方程, 很少能获得解析解, 因此求常微分方程的数值解成为主要途径. 本章将介绍**常微分方程初值问题**数值方法的理论、算法和应用.

5.2 初值问题的基本理论

考虑一阶常微分方程初值问题

$$\begin{cases} y'(t) = f(t, y), t \in [a, b], \\ y(a) = y_0. \end{cases} \tag{5.1}$$

关于问题 (5.1) 的方法, 可以推广到如下的一阶微分方程组的初始问题

$$\begin{cases} \dfrac{\mathrm{d}y_1}{\mathrm{d}t} = f_1(t, y_1, y_2, \cdots, y_n), \\ \dfrac{\mathrm{d}y_1}{\mathrm{d}t} = f_1(t, y_1, y_2, \cdots, y_n), \\ \cdots\cdots \\ \dfrac{\mathrm{d}y_1}{\mathrm{d}t} = f_1(t, y_1, y_2, \cdots, y_n), \end{cases}$$

其中 $t \in [a, b]$, 初始条件为

$$y_1(a) = \alpha_1, y_2(a) = \alpha_2, \cdots, y_n(a) = \alpha_n.$$

由于一般的 n 阶常微分方程初值问题

$$\begin{cases} y^{(n)} = f(t, y, y', \cdots, y^{(n-1)}), t \in (a, b], \\ y(a) = \alpha_1, y'(a) = \alpha_2, \cdots, y^{(n-1)}(a) = \alpha_n. \end{cases}$$

经过变换 $u_1 = y, u_2 = y', \cdots, u_n = y^{(n-1)}$, 转化为

$$\begin{cases} \dfrac{\mathrm{d}u_1}{\mathrm{d}t} = u_2, \\ \cdots\cdots \\ \dfrac{\mathrm{d}u_{n-1}}{\mathrm{d}t} = u_n, \\ \dfrac{\mathrm{d}u_n}{\mathrm{d}t} = f(t, u_1, u_2, \cdots, u_n), \end{cases}$$

其中 $t \in [a, b]$, 初始条件为

$$u_1(a) = \alpha_1, u_2(a) = \alpha_2, \cdots, u_n(a) = \alpha_n.$$

所以, 关于问题 (5.1) 的方法, 也可拓展到一般的 n 阶常微分方程初值问题.

定义 5.1 称常微分方程初值问题 (5.1) 是适定的, 如果满足:

(1) 在 $[a, b]$ 上存在唯一解 $y(t)$;

(2) 对任意 $\varepsilon > 0$, 存在常数 $c > 0$, 当 $|\varepsilon_0| < \varepsilon$, $\delta(t)$ 在 $[a, b]$ 上连续且 $|\delta(t)| < \varepsilon$ 时, 使初值问题

$$\begin{cases} z'(t) = f(t, z) + \delta(t), t \in (a, b], \\ z(a) = y_0 + \varepsilon_0. \end{cases} \tag{5.2}$$

在 $[a, b]$ 上存在唯一解 $z(t)$, 且 $|z(t) - y(t)| < c\varepsilon$.

式 (5.2) 所定义的问题称为和原问题 (5.1) 相伴的摄动问题. 因为式 (5.1) 中的任何一项有小的舍入误差都会引起摄动, 所以数值方法总与求解摄动问题有关. 如果原问题

不适定, 则没有理由能得到满意的解. 因此, 实际中所提出的问题, 都应该是适定的. 下面定理给出了保证问题适定的一个充分条件.

定理 5.1 设 $f(t,y)$ 在区域 $D=\{(t,y)|a\leqslant t\leqslant b, y\in \mathbf{R}\}$ 上连续, 关于 y 满足利普希兹 (Lipschitz) 条件. 即存在实数 $L>0$, 对于任意的 $y_1,y_2\in\mathbf{R}$, 使得

$$|f(t,y_1)-f(t,y_2)|\leqslant L|y_1-y_2|,$$

则初值问题 (5.1) 是适定的.

证明见参考文献 [1].

关于问题 (5.1) 的数值方法, 就是寻求解析解 $y(t)$ 在一系列的离散节点 $t_0<t_1<\cdots<t_i<\cdots$ 上的近似解 $y_0,y_1,\cdots,y_i,\cdots$. 其中相邻两个节点的距离 $h_i=t_{i+1}-t_i$ 称为步长. 今后如不特别说明, 总是假定步长为常数 h. 比如, 取 $h=\dfrac{b-a}{N}$, 此时节点为 $t_i=a+ih, i=0,1,2,\cdots,N$.

建立初值问题 (5.1) 数值方法途径主要有:

(1) 将问题 (5.1) 等价为对

$$y(t_{i+1})=y(t_i)+\int_{t_i}^{t_{i+1}}f(t,y(t))\mathrm{d}t \tag{5.3}$$

进行数值积分;

(2) 利用泰勒展开公式

$$y(t_{i+1})=y(t_i)+hy'(t_i)+\cdots+\frac{h^n}{n!}y^{(n)}(t_i)+\frac{h^{n+1}}{(n+1)!}y^{(n+1)}(\xi) \tag{5.4}$$

和 $y'(t)=f(t,y)$, 逐次求导.

如果记 y_i 表示 $y(t_i)$ 的近似值, 则由式 (5.3) 或式 (5.4) 所构造的数值方法形如:

(1) 显示格式 $y_{i+1}=y_i+h\varphi(t_i,y_i,y_{i-1},\cdots,y_{i+1-m},h);$ (5.5)

(2) 隐式格式 $y_{i+1}=y_i+h\varphi(t_i,y_{i+1},y_i,y_{i-1},\cdots,y_{i+1-m},h).$ (5.6)

其中 φ 由式 (5.3) 或式 (5.4) 近似得到.

当 $m=1$ 时,

$$y_{i+1}=y_i+h\varphi(t_i,y_i,h), \tag{5.7}$$

称为显示单步法;

$$y_{i+1}=y_i+h\varphi(t_i,y_i,y_{i+1},h), \tag{5.8}$$

称为隐式单步法.

当 $m \geqslant 2$ 时, 称相应的数值方法为 m 步法, 简称多步法. 多步法同样也有显示和隐式两种类型.

定义 5.2 设 $y(t)$ 是初值问题 (5.1) 的解析解, $y_1, y_2, \cdots, y_N$ 是由算法 (5.5) 或 (5.6) 解出数值解, 称误差 $\varepsilon_i = y(t_i) - y_i$ 为算法在节点 t_i 处的整体截断误差.

定义 5.3 设 $y(t)$ 是初值问题 (5.1) 的解析解, 对于算法 (5.2), 误差

$$T_{i+1} = y(t_{i+1}) - [y(t_i) + h\varphi(h, t_i, y(t_i), \cdots, y(t_{i+1-m}))], \tag{5.9}$$

称为显示方法的局部截断误差; 同样, 对于算法 (5.6), 误差

$$T_{i+1} = y(t_{i+1}) - [y(t_i) + h\varphi(h, t_i, y(t_{i+1}), y(t_i), \cdots, y(t_{i+1-m}))], \tag{5.10}$$

称为隐式方法 (5.6) 的局部截断误差.

定理 5.2 如果存在整数 p 和常数 $C > 0$, 使得算法局部截断误差

$$|T_{i+1}| = Ch^{p+1} + O(h^{p+2}) = O(h^{p+1}),$$

则此算法的整体截断误差为

$$|\varepsilon_{i+1}| = |y_{i+1} - y(t_{i+1})| = C_1 h^p + O(h^{p+1}) = O(h^p),$$

证明见参考文献 [13].

定义 5.4 如果初值问题 (5.1) 的数值算法局部截断误差为

$$|T_{i+1}| = Ch^{p+1} + O(h^{p+2}) = O(h^{p+1}),$$

则称该算法是 p阶收敛的, 或者称该算法具有p阶精度.

5.3 初值问题的单步法

5.3.1 显式欧拉 (Euler) 法

由

$$y(t_{i+1}) = y(t_i) + y'(t_i)h + \frac{h^2}{2}y''(t_i) + O(h^3),$$

得到

$$y_{i+1} = y_i + hf(t_i, y_i), \tag{5.11}$$

称之为显式欧拉法.

显式欧拉法的局部截断误差为

$$T_{i+1}=y(t_{i+1})-[y(t_i)+hf(t_i,y(t_i))]=\frac{h^2}{2}y''(t_i)+O(h^3), \tag{5.12}$$

因此, 显式欧拉法为一阶收敛方法, 局部截断误差主项为 $\frac{h^2}{2}y''(t_i)$.

5.3.2 隐式欧拉法

由

$$y(t_i)=y(t_{i+1})-hy'(t_{i+1})+\frac{h^2}{2}y''(t_{i+1})+O(h^3),$$

得到

$$y_{i+1}=y_i+hf(t_{i+1},y_{i+1}). \tag{5.13}$$

称之为隐式欧拉法.

隐式欧拉法的局部截断误差为

$$\begin{aligned}T_{i+1}&=-\frac{h^2}{2}y''(t_{i+1})+O(h^3)\\&=-\frac{h^2}{2}(y''(t_i)+hy'''(t_i)+O(h^2))+O(h^3)\\&=-\frac{h^2}{2}y''(t_i)+O(h^3).\end{aligned}$$

因此, 隐式欧拉法为一阶收敛方法, 局部截断误差主项为 $-\frac{h^2}{2}y''(t_i)$.

【注】 应用隐式欧拉法, 可通过解非线性方程

$$z=y_i+hf(t_i+h,z),$$

得到 $y_{i+1}=z$; 也可通过预估–校正, 即

(1) 预估 $y_{i+1}^{(0)}=y_i+hf(t_i,y_i)$;

(2) 校正 $y_{i+1}^{(k+1)}=y_i+hf(t_{i+1},y_{i+1}^{(k)}),\ k=0,1,2,\cdots$.

当 $\left|y_{i+1}^{(k+1)}-y_{i+1}^{(k)}\right|\leqslant\varepsilon$ 时, 得到 $y_{i+1}=y_{i+1}^{(k+1)}$, 停止.

5.3.3 梯形方法

由

$$y(t_{i+1})=y(t_i)+hy'(t_i)+\frac{h^2}{2}y''(t_i)+\frac{h^3}{6}y'''(t_i)+O(h^4),$$

$$y(t_i)=y(t_{i+1})-hy'(t_{i+1})+\frac{h^2}{2}y''(t_{i+1})-\frac{h^3}{6}y'''(t_{i+1})+O(h^4),$$

推出

$$y(t_{i+1})-y(t_i)=\frac{h}{2}(y'(t_i)+y'(t_{i+1}))+\frac{h^2}{4}(y''(t_i)-y''(t_{i+1}))$$
$$+\frac{h^3}{12}(y'''(t_i)+y'''(t_{i+1}))+O(h^4),$$

又

$$y''(t_{i+1})=y''(t_i)+y'''(t_i)h+O(h^2),$$
$$y'''(t_{i+1})=y'''(t_i)+O(h),$$

推出

$$y(t_{i+1})=y(t_i)+\frac{h}{2}\left(y'(t_i)+y'(t_{i+1})\right)-\frac{h^3}{12}y'''(t_i)+O(h^4),$$

得到

$$y_{i+1}=y_i+\frac{h}{2}\left[f(t_i,y_i)+f(t_{i+1},y_{i+1})\right], \tag{5.14}$$

称之为*梯形方法*.

梯形方法的局部截断误差为

$$T_{i+1}=-\frac{y'''(t_i)}{12}h^3+O(h^4).$$

因此, 梯形方法为二阶收敛方法, 局部截断误差主项为 $-\dfrac{y'''(t_i)}{12}h^3$.

梯形公式也为隐式格式. 因此, 应用梯形公式, 可通过直接解非线性方程

$$z=y_i+\frac{h}{2}\left[f(t_i,y_i)+f(t_{i+1},z)\right],$$

得到 y_{i+1}; 也可通过预估–校正

(1) 预估 $y_{i+1}^{(0)}=y_i+hf(t_i,y_i)$;

(2) 校正 $y_{i+1}^{(k+1)}=y_i+\dfrac{h}{2}\left[f(t_i,y_i)+f(t_{i+1},y_{i+1}^{(k)})\right],\ k=0,1,2,\cdots$.

当 $\left|y_{i+1}^{(k+1)}-y_{i+1}^{(k)}\right|\leqslant\varepsilon$ 时, 得到 $y_{i+1}=y_{i+1}^{(k+1)}$, 停止.

上述几种方法简单, 但收敛阶次较低. 在实际应用中, 需取很小的步长才能得到满意的解. 因此, 需要构造更高阶的数值方法.

5.3.4 龙格–库塔 (Runge–Kutta) 法

由积分中值定理

$$y(t_{i+1})=y(t_i)+\int_{t_i}^{t_{i+1}}f(t,y(t))\mathrm{d}t=y(t_i)+hf\left(t_i+\theta h,y(t_i+\theta h)\right),$$

其中 $\theta \in [0,1]$. 记

$$k^* = f(t_i + \theta h, y(t_i + \theta h)),$$

称 k^* 为 $y(t)$ 在区间 $[t_i, t_{i+1}]$ 上的平均斜率. 只要给出平均斜率的一种算法, 就可以得到一种求解初值问题 (5.1) 的数值方法.

显式欧拉公式取 $k^* \approx f(t_i, y_i)$, 隐式欧拉公式取 $k^* \approx f(t_{i+1}, y_{i+1})$. 由于它们只取一个点的斜率作为区间 $[t_i, t_{i+1}]$ 上的平均斜率的近似, 因此精度比较低. 梯形方法取 $k^* \approx \dfrac{1}{2}(f(t_i, y_i) + f(t_{i+1}, y_{i+1}))$, 是区间 $[t_i, t_{i+1}]$ 上两点斜率的算术平均值作为平均斜率的近似, 因此梯形公式为二阶方法. 受此启发, 如果在 $[t_i, t_{i+1}]$ 内多预测几个点的斜率, 然后取其加权平均作为平均斜率的近似, 则可以构造出具有更高精度的计算公式, 这就是龙格–库塔法的基本思想.

一级龙格–库塔法　　形如

$$y_{i+1} = y_i + h\lambda f(t_i, y_i), \tag{5.15}$$

其中 λ 为待定参数.

为确定 λ, 考虑式 (5.15) 的局部截断误差

$$\begin{aligned} T_{i+1} &= y(t_{i+1}) - [y(t_i) + h\lambda f(t_i, y(t_i))] \\ &= (1-\lambda)hy'(t_i) + \frac{y''(t_i)}{2}h^2 + O(h^3). \end{aligned}$$

显然, 当 $\lambda = 1$ 时, 得到式 (5.15) 的最高收敛阶为 1.

一级龙格–库塔法为

$$y_{i+1} = y_i + hf(t_i, y_i),$$

它就是显式欧拉公式.

二级龙格–库塔法　　在 $[t_i, t_{i+1}]$ 内取一点 $t_{i+p} = t_i + \mu h, \mu \in (0,1]$, 记 $t_i, t_{i+\mu}$ 两点的斜率分别为 k_1, k_2. 令 $k* \approx \lambda_1 k_1 + \lambda_2 k_2$, 其中 $\lambda_1 + \lambda_2 = 1$, 则有二级龙格–库塔法

$$\begin{cases} y_{i+1} = y_i + h(\lambda_1 k_1 + \lambda_2 k_2), \\ k_1 = f(t_i, y_i), \\ k_2 = f(t_{i+\mu}, y_{i+\mu}) = f(t_i + \mu h, y_i + \mu h k_1). \end{cases} \tag{5.16}$$

为确定参数 $\lambda_1, \lambda_2, \mu$, 考虑式 (5.16) 的局部截断误差

$$T_{i+1} = y(t_{i+1}) - [y(t_i) + h(\lambda_1 k_1 + \lambda_2 k_2)],$$

因为

$$y'(t) = f(t, y) = f,$$

$$y''(t) = \frac{\mathrm{d}}{\mathrm{d}t}f(t, y) = f'_t + f'_y f,$$

$$y'''(t) = \frac{\mathrm{d}^2}{\mathrm{d}t^2}f(t, y) = f''_{tt} + f''_{yy}f^2 + 2f''_{ty}f + f'_t f'_y + (f'_y)^2 f.$$

利用二元函数的泰勒公式

$$\begin{aligned}k_2 &= f(t_i + \mu h, y_i + \mu h f)\\ &= f + (f'_t f'_y)\begin{pmatrix}\mu h\\ \mu h f\end{pmatrix} + \frac{1}{2}(\mu h \quad \mu h f)\begin{pmatrix}f''_{tt} & f''_{ty}\\ f''_{ty} & f''_{yy}\end{pmatrix}\begin{pmatrix}\mu h\\ \mu h f\end{pmatrix} + O(h^3),\end{aligned}$$

得到

$$\begin{aligned}T_{i+1} &= (1 - \lambda_1 - \lambda_2)y'(t_i)h + \left(\frac{1}{2} - \lambda_2\mu\right)y''(t_i)h^2\\ &\quad + \left(\frac{1}{6} - \frac{1}{2}\lambda_2\mu^2\right)y'''(t_i)h^3 + \frac{1}{2}f'_y y''(t_i)\lambda_2\mu^2 h^3 + O(h^4),\end{aligned}$$

显然, 当

$$\begin{cases}\lambda_1 + \lambda_2 = 1,\\ \lambda_2\mu = \dfrac{1}{2}.\end{cases}$$

时, 二级龙格–库塔法式 (5.16) 取得最高收敛阶, 且最高收敛阶为 2.

当取 $\lambda_1 = \lambda_2 = \frac{1}{2}, \mu = 1$ 时, 得到

$$\begin{cases}y_{i+1} = y_i + \dfrac{h}{2}(k_1 + k_2),\\ k_1 = f(t_i, y_i),\\ k_2 = f(t_i + h, y_i + hk_1).\end{cases} \tag{5.17}$$

称式 (5.17) 为二阶改进欧拉公式, 其局部截断误差为

$$T_{i+1} = -\frac{h^3}{12}y'''(t_i) + \frac{h^3}{4}f'_y y''(t_i) + O(h^4),$$

当 $\lambda_1 = 0, \lambda_2 = 1, \mu = \frac{1}{2}$ 时, 得到

$$
\begin{cases}
y_{i+1} = y_i + hk_2, \\
k_1 = f(t_i, y_i), \\
k_2 = f\left(t_i + \dfrac{h}{2}, y_i + \dfrac{h}{2}k_1\right),
\end{cases}
\tag{5.18}
$$

称式 (5.18) 为二阶中点公式, 其局部截断误差为

$$
T_{i+1} = \frac{h^3}{24}y'''(t_i) + \frac{h^3}{8}f'_y y''(t_i) + O(h^4).
$$

当 $\lambda_1 = \dfrac{1}{4}, \lambda_2 = \dfrac{3}{4}, \mu = \dfrac{2}{3}$ 时, 得到

$$
\begin{cases}
y_{i+1} = y_i + h\left(\dfrac{1}{4}k_1 + \dfrac{3}{4}k_2\right), \\
k_1 = f(t_i, y_i), \\
k_2 = f\left(t_i + \dfrac{2h}{3}, y_i + \dfrac{2h}{3}k_1\right),
\end{cases}
\tag{5.19}
$$

称式 (5.19) 为二阶休恩方法, 其局部截断误差为

$$
T_{i+1} = \frac{h^3}{6}f'_y y''(t_i) + O(h^4).
$$

同理, 可以构造三级、四级龙格–库塔法. 三级龙格–库塔公式通常不被使用, 有着广泛应用的是经典的四级四阶龙格–库塔法

$$
\begin{cases}
y_{i+1} = y_i + \dfrac{h}{6}(k_1 + 2k_2 + 2k_3 + k_4), \\
k_1 = f(t_i, y_i), \\
k_2 = f\left(t_i + \dfrac{h}{2}, y_i + \dfrac{h}{2}k_1\right), \\
k_3 = f\left(t_i + \dfrac{h}{2}, y_i + \dfrac{h}{2}k_2\right), \\
k_4 = f(t_i + h, y_i + hk_3),
\end{cases}
\tag{5.20}
$$

其局部截断误差可表示为

$$
T_{i+1} = c(t_i)h^5 + O(h^6),
$$

这里 $c(t_i)$ 与 h 无关的常数.

下面的一个实例可以展示四级四阶龙格–库塔法的优越性.

例 1 初值问题

$$\begin{cases} y' = y - t^2 + 1,\ t \in [0,2], \\ y(0) = 0.5, \end{cases}$$

其解析解为

$$y(t) = (t+1)^2 - \frac{1}{2}\mathrm{e}^t,$$

分别用 h=0.025 的显式欧拉法, h=0.05 的改进欧拉法和 h=0.1 的经典四级龙格–库塔法进行计算, 比较在公共节点 0.1, 0.2, 0.3, 0.4, 0.5 处的计算值.

解 计算结果见表 5.1.

表 5.1 计算结果

t_i	准确解	显式欧拉法	改进欧拉法	经典龙格–库塔法
0.0	0.5000000	0.5000000	0.5000000	0.5000000
0.1	0.6574145	0.6554982	0.6573085	0.6574144
0.2	0.8292986	0.8253385	0.8290778	0.8292983
0.3	1.0150706	1.0089334	1.0147254	1.0150701
0.4	1.2140877	1.2056346	1.2136079	1.2140869
0.5	1.4256394	1.4147264	1.4250141	1.4256384

计算结果表明, 经典四级龙格–库塔法优于改进欧拉法, 改进欧拉法优于显式欧拉法, 与理论分析一致.

值得注意的是, 用单步法求初值问题 (5.1) 的解, 给定步长后才能执行. 求满足精度的解, 需要估计步长. 想依靠整体误差估计这个步长, 一般是难以做到的. 因此, 常微分方程初值问题的数值解法的步长选择是必须要考虑的问题.

5.4 单步法数值稳定性

在计算机上实现某数值算法, 由于计算机算术运算所涉及的数是有限位的, 所以在计算过程中不可避免的要产生舍入误差. 舍入误差的传播能否得到控制呢? 这就是算法的数值稳定性问题.

定义 5.5 设某单步法在计算 y_i 时, 产生大小为 δ 的误差, 如果随后的计算值 $y_j(j>i)$ 的误差按绝对值都不超过 δ, 则称该算法是稳定的; 如果随后的计算值 $y_j(j>i)$ 的误差按绝对值趋于零, 则称该算法是绝对稳定的.

今后, 所谓算法是数值稳定的, 是指该算法绝对稳定.

从单步法的一般描述式 (5.7) 或式 (5.8) 看出, 数值稳定性的分析相当复杂, 它不仅与数值方法本身结构有关, 而且依赖 $f(t,y)$. 为简单起见, 通常针对试验模型

$$y' = \lambda y \tag{5.21}$$

来讨论数值方法的稳定性, 这里 λ 为常数. 这种思想来源于如下判断:

(1) 如果某数值方法对如此简单的方程都不数值稳定的话, 那么对一般问题就更难以保证数值稳定性;

(2) 在考虑算法的数值稳定性时, 一般问题 (5.1) 可以近似为简单问题 (5.21). 这是因为, 设 $(\bar{t}, \bar{y})$ 是 (t, y) 小的摄动结果, 则

$$f(t,y) \approx f(\bar{t},\bar{y}) + f_t'(\bar{t},\bar{y})(t-\bar{t}) + f_y'(\bar{t},\bar{y})(y-\bar{y}) = \lambda y + u(t),$$

其中 $\lambda = f_y'(\bar{t},\bar{y})$, 而非齐次项 $u(t)$ 对数值稳定性没有影响, 舍去可得试验模型.

综上所述, 一个实用的算法不仅收敛而且必须是数值稳定的. 上节提到的几种单步法均为收敛的, 它们的数值稳定性如何呢?

显式欧拉法的数值稳定性 将显式欧拉公式用于求解试验模型, 有

$$y_{i+1} = (1 + h\lambda) y_i.$$

设 $\tilde{y}_i$ 是算法在计算机上实现而得到的输出值, 且有舍入误差 $\varepsilon_i = \tilde{y}_i - y_i$, 则

$$\varepsilon_{i+1} = \tilde{y}_{i+1} - y_{i+1} = (1+h\lambda)(\tilde{y}_i - y_i) = (1+h\lambda)\varepsilon_i.$$

于是, 显式欧拉法的数值稳定区域为

$$|1 + h\lambda| < 1,$$

这个区域是以 $(-1,0)$ 为圆心的单位圆的内部 (如图 5.1 所示). 数值稳定区域与负实轴的交集, 称为绝对稳定区间. 绝对稳定区间确定了使算法数值稳定的步长.

显式欧拉法的绝对稳定区间是 $(-2, 0)$. 即, 显式欧拉法步长满足

$$0 < h < \frac{2}{|\lambda|}$$

条件下, 才能保证数值稳定.

应用显式欧拉法解问题 (5.1), 步长不仅受到收敛性 $(O(h))$ 限制, 而且还受到数值稳定性 $\left(0 < h < \dfrac{2}{|\lambda|}\right)$ 限制.

隐式欧拉法的数值稳定性 将隐式欧拉公式用于求解试验模型, 有

$$y_{i+1} = y_i + h\lambda y_{i+1},$$

解得

$$y_{i+1} = \frac{1}{1 - h\lambda} y_i,$$

同以上分析, 得到隐式欧拉法的数值稳定区域

$$\left| \frac{1}{1 - h\lambda} \right| < 1,$$

这个区域是以 $(1, 0)$ 为圆心的单位圆的外部, 包含了整个左半复平面, 如图 5.2 所示.

隐式欧拉法的绝对稳定区间为 $(-\infty, 0)$, 即任取步长 $h > 0$, 都能保证隐式欧拉法数值稳定.

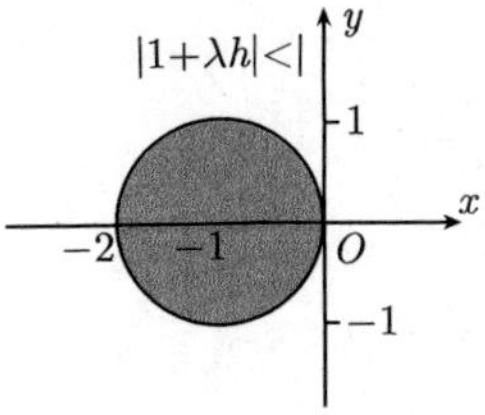

图 5.1 单位圆的内部

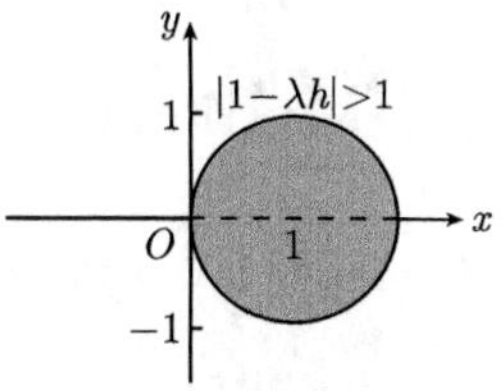

图 5.2 单位圆的外部

显然, 只要一个算法的数值稳定区域包含整个左半复平面, 步长就仅受到其收敛性限制, 不受数值稳定性限制. 今后, 凡是数值稳定区域包含整个左半复平面的算法, 均称为A–稳定的算法. 隐式欧拉法是**A–稳定**的算法.

梯形公式的数值稳定性 将梯形公式用于求解试验模型, 有

$$y_{i+1} = y_i + \frac{h}{2}(\lambda y_i + \lambda y_{i+1}),$$

解得

$$y_{i+1} = \left(\frac{2 + \lambda h}{2 - \lambda h} \right) y_i.$$

数值稳定区域为 $\left| \dfrac{2 + h\lambda}{2 - h\lambda} \right| < 1$, 该区域是整个左半平面梯形公式; 绝对稳定区间为 $(-\infty, 0)$. 如图 5.3 所示.

梯形公式是 A–稳定的算法.

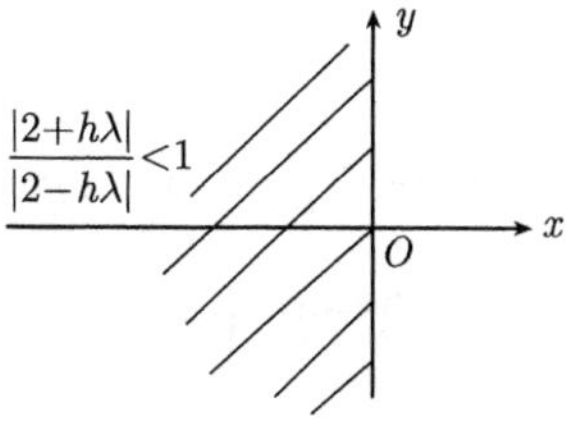

图 5.3 左半平面

改进欧拉法的数值稳定性 将改进欧拉法用于求解试验模型, 有

$$y_{i+1} = \left(1 + h\lambda + \frac{(h\lambda)^2}{2} \right) y_i.$$

所以, 绝对稳定区域为 $\left|1+h\lambda+\dfrac{(h\lambda)^2}{2}\right|<1$, 绝对稳定区间为 $(-2,0)$.

应用改进欧拉法解问题 (5.1), 步长不仅受到收敛性 ($O(h^2)$) 限制, 而且还受到数值稳定性 $\left(0<h<\dfrac{2}{|\lambda|}\right)$ 限制.

经典四阶龙格–库塔法的数值稳定性 将经典四阶龙格–库塔法用于求解试验模型, 有

$$y_{i+1}=\left(1+h\lambda+\frac{(h\lambda)^2}{2!}+\frac{(h\lambda)^3}{3!}+\frac{(h\lambda)^4}{4!}\right)y_i,$$

所以, 绝对稳定区域为

$$\left|1+h\lambda+\frac{(h\lambda)^2}{2!}+\frac{(h\lambda)^3}{3!}+\frac{(h\lambda)^4}{4!}\right|<1,$$

绝对稳定区间为 $(-2.78,0)$. 如图 5.4 所示.

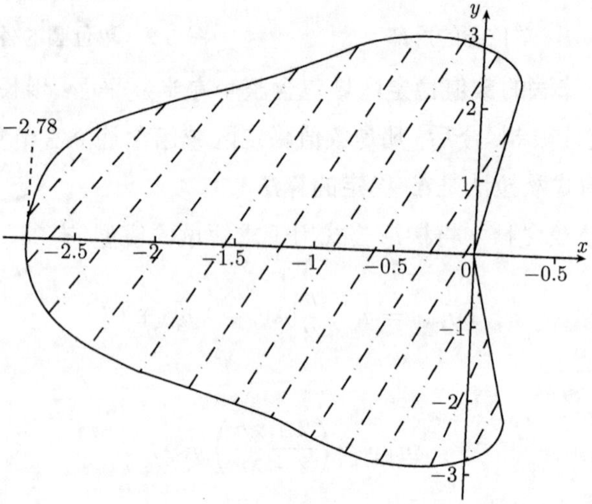

图 5.4 经典四阶龙格–库塔法绝对稳定区域 (曲线内部)

应用经典四阶龙格–库塔法解问题 (5.1), 步长不仅受到收敛性 ($O(h^4)$) 限制, 而且还受到数值稳定性 $\left(0<h<\dfrac{2.78}{|\lambda|}\right)$ 限制.

例 2 初始问题

$$\begin{cases} y'=-20y, t\in(0,2], \\ y(0)=1. \end{cases}$$

其解析解为 $y(t)=\mathrm{e}^{-20t}$. 考察分别取 $h=0.05$ 及 $h=0.2$ 时, 梯形公式和经典四阶龙格–库塔法在公共节点 0.0,0.4,0.8,1.2,1.6,2.0 处的数值解.

解 计算结果见表 5.2 和表 5.3.

表 5.2 $h=0.05$ 的计算结果

t_i	梯形公式	龙格–库塔法	准确值
0.0	1.00000000000000	1.00000000000000	1.00000000000000
0.4	0.00015241579028	0.00039106607437	0.00033546262790
0.8	0.00000002323057	0.00000015293267	0.00000011253517
1.2	0.00000000000354	0.00000000005981	0.00000000003775
1.6	0.00000000000000	0.00000000000002	0.00000000000001
2.0	0.00000000000000	0.00000000000000	0.00000000000000

表 5.3 $h=0.2$ 的计算结果

t_i	梯形公式	龙格–库塔法	准确值
0.0	1.00000000000000	1	1.00000000000000
0.4	0.11111111111111	25	0.00033546262790
0.8	0.0.01234567901235	625	0.00000011253517
1.2	0.0.00137174211248	15625	0.00000000003775
1.6	0.0.00015241579028	390625	0.00000000000001
2.0	0.00001693508781	9765625	0.00000000000000

从结果可以看出对于取 $h=0.05$ 及 $h=0.2$ 两种情形, 梯形公式都能保证数值计算的数值稳定性和收敛性, 而经典四阶龙格–库塔法当 $h=0.2$ 时, 由于 $h\lambda=-4$, 没有落在稳定区间内, 因此是不稳定的, 误差增长很快. 与理论是一致的.

5.5* 单步法的步长选择与控制

一般来说, 事先确定一个既保证收敛又数值稳定的步长很困难. 另外, 解曲线有时变化平缓, 有时变化剧烈. 对平缓的地方该用大步长, 而对变化剧烈的地方要用小步长. 因此, 讨论变化步长的方法是必要的!

误差控制的具体方法, 是用 p 阶和 $p+1$ 阶单步法来估计局部截断误差, 从而得到步长的预测.

设 n 阶单步法 $y_{i+1}=y_i+h\varphi(t_i,y_i,h)$ 计算 $y(t_{i+1})$ 的近似值为 y_{i+1}; $n+1$ 阶单步法 $u_{i+1}=u_i+h\psi(t_i,u_i,h)$ 计算 $y(t_{i+1})$ 的近似值为 u_{i+1}, 则有一步误差 $(y_i\approx y(t_i)\approx u_i)$

$$\tau_{i+1}(h)=\frac{y(t_{i+1})-y(t_i)}{h}-\varphi(t_i,y(t_i),h)$$

$$
\begin{aligned}
&\approx \frac{y(t_{i+1})-y_i}{h}-\varphi(t_i,y_i,h)\\
&=\frac{1}{h}(y(t_{i+1})-y_{i+1})\\
&=ch^n
\end{aligned}
\tag{5.22}
$$

和

$$
\begin{aligned}
\tilde{\tau}_{i+1}(h)&=\frac{y(t_{i+1})-y(t_i)}{h}-\psi(t_i,y(t_i),h)\\
&\approx \frac{y(t_{i+1})-u_i}{h}-\psi(t_i,u_i,h)\\
&=\frac{1}{h}(y(t_{i+1})-u_{i+1})\\
&=\tilde{c}h^{n+1}.
\end{aligned}
\tag{5.23}
$$

由式 (5.22) 得

$$
\begin{aligned}
\tau_{i+1}(h)&=\frac{1}{h}(y(t_{i+1})-y_{i+1})=\tilde{\tau}_{i+1}(h)+\frac{1}{h}(u_{i+1}-y_{i+1})\\
&\approx \tfrac{1}{n}(u_{i+1}-y_{i+1})\\
&=ch^n.
\end{aligned}
$$

如果当前步长 h 不满足 $|\tau_{i+1}(h)|\leqslant\varepsilon$, 则应改变步长为 qh. 这里 q 满足

$$
|\tau_{i+1}(qh)|=|q^nch^n|=q^n\,|\tau_{i+1}(h)|=\frac{q^n\,|u_{i+1}-y_{i+1}|}{h}\leqslant\varepsilon,
$$

即

$$
q\leqslant\left[\frac{h\varepsilon}{|u_{i+1}-y_{i+1}|}\right]^{\frac{1}{n}}.
\tag{5.24}
$$

实现这种思想的著名方法是 Runge–Kutta–Fehlberg 方法, 简称 RKF 方法. 它使用五阶龙格–库塔方法

$$
u_{i+1}=u_i+\frac{16}{135}k_1+\frac{6656}{12825}k_3+\frac{28561}{56430}k_4-\frac{9}{50}k_5+\frac{2}{55}k_6
$$

和四阶龙格–库塔方法

$$
y_{i+1}=y_i+\frac{25}{216}k_1+\frac{1408}{2565}k_3+\frac{2197}{4104}k_4-\frac{1}{5}k_5,
$$

其中

$$
\begin{aligned}
k_1&=hf(t_i,y_i),\\
k_2&=hf\left(t_i+\frac{h}{4},y_i+\frac{1}{4}k_1\right),\\
k_3&=hf\left(t_i+\frac{3}{8}h,y_i+\frac{3}{32}k_1+\frac{9}{32}k_2\right),
\end{aligned}
$$

$$k_4 = hf\left(t_i + \frac{12}{13}h, y_i + \frac{1932}{2197}k_1 - \frac{7200}{2197}k_2 + \frac{7296}{2197}k_3\right),$$

$$k_5 = hf\left(t_i + h, y_i + \frac{439}{216}k_1 - 8k_2 + \frac{3680}{513}k_3 - \frac{845}{4104}k_4\right),$$

$$k_6 = hf\left(t_i + \frac{h}{2}, y_i - \frac{8}{27}k_1 + 2k_2 - \frac{3544}{2565}k_3 + \frac{1859}{4104}k_4 - \frac{11}{40}k_5\right),$$

来进行步长的预测.

RKF 方法中, 取

$$q = 0.84\left[\frac{\varepsilon h}{|u_{i+1} - y_{i+1}|}\right]^{\frac{1}{4}},$$

其中

$$|u_{i+1} - y_{i+1}| = \left|\frac{1}{360}k_1 - \frac{128}{4275}k_3 - \frac{2197}{75240}k_4 + \frac{1}{50}k_5 + \frac{2}{55}k_6\right|.$$

在计算过程中, 为了确保步长不至于缩的太小, 要有步长的下限 $h_{\min}$. 若 $h < h_{\min}$, 则终止计算, 并给出达到最小步长求解失败的信息.

当 $|u_{i+1} - y_{i+1}| \leqslant \varepsilon h$, 且 $|u_{i+1} - y_{i+1}|$ 比 εh 小的多, 则应增加步长. 为了避免步长过大, 需要给出步长的一个上限 $h_{\max}$. 若 $h > h_{\max}$, 则取 $h = h_{\max}$.

RKF 算法

输入：端点 a, b，初值 y_0，容许误差 ε，最大步长 $h_{\max}$，最小步长 $h_{\min}$.

输出：t, y, h，其中 y 是步长为 h 时的数值解.

计算步骤:

1. 置 $t = a, y = y_0, h = h_{\max}$;
2. 置

$$k_1 = hf(t, y)$$

$$k_2 = hf\left(t + \frac{h}{4}, y + \frac{1}{4}k_1\right)$$

$$k_3 = hf\left(t + \frac{3}{8}h, y + \frac{3}{32}k_1 + \frac{9}{32}k_2\right)$$

$$k_4 = hf\left(t + \frac{12}{13}h, y + \frac{1932}{2197}k_1 - \frac{7200}{2197}k_2 + \frac{7296}{2197}k_3\right)$$

$$k_5 = hf\left(t + h, y + \frac{439}{216}k_1 - 8k_2 + \frac{3680}{513}k_3 - \frac{845}{4104}k_4\right)$$

$$k_6 = hf\left(t + \frac{h}{2}, y - \frac{8}{27}k_1 + 2k_2 - \frac{3544}{2565}k_3 + \frac{1859}{4104}k_4 - \frac{11}{40}k_5\right)$$

$$R = \left|\frac{1}{360}k_1 - \frac{128}{4275}k_3 - \frac{2197}{75240}k_4 + \frac{1}{50}k_5 + \frac{2}{55}k_6\right|$$

3. 若 $R \leqslant h\varepsilon$，则

置 $t = t + h$; $y = y + \frac{25}{216}k_1 + \frac{1408}{2565}k_3 + \frac{2197}{4104}k_4 - \frac{1}{5}k_5$;

输出 (t, y, h);

4. 置 $\delta = 0.84\left[\frac{\varepsilon h}{R}\right]^{\frac{1}{4}}$;

若 $\delta \leqslant 0.1$，则

置 $h = 0.1h$;

若 $\delta \geqslant 4$，则

置 $h = 4h$;

否则

置 $h = \delta h$;

5. 若 $h > h_{\max}$，则

置 $h = h_{\max}$;

6. 若 $t = b$，则

停止计算;

若 $t + h > b$，则

置 $h = b - t$;

7. 若 $h < h_{\min}$，则

停止计算，并输出'步长太小！';

8. 转 2;

例 3 初值问题

$$\begin{cases} y' = y - t^2 + 1, t \in [0, 2], \\ y(0) = 0.5. \end{cases}$$

其解析解为

$$y(t) = (t+1)^2 - \frac{1}{2}\mathrm{e}^t.$$

试用 RKF 方法计算其数值解. 容许误差 $\varepsilon = 10^{-6}$, 最大步长 $h_{\max} = 0.5$, 最小步长 $h_{\min} = 0.01$.

解 计算结果如表 5.4 所示.

表 5.4 计算结果

i	t_i	$y(t_i)$	y_i	h_i
0	0	0.50000000000000	0.50000000000000	
1	0.13654362227565	0.71857896477913	0.71857903745927	0.13654362227565
2	0.26801219081331	0.95417337718267	0.95417351740175	0.13146856853766
3	0.40122663036251	1.21660820069402	1.21660841832014	0.13321443954920
4	0.53661743800897	1.50608706650487	1.50608737319187	0.13539080764646

续表

i	t_i	$y(t_i)$	y_i	h_i
5	0.67476289689630	1.82304708439148	1.82304749401191	0.13814545888733
6	0.81649463733920	2.16837534480437	2.16837587408570	0.14173174044291
7	0.96308526857440	2.54382042095016	2.54382109040767	0.14659063123520
8	1.11666778349345	2.95295328457781	2.95295411993932	0.15358251491905
9	1.28138172406936	3.40389620886186	3.40389724321607	0.16471394057591
10	1.46787799958549	3.92041389712683	3.92041517196756	0.18649627551614
11	1.66264809113169	4.45306663955660	4.45306812051430	0.19477009154620
12	1.81546807753161	4.85488482056310	4.85488648172719	0.15281998639991
13	1.96770685839280	5.23015802193568	5.23015985513483	0.15223878086119
14	2.00000000000000	5.30547195053467	5.30547384382613	0.03229314160720

5.6 初值问题的线性多步法

高阶单步法是以增加函数值计算为代价的. 如果能充分利用已有的多个信息 $y_i, y_{i-1}, \cdots, y_{i+1-m}$ 来预测 y_{i+1}, 有望在不增加函数计算的基础上, 得到较高收敛阶的算法. 实现这一思想的最简单的途径, 就是下面介绍的线性多步法.

线性多步法 假设节点 $t_i, t_{i-1}, \cdots, t_{i+1-m}$ 处的数值解 $y_i, y_{i-1}, \cdots, y_{i+1-m}$ 已知, 令

$$y_{i+1} = \sum_{k=1}^{m} \alpha_k y_{i+1-k} + h \sum_{k=0}^{m} \beta_k f_{i+1-k}, \tag{5.25}$$

其中 $f_i = f(t_i, y_i)$, α_k, β_k 为常数, 称之为线性多步法.

如果 α_m, β_m 不全为零, 则算法 (5.25) 是线性 m 步法. 当 $\beta_0 = 0$ 时, 算法 (5.25) 是显式 m 步法; 当 $\beta_0 \neq 0$ 时, 算法 (5.25) 为隐式 m 步法.

线性多步法局部截断误差为

$$T_{i+1} = y(t_{i+1}) - \left[\sum_{k=1}^{m} \alpha_k y(t_{i+1-k}) + h \sum_{k=0}^{m} \beta_k f\left(t_{i+1-k}, y(t_{i+1-k})\right) \right]. \tag{5.26}$$

如果 $T_{i+1} = o(h^{p+1})$(p 为正整数), 则称多步法 (5.25) 为 p 阶的. 将 $y(t_{i+1-k})$ 和 $f(t_{i+1-k}, y(t_{i+1-k})) = y'(t_{i+1-k})$ 在 t_i 处展成泰勒级数, 即

$$y(t_{i+1-k}) = y(t_i + (1-k)h) = y(t_i) + (1-k)hy'(t_i) + \sum_{n=2}^{\infty} \frac{1}{n!}(1-k)^n h^n y^{(n)}(t_i),$$

$$y'(t_{i+1-k}) = y'(t_i + (1-k)h) = y'(t_i) + (1-k)hy''(t_i) + \sum_{n=2}^{\infty} \frac{1}{n!}(1-k)^n h^n y^{(n+1)}(t_i),$$

代入式 (5.26), 并结合 $y(t_{i+1})$ 在 t_i 处展成泰勒级数, 整理可得

$$T_{i+1} = c_0 y(t_i) + c_1 h y'(t_i) + c_2 h^2 y''(t_i) + \cdots + c_n h^n y^{(n)}(t_i) + \cdots,$$

其中

$$\begin{aligned} c_0 &= 1 - (\alpha_1 + \alpha_2 + \cdots + \alpha_m), \\ c_1 &= 1 - \sum_{k=1}^{m} \alpha_k (1-k) - \sum_{k=0}^{m} \beta_k, \\ &\cdots \\ c_n &= \frac{1}{n!} - \sum_{k=1}^{m} \alpha_k \frac{1}{n!}(1-k)^n - \sum_{k=0}^{m} \beta_k \frac{1}{(n-1)!}(1-k)^{(n-1)}, \\ &\cdots \end{aligned} \tag{5.27}$$

确定满足 $c_0 = c_1 = \cdots = c_p = 0$, 且 $c_{p+1} \neq 0$ 的系数 $\{\alpha_k, \beta_k\}$, 就建立了一个 p 阶多步法. 它的局部截断误差

$$T_{i+1} = c_{p+1} h^{p+1} y^{(p+1)}(t_i) + O(h^{p+2}). \tag{5.28}$$

式 (5.28) 的右端第一项称为*局部截断误差主项*, c_{p+1} 称为*误差常数*.

多步法的数值稳定性 讨论与单步法一样, 也是看用于解试验模型

$$y' = \lambda y$$

时的绝对稳定区域和绝对稳定区间.

以多步法 $y_{i+1} = y_i + \dfrac{h}{2}(3f_i - f_{i-1})$ 为例. 将算法用于试验模型, 得差分方程

$$y_{i+1} - (1 + \frac{3}{2}h\lambda) y_i + \frac{1}{2}h\lambda y_{i-1} = 0.$$

令 $y_i = r^i$, 代入差分方程, 得特征方程

$$r^2 - (1 + \frac{3}{2}h\lambda) r + \frac{1}{2}h\lambda = 0,$$

它有两个特征根 $r_1 = r_1(h\lambda)$ 和 $r_2 = r_2(h\lambda)$.

此算法的绝对稳定区域就是使所有特征根的模小于 1 的 $h\lambda$ 范围, 绝对稳定区间是绝对稳定区域与复平面负实轴的交集.

一般来说, 多步法的绝对稳定区域和绝对稳定区间很难得到, 这里不在过多叙述. 有兴趣可以参考文献 [8]. 为便于应用, 下面给出一些常用的线性多步法.

5.6.1 阿当姆斯 (Adams) 方法

形如

$$y_{i+1} = y_i + h\sum_{k=0}^{m} \beta_k f_{i+1-k}, \tag{5.29}$$

称为阿当姆斯方法. 当 $\beta_0 = 0$ 时, 称为显式阿当姆斯公式; 当 $\beta_0 \neq 0$ 时, 称为隐式阿当姆斯公式.

表 5.5 和表 5.6 分别列出了 $m = 1, 2, 3, 4$ 时的阿当姆斯显式和隐式公式. 其中 m 为步数, p 为收敛阶, c_{p+1} 为误差常数.

表 5.5 阿当姆斯显式公式

m	p	公式	c_{p+1}	稳定区间
1	1	$y_{i+1} = y_i + hf_i$	$\frac{1}{2}$	$(-2, 0)$
2	2	$y_{i+1} = y_i + \frac{h}{2}(3f_i - f_{i-1})$	$\frac{5}{12}$	$(-1, 0)$
3	3	$y_{i+1} = y_i + \frac{h}{12}(23f_i - 16f_{i-1} + 5f_{i-2})$	$\frac{3}{8}$	$(-\frac{6}{11}, 0)$
4	4	$y_{i+1} = y_i + \frac{h}{24}(55f_i - 59f_{i-1} + 37f_{i-2} - 9f_{i-3})$	$\frac{251}{720}$	$(-\frac{3}{10}, 0)$

表 5.6 阿当姆斯隐式公式

m	p	公式	c_{p+1}	稳定区间
1	2	$y_{i+1} = y_i + \frac{h}{2}(f_{i+1} + f_i)$	$-\frac{1}{12}$	$(-\infty, 0)$
2	3	$y_{i+1} = y_i + \frac{h}{12}(5f_{i+1} + 8f_i - f_{i-1})$	$-\frac{1}{24}$	$(-6, 0)$
3	4	$y_{i+1} = y_i + \frac{h}{24}(9f_{i+1} + 19f_i - 5f_{i-1} + f_{i-2})$	$-\frac{19}{720}$	$(-3, 0)$
4	5	$y_{i+1} = y_i + \frac{h}{720}(251f_{i+1} + 646f_i - 264f_{i-1}$ $+106f_{i-2} - 19f_{i-3})$	$-\frac{3}{160}$	$(-\frac{90}{49}, 0)$

5.6.2 吉尔 (Gear) 方法

形如

$$y_{i+1} = \sum_{k=1}^{m} \alpha_k y_{i+1-k} + h\beta_0 f_{i+1} \tag{5.30}$$

的线性 m 步法, 称为吉尔方法.

显然, 吉尔方法为隐式方法. 表 5.7 列出了一些常用的吉尔方法.

表 5.7　吉尔方法

m	p	公式	c_{p+1}	绝对稳定区域
1	1	$y_{i+1}=y_i+hf_{i+1}$	$\frac{1}{2}$	$A(90°)$
2	2	$y_{i+1}=\frac{4}{3}y_i-\frac{1}{3}y_{i-1}+\frac{2h}{3}f_{i+1}$	$\frac{1}{3}$	$A(90°)$
3	3	$y_{i+1}=\frac{18}{11}y_i-\frac{9}{11}y_{i-1}+\frac{2}{11}y_{i-2}+\frac{6h}{11}f_{i+1}$	$\frac{1}{4}$	$A(88°27')$
4	4	$y_{i+1}=\frac{48}{25}y_i-\frac{36}{25}y_{i-1}+\frac{16}{25}y_{i-2}-\frac{3}{25}y_{i-3}+\frac{12h}{25}f_{i+1}$	$\frac{1}{5}$	$A(73°14')$

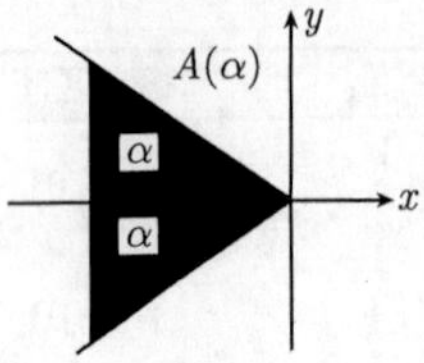

图 5.5 2α 的三角形区域

【注】　表中 $A(\alpha)$ 表示绝对稳定区域是一个角 2α 的无限的三角形区域. 如图 5.5 所示.

实际应用多步法 $(m \geqslant 2)$, 需要 m 个初始值, 不是自开始的. 这 m 个初值除了 y_0 是给定的之外, 其余 $m-1$ 个初始值要用单步法进行计算. 例如, 可以用四阶龙格–库塔法计算四阶 m 步法的开始值 $y_1,\cdots,y_{m-1}$ 等等.

对于隐式线性 m 步法, 一般情况下是一个关于 y_{i+1} 的非线性方程, 可以采用解方程的迭代法, 也可用预报–校正法. 这里不再详述.

例 4　取 $h=0.2$, 分别用四阶阿当姆斯显式公式和四阶阿当姆斯隐式公式计算例 3 所给问题.

解　由四阶经典龙格–库塔法计算开始值. 计算结果见表 5.8.

表 5.8　计算结果

t_i	准确解	经典龙格–库塔法	显式阿当姆斯	隐式阿当姆斯
0.0	0.500000000	0.500000000	0.5000000	0.5000000
0.2	0.829298621	0.829293333	0.829293333333333	0.829298621
0.4	1.214087651	1.214076211	1.214076210666667	1.214087651
0.6	1.6489406	1.648922017	1.6489220170416	1.648934148
0.8	2.127229536	2.127202685	2.127293771572561	2.127213576
1.0	2.640859086	2.640822693	2.641024476433681	2.640829765
1.2	3.179941539	3.17989417	3.180230480100892	3.179893727
1.4	3.732400017	3.732340073	3.732839863342005	3.732326962
1.6	4.283483788	4.283409498	4.284107950710533	4.283376656
1.8	4.815176268	4.815085695	4.816025554947965	4.81502355
2.0	5.305471951	5.305363001	5.30659620506453	5.305258713

计算结果表明, 四阶的隐式阿当姆斯方法要比显式的计算精度高.

5.7* 一阶常微分方程组与高阶常微分方程

考虑一阶常微分方程组

$$\begin{cases} \dfrac{\mathrm{d}y_1}{\mathrm{d}t} = f_1(t, y_1, y_2, \cdots, y_n), \\ \dfrac{\mathrm{d}y_1}{\mathrm{d}t} = f_1(t, y_1, y_2, \cdots, y_n), \\ \cdots\cdots \\ \dfrac{\mathrm{d}y_1}{\mathrm{d}t} = f_1(t, y_1, y_2, \cdots, y_n), \end{cases} \tag{5.31}$$

其中 $t \in [a, b]$, 初始条件为

$$y_1(a) = \alpha_1, y_2(a) = \alpha_2, \cdots, y_n(a) = \alpha_n.$$

记 $\boldsymbol{y} = (y_1, y_2, \cdots, y_n)^{\mathrm{T}}$, $\boldsymbol{f} = (f_1, f_2, \cdots, f_n)^{\mathrm{T}}$, $\boldsymbol{y}^{(0)} = (y_1^{(0)}, y_2^{(0)}, \cdots, y_n^{(0)})^{\mathrm{T}}$, 则一阶方程组的初值问题可以表示为

$$\begin{cases} \boldsymbol{y}'(t) = \boldsymbol{f}(t, y(t)), t \in (a, b], \\ \boldsymbol{y}(a) = \boldsymbol{y}^{(0)}, \end{cases} \tag{5.32}$$

在单个方程 $y' = f$ 的数值解法中, 把 y 和 f 理解为向量, 则相应的数值方法就可以应用到一阶方程组 (5.32) 的情形.

高阶常微分方程初值问题可以归结为一阶常微分方程组. 考虑下列 n 阶微分方程初值问题

$$\begin{cases} y^{(n)} = f(t, y, y', \cdots, y^{(n-1)}), t \in [a, b], \\ y(a) = y_0, y'(a) = y_0', \cdots, y^{(n-1)}(a) = y_0^{(n-1)}, \end{cases} \tag{5.33}$$

引入新的变量 $u_1 = y, u_2 = y', \cdots, u_n = y^{(n-1)}$, 则式 (5.33) 化为

$$\begin{cases} u_1' = u_2, \\ u_2' = u_3, \\ \cdots\cdots \\ u_n' = f(t, u_1, u_2, \cdots, u_n), \\ u_1(a) = y_0, u_2(a) = y_0', \cdots, u_n(a) = y_0^{(n-1)}. \end{cases} \tag{5.34}$$

微分方程组 (5.32) 存在一种本身固有的性态, 称为刚性. 刚性问题在电力、化工、自动控制等领域都是常见的. 比如, 考虑初值问题

$$\begin{cases} u' = -1000.25u + 999.75v + 0.5, \\ v' = 999.75u - 1000.25v + 0.5, \\ u(0) = 1, v(0) = -1. \end{cases}$$

由于方程右端系数矩阵

$$A=\begin{bmatrix}-1000.25 & 999.75\\ 999.75 & -1000.25\end{bmatrix}$$

的特征值为 $\lambda_1=-0.5,\lambda_2=-2000$, 故可得方程组的解析解为

$$\begin{cases}u(t)=-\mathrm{e}^{-0.5t}+\mathrm{e}^{-2000t}+1,\\ v(t)=-\mathrm{e}^{-0.5t}-\mathrm{e}^{-2000t}+1.\end{cases}$$

显然, 计算到 $t=20$才能得到稳态解. 可用经典四阶龙格–库塔法求这个稳态解. 因为步长的选择要满足 $h<\dfrac{2.78}{2000}=0.00139$ 时才能保证数值稳定, 所以至少需计算 14388 步. 计算中只能采用小步长, 是由于系统本身存在相差悬殊的慢变分量 $\mathrm{e}^{-0.5t}$ 和快变分量 e^{-2000t} 所致.

对于一般常微分方程组 (5.32), 记

$$J(t)=\frac{\partial f}{\partial y}=\begin{bmatrix}\dfrac{\partial f_1}{\partial y_1} & \dfrac{\partial f_1}{\partial y_2} & \cdots & \dfrac{\partial f_1}{\partial y_n}\\ \dfrac{\partial f_2}{\partial y_1} & \dfrac{\partial f_2}{\partial y_2} & \cdots & \dfrac{\partial f_2}{\partial y_n}\\ \vdots & \vdots & \ddots & \vdots\\ \dfrac{\partial f_n}{\partial y_1} & \dfrac{\partial f_n}{\partial y_2} & \cdots & \dfrac{\partial f_n}{\partial y_n}\end{bmatrix},$$

称之为一阶常微分方程组 (5.32) 的 Jacobi 矩阵. 它相当于常微分方程组 (5.32) 的线性化的系统矩阵.

定义 5.6 设 $\lambda_i(t)\ (i=1,2,\cdots,n)$ 是 Jacobi 矩阵 $J(t)$ 的特征值, 如果满足

(1) $\mathrm{Re}\lambda_i(t)<0\ (i=1,2,\cdots,n)$;

(2) $r(t)=\dfrac{\max\limits_i|\mathrm{Re}\lambda_i(t)|}{\min\limits_i|\mathrm{Re}\lambda_i(t)|}>>1$,

则称一阶常微分方程组 (5.32) 是刚性的, 并称 $r(t)$ 为一阶常微分方程组的局部刚性比.

当刚性比 $r(t)>>1$, $J(t)$ 为病态矩阵. 因此, 刚性方程也称为病态方程. 一般的, 当 $r(t)\geqslant 10$ 就认为是刚性的. $r(t)$ 越大, 方程越病态.

求解刚性方程组时, 要慎用显式的方法, 最好用隐式方法. 因为显式方法稳定区域较小, 且越高阶稳定区域越小, 这样出现用小步长计算大区间的现象, 导致庞大的计算步数. 隐式欧拉法和梯形法是 A–稳定的, 这种方法对步长没有限制. 通常求解刚性问题的高阶线性多步法是吉尔方法, 另外还有隐式龙格–库塔法.

本章总结

本章介绍了一些常用的单步法和多步法. 在单步法中, 最常用的是经典四阶龙格–库塔法, 简称 RK4. 多步法的优点是用少量的函数值计算, 就可以获得高阶收敛的算法, 但需要初始表头来启动.

实际问题的数学模型大多是方程组的形式. 本章介绍的所有数值方法, 多可以平行移植到方程组. 方程组的刚性问题要特别关注, 吉尔方法是解刚性问题的好方法.

对于求解常微分方程初值问题的数值方法, 收敛性和数值稳定分析十分重要. 为了得到满足一定近似精度的数值解, 需要选择恰当的步长 h, 它通常受到收敛性和数值稳定性的双重制约.

习 题 5

1. 分别用显式欧拉法, 隐式欧拉法, 梯形法, 改进欧拉法和经典四阶龙格–库塔法求解初值问题

$$\begin{cases} y' = t^2 + t - y, \\ y(0) = 0, \end{cases}$$

取步长 $h = 0.1$, 计算到 $t = 0.5$, 并与准确解 $y = -\mathrm{e}^{-t} + t^2 - t + 1$ 相比较.

2. 求计算公式

$$\begin{cases} K_1 = f(t_i, y_i), \\ K_2 = f\left(t_i + \dfrac{h}{3}, y_i + \dfrac{hK_1}{3}\right), \\ y_{i+1} = y_i + \dfrac{h}{2}(-K_1 + 3K_2), \end{cases}$$

的收敛阶, 并讨论该方法的稳定性.

3. 利用欧拉法计算积分

$$\int_0^t \mathrm{e}^{x^2}\mathrm{d}x$$

在 $t = 1$ 处的近似值 (取步长 $h = 0.2$).

4. 确定形如

$$y(t+h) = ay(t) + by'(t) + cy'(t+h)$$

的隐式单步法, 使得该方法有尽可能高的收敛阶.

5. 分别用二阶显式和二阶隐式阿当姆斯方法求解第 1 题, 并与精确解比较.

6. 考虑数值方法

$$y_{i+1} = 4y_i - 3y_{i-1} - 2hf(t_{i-1}, y_{i-1})$$

确定它的收敛阶, 并讨论其稳定性.

7. 将下列高阶常微分方程写成等价的一阶方程组:

(1) $y'' = y'(1 - y^2)$;

(2) $y''' = y'' - 2y' + y - t + 1$.

8. 求方程

$$\begin{cases} u' = -10u + 9v, \\ v' = 10u - 11v, \end{cases}$$

的刚性比, 用四阶龙格–库塔法求解时, 最大步长能取多少.

计算实习 5

1. 分别取步长 $h = 0.5, 0.1, 0.05, 0.01, \cdots$, 用显式欧拉法求解 $y' = ty^{\frac{1}{3}}, y(1) = 1$, 计算到 $t = 2$, 并与精确解 $y(t) = \left[\dfrac{(t^2+2)}{3}\right]^{\frac{3}{2}}$ 比较, 观察欧拉法的收敛性.

2. 分别取步长 $h = 0.1, 0.05, 0.01, 0.005, \cdots$, 用显式欧拉法和隐式欧拉法求解 $y' = -50y$, $y(0) = 100$, 由结果分析算法的稳定性.

3. 选择某常微分方程初值问题的数值方法计算 $\int_0^1 \dfrac{\sin t}{t} \mathrm{d}t$ 的近似值, 并保证有 4 位有效数字.

第 6 章

Chapter 6

解线性代数方程组的高斯消去法

6.1 问题的提出

电路的 Kirchhoff 定律表明通过每个节点的净电流和每个闭电路的净电压降值为 0. 假设在电路的 A 点和 G 点之间施加电位 V 伏特且 i_1, i_2, i_3, i_4, i_5 代表电流, 如图 6.1 所示.

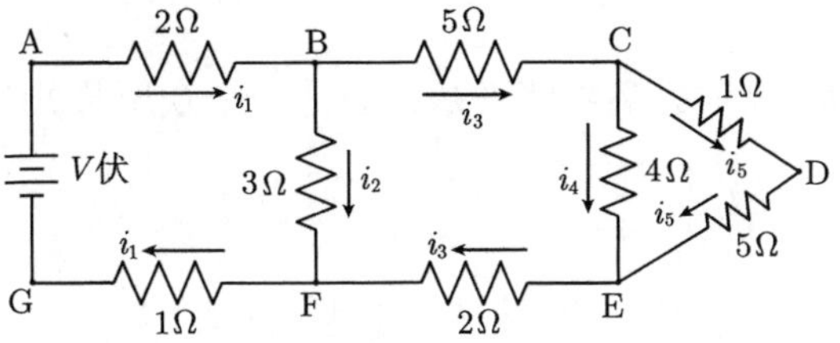

图 6.1

使用 G 点作为参考点, 由 Kirchhoff 定律, 电流满足:

$$
\begin{aligned}
&3i_1 + 3i_2 = V,\\
&3i_2 - 7i_3 - 4i_4 = 0,\\
&4i_4 - 6i_5 = 0,\\
&i_1 - i_2 - i_3 = 0,\\
&i_3 - i_4 - i_5 = 0.
\end{aligned}
$$

这是关于各支路电流的线性代数方程组.

线性代数方程组求解是科学和工程计算中最常见的问题. 它广泛来源于如电网络分析、结构分析、电磁场数值计算、数据分析等. 目前, 最具挑战性的是求解大规模线性代数方程组 (规模上百万), 既需要提高计算速度, 又希望能减少存贮量.

本章讨论求解 n 阶线性方程组

$$\begin{cases} a_{11}x_1 + a_{12}x_2 + \cdots + a_{1n}x_n = b_1, \\ a_{21}x_1 + a_{22}x_2 + \cdots + a_{2n}x_n = b_2, \\ \cdots\cdots \\ a_{n1}x_1 + a_{n2}x_2 + \cdots + a_{nn}x_n = b_n, \end{cases} \tag{6.1}$$

或写成矩阵形式

$$\boldsymbol{Ax} = \boldsymbol{b}.$$

其中 $\boldsymbol{x} = (x_1, x_2, \cdots, x_n)^{\mathrm{T}}$, $\boldsymbol{b} = (b_1, b_2, \cdots, b_n)^{\mathrm{T}}$, 系数矩阵

$$\boldsymbol{A} = \begin{pmatrix} a_{11} & a_{12} & \cdots & a_{1n} \\ a_{21} & a_{22} & \cdots & a_{2n} \\ \vdots & \vdots & & \vdots \\ a_{n1} & a_{n2} & \cdots & a_{nn} \end{pmatrix}.$$

的求解方法中的直接法, 也称为高斯消去法. 这是一个众所周知的古老方法, 但在计算机上仍然十分有效.

6.2 列主元高斯消去法

初等行变换包括三种运算:

(1) 两行对调, 记为 $E_i \leftrightarrow E_j$;

(2) 以数 $k \neq 0$ 乘方程组的第 i 行, 记为 kE_i;

(3) 方程组的第 j 行乘 k 倍加到第 i 行上, 记为 $E_i + kE_j$.

线性代数的理论告诉我们, 通过上述三种运算, 一个线性方程组可以转换为具有相同解的更容易求解的三角形的线性方程组. 即原方程

$$(\boldsymbol{A}|\boldsymbol{b}) = \begin{pmatrix} a_{11} & a_{12} & \cdots & a_{1n} & b_1 \\ a_{21} & a_{22} & \cdots & a_{2n} & b_2 \\ \vdots & \vdots & & \vdots & \vdots \\ a_{n1} & a_{n2} & \cdots & a_{nn} & b_n \end{pmatrix} \tag{6.2}$$

经过一系列初等行变换, 转化为三角形方程组

$$\begin{pmatrix} a_{11} & a_{12} & \cdots & a_{1n} & b_1 \\ & a_{22} & \cdots & a_{2n} & b_2 \\ & & \ddots & \vdots & \vdots \\ & & & a_{nn} & b_n \end{pmatrix}. \tag{6.3}$$

例 1　求解方程组

$$\begin{cases} x_1 - x_2 + x_3 = -4, \\ 5x_1 - 4x_2 + 3x_3 = -12, \\ 2x_1 + x_2 + x_3 = 11. \end{cases}$$

解 由

$$(\boldsymbol{A}|\boldsymbol{b}) = \begin{pmatrix} 1 & -1 & 1 & -4 \\ 5 & -4 & 3 & -12 \\ 2 & 1 & 1 & 11 \end{pmatrix}$$

$$\xrightarrow[E_3-2E,]{E_2-5E_1,} \begin{pmatrix} 1 & -1 & 1 & -4 \\ 0 & 1 & -2 & 8 \\ 0 & 3 & -1 & 19 \end{pmatrix}$$

$$\xrightarrow{E_3-3E_2} \begin{pmatrix} 1 & -1 & 1 & -4 \\ 0 & 1 & -2 & 8 \\ 0 & 0 & 5 & -5 \end{pmatrix},$$

得到方程组的解

$$x_1 = 3, \quad x_2 = 6, \quad x_3 = -1.$$

例 1 表现的计算过程是按照自然顺序进行消元的, 称之为顺序高斯消去法. 是否利用顺序高斯消去法就能解决所有线性代数方程组求解问题呢?

例 2　考察线性方程组

$$\begin{pmatrix} 0.002 & 8.125 \\ 5.25 & 0.75 \end{pmatrix} \begin{pmatrix} x_1 \\ x_2 \end{pmatrix} = \begin{pmatrix} -8.123 \\ 4.5 \end{pmatrix}.$$

试用顺序高斯消去法在假想的 5 位浮点十进制计算机上求解. 它具有精确解 $x_1 = 1$, $x_2 = -1$.

解 由

$$\begin{pmatrix} 0.002 & 8.125 & -8.123 \\ 5.25 & 0.75 & 4.5 \end{pmatrix}$$

$$\xrightarrow{E_2 - \frac{5.25}{0.002}E_1} \begin{pmatrix} 0.002 & 8.125 & -8.123 \\ 0 & -21327 & 21326 \end{pmatrix},$$

得到方程组的解

$$x_1 = 0.75000, x_2 = -0.99995.$$

例 2 的结果表明, 小主元 $a_{11} = 0.002$ 使方程组的解出现大的误差.

如何避免小主元的出现呢? 就是每步采用选主元的策略, 其中列主元策略是目前应用最为广泛的.

从原方程组 (6.2) 到三角方程组 (6.3) 共需 $n-1$ 步, 进行到第 k 步时的方程组形如

$$\begin{pmatrix} a_{1,1} & \cdots & a_{1,k} & a_{1,k+1} & \cdots & a_{1,n} & b_1 \\ & \ddots & \vdots & \vdots & & \vdots & \vdots \\ & & a_{k,k} & a_{k,k+1} & \cdots & a_{k,n} & b_k \\ & & a_{k+1,k} & a_{k+1,k+1} & \cdots & a_{k+1,n} & b_{k+1} \\ & & \vdots & \vdots & & \vdots & \vdots \\ & & a_{q,k} & a_{q,k+1} & \cdots & a_{q,n} & b_q \\ & & \vdots & \vdots & & & \vdots \\ & & a_{n,k} & a_{n,k+1} & \cdots & a_{n,n} & b_n \end{pmatrix}.$$

此步要进行以下工作:

(1) 从系数 $\boldsymbol{A}(k:n,k) = (a_{kk}, a_{k+1,k}, \cdots, a_{nk})^{\mathrm{T}}$ 中挑选出, 称之为第 k 步的主元素, 设主元素在第 q 行 $(k \leqslant q \leqslant n)$. 即

$$q = \max(abs(\boldsymbol{A}(k:n,k)));$$

(2) 将第 q 行和第 k 行对换, 此时 a_{kk} 成为主元素. 即

置 $u = \boldsymbol{A}(k, k:n) = (a_{kk}, a_{k,k+1}, \cdots, a_{kn})$; $v = b_k$;

置 $\boldsymbol{A}(k, k:n) = \boldsymbol{A}(q, k:n) = (a_{qk}, a_{q,k+1}, \cdots, a_{qn})$; $b_k = b_q$;

置 $\boldsymbol{A}(q, k:n) = u$; $b_q = v$;

(3) 以 a_{kk} 为主元, 进行消元

```
for i = k+1 : n
        置 a_ik = a_ik/a_kk;
        置 b_i = b_i - a_ik b_k;
        for j = k+1 : n
            置 a_ij = a_ij - a_ik a_kj;
        end
end
```

这一过程称之为列主元高斯消去法.

算法 6.1　(列主元高斯消元法)

输入: 方程组系数矩阵 $(\boldsymbol{A}|\boldsymbol{b})$, 规模 n;

输出: 方程组的解 x.

```
for k = 1 : n-1
     q = max(abs(A(k:n, k)));
     u = A(k, k:n) = (a_kk, a_k,k+1, ..., a_kn);   v = b_k;
A(k, k:n) = A(q, k:n) = (a_qk, a_q,k+1, ..., a_qn);   b_k = b_q;
A(q, k:n) = u;   b_q = v;
for i = k+1 : n
     a_ik = a_ik/a_kk;
     b_i = b_i - a_ik b_k;
     for j = k+1 : n
          a_ij = a_ij - a_ik a_kj;
     end
  end
end
```

例 3　用列主元高斯消去法在假想的 5 位浮点十进制计算机上求解例 2 的线性方程组.

解　由

$$\begin{pmatrix} 0.002 & 8.125 & -8.123 \\ 5.25 & 0.75 & 4.5 \end{pmatrix}$$

$$\xrightarrow{E_2\leftrightarrow E_1}\begin{pmatrix} 5.25 & 0.75 & 4.5 \\ 0.002 & 8.125 & -8.123 \end{pmatrix}$$

$$\xrightarrow{E_2-\frac{0.002}{5.25}E_1}\begin{pmatrix} 5.25 & 0.75 & 4.5 \\ 0 & 8.1247 & -8.1247 \end{pmatrix},$$

得到方程组的解

$$x_1 = 1.0000, x_2 = -1.0000,$$

与精确解一致.

对于一个规模为 n 的线性代数方程组, 利用列主元高斯消去法完成求解, 总共需要乘除运算次数为

$$\sum_{k=1}^{n-1}(n-k)^2+2\sum_{k=1}^{n-1}(n-k)=\frac{1}{3}n^3+n^2-n=O(n^3).$$

由此可感受到列主元高斯消去法的计算复杂性. 另外它不保稀疏. 因此, 列主元高斯消去法最适合于求解中小规模的稠密的线性代数方程组.

6.3 LU 分解法

把矩阵 $\boldsymbol{A}$ 分成一些简单矩阵 $\boldsymbol{C}_1,\boldsymbol{C}_2,\cdots,\boldsymbol{C}_r$ 的乘积, 即 $\boldsymbol{A}=\boldsymbol{C}_1\boldsymbol{C}_2\cdots\boldsymbol{C}_r$, 称为矩阵的分解. 尤其是把矩阵分成一个单位下三角矩阵

$$\boldsymbol{L}=\begin{pmatrix}1 & & & \\ l_{21} & 1 & & \\ \vdots & \ddots & \ddots & \\ l_{n1} & \cdots & l_{n,n-1} & 1\end{pmatrix}$$

和一个上三角矩阵

$$\boldsymbol{U}=\begin{pmatrix}u_{11} & u_{12} & \cdots & u_{1n}\\ & u_{22} & \cdots & u_{2n}\\ & & \ddots & \vdots\\ & & & u_{nn}\end{pmatrix}$$

的乘积, 称之为LU 分解, 比如, 如果一个方程组中系数矩阵 $\boldsymbol{A}$ 进行 LU 分解, 则原方程组求解过程可以分两步进行:

(1) 解三角方程组 $\boldsymbol{Ly}=\boldsymbol{b}$;

(2) 解三角方程组 $\boldsymbol{Ux}=\boldsymbol{y}$; $\boldsymbol{x}$ 为原方程组的解.

同时, 当方程组右端 $\boldsymbol{b}$ 变化, 而系数矩阵 $\boldsymbol{A}$ 不变时, 这种分解还带来一劳永逸的效果.

如何实现矩阵的三角化分解呢?

我们知道, 列主元高斯消去法的每一步有两种计算, 一是行对换, 二是消元.

矩阵的 i 行与 j 行对换, 实际上是对矩阵右乘初等矩阵

$$
\boldsymbol{P}(i,j)=\begin{pmatrix}1&&&&&&\\&\ddots&&&&&\\&&0&\cdots&1&&\\&&\vdots&\ddots&\vdots&&\\&&1&\cdots&0&&\\&&&&&\ddots&\\&&&&&&1\end{pmatrix}\begin{matrix}\\\\i\\\\j\\\\\\\end{matrix},
$$

第 k 步的消元过程, 实际上是对矩阵右乘矩阵

$$
\boldsymbol{L}_k=\begin{pmatrix}1&&&&\\&\ddots&&&\\&&1&&\\&&-l_{k+1,k}&1&\\&&\vdots&&\ddots&\\&&-l_{nk}&\cdots&&1\end{pmatrix}=\boldsymbol{I}-\boldsymbol{l}_k\boldsymbol{e}_k^{\mathrm{T}},
$$

其中 $l_{ik}=a_{ik}/a_{kk}$, $\boldsymbol{l}_k=(0,\cdots,0,l_{k+1,k},\cdots,l_{n,k})^{\mathrm{T}}$, $\boldsymbol{e}_k=\left(0,\cdots,\overset{k}{1},\cdots,0\right)^{\mathrm{T}}$. 称之为高斯变换.

容易验证, $\boldsymbol{L}_k$ 具有下列性质:

$$
(1)\ \boldsymbol{L}_k^{-1}=\begin{pmatrix}1&&&&\\&\ddots&&&\\&&1&&\\&&l_{k+1,k}&1&\\&&\vdots&&\ddots&\\&&l_{nk}&\cdots&&1\end{pmatrix};
$$

$$
(2)\ \boldsymbol{L}_k\boldsymbol{L}_{k+1}=\begin{pmatrix}1&&&&&\\&\ddots&&&&\\&&1&&&\\&&-l_{k+1,k}&1&&\\&&-l_{k+2,k}&-l_{k+2,k+1}&1&\\&&\vdots&\vdots&&\ddots&\\&&-l_{nk}&-l_{n,k+1'}&\cdots&&1\end{pmatrix};
$$

这样, 如果记第 k 步时的主元位置为 q_k, $\boldsymbol{P}_k=\boldsymbol{P}(k,q_k)$, 则列主元高斯消去法的全过程可表示为

$$\boldsymbol{L}_{n-1}\boldsymbol{P}_{n-1}\cdots\boldsymbol{L}_2\boldsymbol{P}_2\boldsymbol{L}_1\boldsymbol{P}_1\boldsymbol{A}=\boldsymbol{U}, \tag{6.4}$$

这里 $\boldsymbol{U}$ 是上三角矩阵.

由式 (6.4) 导出

$$\begin{aligned}\boldsymbol{L}_{n-1}\boldsymbol{P}_{n-1}\cdots\boldsymbol{L}_2\boldsymbol{P}_2\boldsymbol{L}_1\boldsymbol{P}_1\boldsymbol{A}=&(\boldsymbol{L}_{n-1})(\boldsymbol{P}_{n-1}\boldsymbol{L}_{n-2}\boldsymbol{P}_{n-1})\cdots\\&(\boldsymbol{P}_{n-1}\cdots\boldsymbol{P}_{k+1}\boldsymbol{L}_k\boldsymbol{P}_{k+1}\cdots\boldsymbol{P}_{n-1})\cdots\\&(\boldsymbol{P}_{n-1}\cdots\boldsymbol{P}_2\boldsymbol{L}_1\boldsymbol{P}_2\cdots\boldsymbol{P}_{n-1})(\boldsymbol{P}_{n-1}\cdots\boldsymbol{P}_2\boldsymbol{P}_1)\boldsymbol{A}.\end{aligned}$$

令

$$\begin{aligned}&\tilde{\boldsymbol{L}}_k=\boldsymbol{P}_{n-1}\cdots\boldsymbol{P}_{k+1}\boldsymbol{L}_k\boldsymbol{P}_{k+1}\cdots\boldsymbol{P}_{n-1},\ k=1,2,\cdots,n-2,\\&\tilde{\boldsymbol{L}}_{n-1}=\boldsymbol{L}_{n-1},\\&\boldsymbol{P}=\boldsymbol{P}_{n-1}\cdots\boldsymbol{P}_2\boldsymbol{P}_1,\end{aligned}$$

容易验证, $\tilde{\boldsymbol{L}}_k$ 与 $\boldsymbol{L}_k$ 形式一样, 也是高斯变换. 于是

$$\begin{aligned}&\tilde{\boldsymbol{L}}_{n-1}\tilde{\boldsymbol{L}}_{n-2}\cdots\tilde{\boldsymbol{L}}_2\tilde{\boldsymbol{L}}_1\boldsymbol{P}\boldsymbol{A}=\boldsymbol{U},\\&\boldsymbol{P}\boldsymbol{A}=\tilde{\boldsymbol{L}}_1^{-1}\cdots\tilde{\boldsymbol{L}}_{n-2}^{-1}\tilde{\boldsymbol{L}}_{n-1}^{-1}\boldsymbol{U}=\boldsymbol{L}\boldsymbol{U},\end{aligned} \tag{6.5}$$

这里 $\boldsymbol{L}=\tilde{\boldsymbol{L}}_1^{-1}\cdots\tilde{\boldsymbol{L}}_{n-2}^{-1}\tilde{\boldsymbol{L}}_{n-1}^{-1}=\boldsymbol{P}\boldsymbol{P}_1\boldsymbol{L}_1^{-1}\boldsymbol{P}_2\boldsymbol{L}_2^{-1}\cdots\boldsymbol{P}_{n-1}\boldsymbol{L}_{n-1}^{-1}$ 是单位下三角矩阵.

综合上述, 应用列主元高斯消去法可以实现

$$\boldsymbol{P}\boldsymbol{A}=\boldsymbol{L}\boldsymbol{U}.$$

算法 6.2 (矩阵 LU 分解)

% 将 $n\times n$ 矩阵 $\boldsymbol{A}=(a_{ij})$ 分解为单位下三角矩阵 $\boldsymbol{L}$ 和上三角矩阵 $\boldsymbol{U}$ 的乘积, 即 $\boldsymbol{P}\boldsymbol{A}=\boldsymbol{L}\boldsymbol{U}$.

输入: 维数 n; $\boldsymbol{A}$.

输出: 交换矩阵 $\boldsymbol{P}$, 单位下三角矩阵 $\boldsymbol{L}$ 和上三角矩阵 $\boldsymbol{U}$

$\boldsymbol{P}=\boldsymbol{E};\boldsymbol{L}=\boldsymbol{E};\boldsymbol{U}=\boldsymbol{A};$

for $k=1:n-1$

  $q=\max(\mathrm{abs}(\boldsymbol{U}(k:n,k)));$

  $l_k=\left(0,\cdots,0,\dfrac{u_{k+1,k}}{u_{k,k}},\cdots,\dfrac{u_{n,k}}{u_{k,k}}\right)^{\mathrm{T}};$

  $\boldsymbol{L}_k=\boldsymbol{I}-\boldsymbol{l}_k\boldsymbol{e}_k^{\mathrm{T}};$

  $\boldsymbol{P}_k=\boldsymbol{P}(k,q)$

$\boldsymbol{P}=\boldsymbol{P}_k\boldsymbol{P};\boldsymbol{L}=\boldsymbol{P}_k\boldsymbol{L}\boldsymbol{P}_k\boldsymbol{L}_k^{-1};\quad \boldsymbol{U}=\boldsymbol{L}_k\boldsymbol{P}_k\boldsymbol{U};$

```
end
```

例 4　对矩阵 $\boldsymbol{A}$ 做 LU 分解, 即 $\boldsymbol{PA}=\boldsymbol{LU}$.

$$\boldsymbol{A}=\begin{pmatrix}-3 & 2 & 6\\ 10 & -7 & 2\\ 5 & -1 & 5\end{pmatrix}.$$

解

$$\boldsymbol{P}_1=\begin{pmatrix}0 & 1 & 0\\ 1 & 0 & 0\\ 0 & 0 & 1\end{pmatrix},\quad \boldsymbol{L}_1=\begin{pmatrix}1 & 0 & 0\\ \dfrac{3}{10} & 1 & 0\\ -\dfrac{5}{10} & 0 & 1\end{pmatrix},$$

有

$$\boldsymbol{A}^{(1)}=\boldsymbol{L}_1\boldsymbol{P}_1\boldsymbol{A}=\begin{pmatrix}10 & -7 & 0\\ 0 & -\dfrac{1}{10} & 6\\ 0 & \dfrac{5}{2} & 5\end{pmatrix},$$

$$\boldsymbol{P}_2=\begin{pmatrix}1 & 0 & 0\\ 0 & 0 & 1\\ 0 & 1 & 0\end{pmatrix},\quad \boldsymbol{L}_2=\begin{pmatrix}1 & 0 & 0\\ 0 & 1 & 0\\ 0 & \dfrac{1}{25} & 1\end{pmatrix},$$

有

$$\boldsymbol{U}=\boldsymbol{A}^{(2)}=\boldsymbol{L}_2\boldsymbol{P}_2\boldsymbol{A}^{(1)}=\begin{pmatrix}10 & -7 & 0\\ & \dfrac{5}{2} & 5\\ & & \dfrac{31}{5}\end{pmatrix},$$

$$\boldsymbol{P}=\boldsymbol{P}_2\boldsymbol{P}_1=\begin{pmatrix}0 & 1 & 0\\ 0 & 0 & 1\\ 1 & 0 & 0\end{pmatrix},$$

$$\boldsymbol{L}=\boldsymbol{P}\boldsymbol{P}_1\boldsymbol{L}_1^{-1}\boldsymbol{P}_2\boldsymbol{L}_2^{-1}=\begin{pmatrix}1 & & \\ \dfrac{5}{10} & 1 & \\ -\dfrac{3}{10} & -\dfrac{1}{25} & 1\end{pmatrix}.$$

6.4 两类特殊矩阵方程

本节介绍三对角矩阵方程组和对称正定矩阵方程组的直接法.

6.4.1 三对角矩阵方程组的追赶法

在科学与工程计算中, 如常微分方程边值问题、三次样条函数计算等, 都需要求解形如

$$\begin{pmatrix} b_1 & c_1 & & & \\ a_2 & b_2 & c_2 & & \\ & \ddots & \ddots & \ddots & \\ & & a_{n-1} & b_{n-1} & c_{n-1} \\ & & & a_n & b_n \end{pmatrix} \begin{pmatrix} x_1 \\ x_2 \\ \vdots \\ x_{n-1} \\ x_n \end{pmatrix} = \begin{pmatrix} f_1 \\ f_2 \\ \vdots \\ f_{n-1} \\ f_n \end{pmatrix} \tag{6.6}$$

的问题. 它的系数矩阵 $\boldsymbol{A}$ 为三对角矩阵, 因此称式 (6.6) 为三对角矩阵方程组.

按照矩阵 LU 分解的过程, 可以假设

$$\begin{pmatrix} b_1 & c_1 & & & \\ a_2 & b_2 & c_2 & & \\ & \ddots & \ddots & \ddots & \\ & & a_{n-1} & b_{n-1} & c_{n-1} \\ & & & a_n & b_n \end{pmatrix} = \begin{pmatrix} 1 & & & \\ l_2 & 1 & & \\ & \ddots & \ddots & \\ & & l_n & 1 \end{pmatrix} \begin{pmatrix} u_1 & c_1 & & \\ & u_2 & \ddots & \\ & & \ddots & c_{n-1} \\ & & & u_n \end{pmatrix},$$

其中 l_k, u_k 为待定系数.

比较上式得

$$u_1 = b_1; \begin{cases} l_i = \dfrac{a_i}{u_{i-1}}, \\ u_i = b_i - l_i c_{i-1}, \\ i = 2, 3, \cdots, n. \end{cases}$$

此时, 求解三对角方程组的算法:

算法 6.3 (三对角方程组的追赶法)

输入: 方程组的系数 a_k, b_k, c_k, f_k.

输出: 解 f

for $k = 2 : n$

  $a_k = a_k / b_{k-1}$;

  $b_k = b_k - a_k c_{k-1}$;

end % 完成 $\boldsymbol{A}$ 的 LU 分解

for $k = 2 : n$

```
    f_k = f_k - a_k f_{k-1};
end % 完成 Ly = f 的求解.
f_n = f_n/b_n;
for k = 2 : n
    f_k = (f_k - c_k f_{k+1})/b_k;
end % 完成 Ux = Y 的求解.
```

【注】 追赶法的乘除运算次数为 $5n$.

6.4.2 对称正定矩阵的乔累斯基 (cholesky) 分解

设矩阵 $\boldsymbol{A}$ 是对称正定矩阵, 则有分解

$$\boldsymbol{A}=\boldsymbol{L}\boldsymbol{D}\boldsymbol{L}^{\mathrm{T}}, \tag{6.7}$$

其中 $\boldsymbol{L}$ 为单位下三角矩阵, $\boldsymbol{D}$ 为对角线均大于零的对角矩阵. 称此种形式的分解为乔累斯基分解.

如何实现对称正定矩阵的乔累斯基分解呢?

由

$$\begin{pmatrix} a_{11} & & & \\ a_{21} & a_{22} & & \\ \vdots & \vdots & \ddots & \\ a_{n1} & a_{n2} & \cdots & a_{nn} \end{pmatrix}$$

$$=\begin{pmatrix} 1 & & & \\ l_{21} & 1 & & \\ \vdots & \ddots & \ddots & \\ l_{n1} & \cdots & l_{n,n-1} & 1 \end{pmatrix}\begin{pmatrix} d_1 & & & \\ & d_2 & & \\ & & \ddots & \\ & & & d_n \end{pmatrix}\begin{pmatrix} 1 & l_{21} & \cdots & l_{n1} \\ & 1 & \ddots & \vdots \\ & & \ddots & l_{n,n-1} \\ & & & 1 \end{pmatrix},$$

推出

$$d_1=a_{11},\ \begin{cases} l_{i1}=a_{i1}/d_1, \\ i=2,3,\cdots,n. \end{cases}$$

$$\begin{cases} d_j=a_{jj}-\sum\limits_{k=1}^{j-1} l_{jk}^2 d_k, \\ j=2,3,\cdots,n. \end{cases}$$

$$\begin{cases} l_{ij}=\dfrac{\left(a_{ij}-\sum\limits_{k=1}^{j-1} d_k l_{ik} l_{jk}\right)}{d_j}, \\ j=2,3,\cdots,n-1, i=j+1,\cdots,n. \end{cases}$$

算法 6.4 (乔累斯基分解)

输入: 矩阵 $\boldsymbol{A}$ 的下三角部分元素 a_{ij};

输出: 矩阵 $\boldsymbol{A}$, $\boldsymbol{L}, \boldsymbol{D}$ 对应放在 $\boldsymbol{A}$ 的下三角部分.

```
for i=2:n, a(i,1)=a(i,1)/a(1,1);end
for j=2:n-1
      t=0;
      for k=1:(j−1), t=t+a(k, k)*a(j,k) 2;end
      a(j,j)=a(j,j)−t;
      for i=j+1:n
           t=0;
           for k=1:(j−1)
                 t=t+a(j,k)*a(i,k)*a(k,k);
           end
           a(i,j)=(a(i, j)−t)/a(j,j);
      end
end
t=0;
for k=1:(n−1)
      t=t+a(n, k)^2*a(k,k);
end
a(n, n)=a(n,n)-t;
```

对称正定矩阵方程组的乔累斯基分解算法的乘除运算次数为

$$\frac{1}{6}(n^3+9n^2+2n)\approx\frac{1}{6}n^3$$

比列主元消去法或者 LU 分解法减少了一半.

本章总结

本章主要介绍了求解线性方程组的列主元高斯消去法和 LU 分解法, 并针对两种特殊类型的方程组: 三对角方程组和系数矩阵为正定矩阵的方程组进行了讨论. 对于消去法, 指出选择主元的重要性和选主元的策略. 当方程组右端变化时, 使用矩阵的 LU 分解法效率更高. 三对角方程组和系数矩阵为正定矩阵的方程组在科学与工程计算中占有重要的地位, 追赶法和乔累斯基分解算法是解决它们的有效算法之一.

习题 6

1. 用顺序高斯消元法解下列方程组:

(1) $\begin{cases} 2x_1 + 3x_2 + 5x_3 = 5, \\ 3x_1 + 4x_2 + 7x_3 - 6, \\ x_1 + 3x_2 + 3x_3 = 5; \end{cases}$ (2) $\begin{cases} 2x_1 - 4x_2 + 2x_3 - 4x_4 = 3, \\ -4x_1 + 10x_2 + 2x_3 + 5x_4 = -5, \\ 2x_1 + 2x_2 + 12x_3 - 5x_4 = -2, \\ 4x_1 + 5x_2 - 5x_3 + 12x_4 = -4. \end{cases}$

2. 使用列主元的 Gauss 消去法求解方程组

$$\begin{cases} 3.03x_1 - 12.1x_2 + 14x_3 = -119, \\ -3.03x_1 + 12.1x_2 - 7x_3 = 120, \\ 6.11x_1 - 14.2x_2 + 21x_3 = -139. \end{cases}$$

3. 利用矩阵 $\boldsymbol{A}$ 的 LU 分解法求解方程组 $\boldsymbol{Ax} = \boldsymbol{b}$, 其中

$$\boldsymbol{A} = \begin{pmatrix} 1 & 2 & 1 & -2 \\ 2 & 5 & 3 & -2 \\ -2 & -2 & 3 & 5 \\ 1 & 3 & 2 & 3 \end{pmatrix}, \boldsymbol{b} = \begin{pmatrix} 4 \\ 7 \\ -1 \\ 0 \end{pmatrix}.$$

4. 设 $\boldsymbol{A} = \begin{pmatrix} 1 & 2 & 3 & 4 \\ 2 & 3 & 4 & 5 \\ 3 & 4 & 4 & 5 \\ 4 & 5 & 5 & 7 \end{pmatrix}$, 试求解以下问题:

(1) 对矩阵 $\boldsymbol{A}$ 进行 LU 分解;

(2) 利用矩阵 $\boldsymbol{A}$ 的 LU 分解法解 $\boldsymbol{Ax} = \boldsymbol{b}$, 其中 $\boldsymbol{b} = (30, 40, 43, 57)^{\mathrm{T}}$;

5. 试判定下列哪一个对称阵是正定的:

(1) $\boldsymbol{A} = \begin{bmatrix} 3 & -3 & 6 \\ -3 & 2 & -7 \\ 6 & -7 & 13 \end{bmatrix}$; (2) $\boldsymbol{A} = \begin{bmatrix} 3 & -6 & 9 \\ -6 & 14 & -20 \\ 9 & -20 & 29 \end{bmatrix}$;

(3) $\boldsymbol{A} = \begin{pmatrix} -1 & 2 & 0 & 1 \\ 2 & -3 & 2 & -1 \\ 0 & 2 & 5 & 6 \\ 1 & -1 & 6 & 12 \end{pmatrix}$; (4) $\boldsymbol{A} = \begin{pmatrix} 2 & -2 & 4 & -4 \\ -2 & 3 & -4 & 5 \\ 4 & -4 & 10 & -10 \\ -4 & 5 & -10 & 14 \end{pmatrix}$.

6. 将下列矩阵 $\boldsymbol{A}$ 分解为 $\boldsymbol{LL}^{\mathrm{T}}$ 的形式, 这里 $\boldsymbol{L}$ 为下三角矩阵.

$$\boldsymbol{A} = \begin{bmatrix} 3 & 2 & 3 \\ 2 & 2 & 0 \\ 3 & 0 & 12 \end{bmatrix}.$$

7. 试将下列三对角矩阵 $\boldsymbol{A}$ 分解为 $\boldsymbol{LDL}^{\mathrm{T}}$ 的形式, 其中 $\boldsymbol{L}$ 为单位下三角阵, $\boldsymbol{D}$ 为对角阵.

$$\boldsymbol{A}=\begin{bmatrix}1 & 1 & & & \\ 1 & 2 & 1 & & \\ & 1 & 3 & 1 & \\ & & 1 & 4 & 1 \\ & & & 1 & 5\end{bmatrix}.$$

8. 用追赶法求解下列方程组

$$\begin{pmatrix}-4 & 1 & & \\ 1 & -4 & 1 & \\ & 1 & -4 & 1 \\ & & 1 & -4\end{pmatrix}\begin{pmatrix}x_1\\ x_2\\ x_3\\ x_4\end{pmatrix}=\begin{pmatrix}1\\ 1\\ 1\\ 1\end{pmatrix}.$$

计算实习 6

试用列主元高斯消去法解希尔伯特矩阵 $\boldsymbol{H}=(h_{ij})_{n\times n}$ 方程组 $\boldsymbol{Hx}=\boldsymbol{b}$, 考察给定的 $n=5,10,20,50,100$ 及相应的 $\boldsymbol{b}$ 时结果的变化, 分析其中的原因并给出结论. 其中

$$h_{ij}=1/(i+j-1).$$

第 7 章
Chapter 7

线性方程组的迭代解法

在科学与工程计算中, 特别是对偏微分方程的数值求解, 常常遇到大型稀疏线性代数方程组的求解问题. 这时, 解矩阵方程的直接法, 由于它的不保稀疏和运算量 $(O(n^3))$ 大的缺点, 一般是不实用的. 因此, 寻求保持稀疏性的有效算法就成为非常重要的课题. 目前发展起来的求解稀疏线性方程组的方法主要有两类, 一类是迭代法; 另一类是稀疏直接法 (如 Super LU 方法). 本章介绍几种传统的迭代法, 如雅可比 (Jacobi) 迭代方法, 高斯–塞德尔 (Gauss-Seidel) 迭代方法, 超松弛因子 (SOR) 迭代方法, 以及针对正定对称系数矩阵的共轭梯度 (CG) 方法.

解非奇异线性方程组

$$\boldsymbol{A}\boldsymbol{x}=\boldsymbol{b} \tag{7.1}$$

的迭代法是要构造一个向量序列 $\{x^{(k)}\}(k=0,1,2,\cdots)$, 该序列收敛于所求解方程组 $\boldsymbol{A}\boldsymbol{x}=\boldsymbol{b}$ 的准确解. 因此, 迭代法需要解决下面几个问题:

(1) 如何构造迭代序列 $\{x^{(k)}\}$?

(2) 构造的迭代序列是否收敛到解? 在什么情况下收敛?

(3) 收敛的速度如何?

(4) 近似解的误差估计.

7.1 迭代法的原理

设方程组 (7.1) 有唯一解 $\boldsymbol{x}^*$. 将 $\boldsymbol{A}\boldsymbol{x}=\boldsymbol{b}$ 等价为不动点方程

$$\boldsymbol{x}=\boldsymbol{B}\boldsymbol{x}+\boldsymbol{f}, \tag{7.2}$$

由此建立迭代公式

$$\boldsymbol{x}^{(k+1)}=\boldsymbol{B}\boldsymbol{x}^{(k)}+\boldsymbol{f},\ k=0,1,2,\cdots, \tag{7.3}$$

其中 $\boldsymbol{x}^{(0)}$ 为任意给定初始向量. 矩阵 $\boldsymbol{B}$ 称为迭代矩阵.

若对任意初值 $\boldsymbol{x}^{(0)}$, 序列 $\{\boldsymbol{x}^{(k)}\}$ 都有相同的极限 $\boldsymbol{x}^*$, 即 $\lim\limits_{k\to\infty}\boldsymbol{x}^{(k)}=\boldsymbol{x}^*$. 则称迭代法 (7.3) 是收敛的, 否则称为发散的.

当 $\{\boldsymbol{x}^{(k)}\}$ 收敛时, 对式 (7.3) 两边同时取极限得

$$\boldsymbol{x}^*=\boldsymbol{B}\boldsymbol{x}^*+\boldsymbol{f}. \tag{7.4}$$

因此极限 x^* 必为方程组 (7.2) 的解, 进而是原方程组 (7.1) 的解.

记 $\boldsymbol{\varepsilon}^{(k)}=\boldsymbol{x}^{(k)}-\boldsymbol{x}^*$, 称为误差向量. 显然, 迭代法收敛等价于 $\boldsymbol{\varepsilon}^{(k)}$ 收敛到零向量.

现将方程组 (7.3) 减去方程组 (7.4), 得误差方程 $\boldsymbol{\varepsilon}^{(k+1)}=\boldsymbol{B}\boldsymbol{\varepsilon}^{(k)}$ 和 $\boldsymbol{\varepsilon}^{(k)}=\boldsymbol{B}^k\boldsymbol{\varepsilon}^{(0)}$. 由此立得:

定理 7.1 迭代法 (7.3) 收敛的充分必要条件是 $\lim\limits_{k\to\infty}\boldsymbol{B}^k=\boldsymbol{O}$.

定理 7.2 迭代法 (7.3) 收敛的充分必要条件是迭代矩阵的谱半径 $\rho(\boldsymbol{B})<1$.

证明 只要证明 $\lim\limits_{k\to\infty}\boldsymbol{B}^k=\boldsymbol{O}$ 的充分必要条件是 $\rho(\boldsymbol{B})<1$ 即可!

我们知道, 存在非奇矩阵 $\boldsymbol{P}$, 使 $\boldsymbol{B}=\boldsymbol{P}\boldsymbol{J}\boldsymbol{P}^{-1}$. 其中 $\boldsymbol{J}$ 为 $\boldsymbol{B}$ 的若尔当 (Jordan) 标准形, 即

$$\boldsymbol{J}=\begin{pmatrix}\boldsymbol{J}_1 & & & \\ & \boldsymbol{J}_2 & & \\ & & \ddots & \\ & & & \boldsymbol{J}_m\end{pmatrix},\ \boldsymbol{J}_i=\begin{pmatrix}\lambda_i & 1 & & \\ & \lambda_i & \ddots & \\ & & \ddots & 1 \\ & & & \lambda_i\end{pmatrix}_{n_i\times n_i},\ \sum_{i=1}^m n_i=n.$$

$\boldsymbol{B}^k=\boldsymbol{P}\boldsymbol{J}^k\boldsymbol{P}^{-1}$, 即

$$\boldsymbol{B}^k=\boldsymbol{P}\begin{pmatrix}\boldsymbol{J}_1^k & & & \\ & \boldsymbol{J}_2^k & & \\ & & \ddots & \\ & & & \boldsymbol{J}_m^k\end{pmatrix}\boldsymbol{P}^{-1}.$$

显然, $\lim\limits_{k\to\infty}\boldsymbol{B}^k=\boldsymbol{O}$ 的充分必要条件 $\lim\limits_{k\to\infty}\boldsymbol{J}_i^k=\boldsymbol{O}$, $i=1,2,\cdots,m$. 由此, 现在只要证明: $\lim\limits_{k\to\infty}\boldsymbol{J}_i^k=\boldsymbol{O}(i=1,2,\cdots,m)$ 的充分必要条件是 $|\lambda_i|<1, i=1,2,\cdots,m$.

对于任意的 l, 如果 $\boldsymbol{J}_l$ 是一阶块 $\boldsymbol{J}_l=\lambda_l$, 则 $\lim\limits_{k\to\infty}\boldsymbol{J}_l^k=\boldsymbol{O}$ 的充分必要条件是 $|\lambda_l|<1$. 对阶数 $n_l\geqslant 2$ 的块 $\boldsymbol{J}_l$, 当 $k>n_l$ 时, 由

$$
\boldsymbol{J}_l^k = \begin{pmatrix}
\lambda_l^k & C_k^1\lambda_l^{k-1} & \cdots & C_k^{n_l-2}\lambda_l^{k-t+2} & C_k^{n_l-1}\lambda_l^{k-n_l+1} \\
 & \lambda_l^k & C_k^1\lambda_l^{k-1} & \ddots & C_k^{n_l-2}\lambda_l^{k-n_l+2} \\
 & & \lambda_l^k & \ddots & \vdots \\
 & & & \ddots & C_k^1\lambda_l^{k-1} \\
 & & & & \lambda_l^k
\end{pmatrix}.
$$

看出 $\lim\limits_{k\to\infty} \boldsymbol{J}_l^k = \boldsymbol{O}$ 的充分必要条件是 $|\lambda_l| < 1$. 故有 $\lim\limits_{k\to\infty} \boldsymbol{B}^k = \boldsymbol{O}$ 的充分必要条件是 $|\lambda_i| < 1, i = 1, 2, \cdots, m$, 也即 $\rho(\boldsymbol{B}) < 1$.

由于谱半径 $\rho(\boldsymbol{B})$ 计算上的困难, 使得定理 7.2 不便于应用. 恰好 $\rho(\boldsymbol{B}) \leqslant \|\boldsymbol{B}\|$, 它提供了一个迭代法 (7.3) 收敛的充分条件.

定理 7.3 若 $\|\boldsymbol{B}\| = q < 1$, 则对任意初值 $\boldsymbol{x}^{(0)}$, 迭代法 (7.3) 收敛, 并且有

(1)

$$
\left\|\boldsymbol{x}^* - \boldsymbol{x}^{(k)}\right\| \leqslant \frac{q}{1-q}\left\|\boldsymbol{x}^{(k)} - \boldsymbol{x}^{(k-1)}\right\|; \tag{7.5}
$$

(2)

$$
\left\|\boldsymbol{x}^* - \boldsymbol{x}^{(k)}\right\| \leqslant \frac{q^k}{1-q}\left\|\boldsymbol{x}^{(1)} - \boldsymbol{x}^{(0)}\right\|. \tag{7.6}
$$

成立.

证明 由 $\|\boldsymbol{B}\| = q < 1$, 矩阵的谱半径 $\rho(\boldsymbol{B}) \leqslant \|\boldsymbol{B}\| < 1$, 由定理 7.2 知迭代法 (7.3) 收敛. 由式 (7.3) 和式 (7.4) 得

$$
\left\|\boldsymbol{x}^{(k+1)} - \boldsymbol{x}^{(k)}\right\| = \left\|(\boldsymbol{B}\boldsymbol{x}^{(k)} + \boldsymbol{f}) - (\boldsymbol{B}\boldsymbol{x}^{(k-1)} + \boldsymbol{f})\right\| \leqslant \|\boldsymbol{B}\| \cdot \left\|\boldsymbol{x}^{(k)} - \boldsymbol{x}^{(k-1)}\right\| \tag{7.7}
$$

和

$$
\left\|\boldsymbol{x}^* - \boldsymbol{x}^{(k+1)}\right\| = \left\|(\boldsymbol{B}\boldsymbol{x}^* + \boldsymbol{f}) - (\boldsymbol{B}\boldsymbol{x}^{(k)} + \boldsymbol{f})\right\| \leqslant \|\boldsymbol{B}\| \cdot \left\|\boldsymbol{x}^* - \boldsymbol{x}^{(k)}\right\|. \tag{7.8}
$$

推出

$$
\begin{aligned}
\left\|\boldsymbol{x}^{(k+1)} - \boldsymbol{x}^{(k)}\right\| &= \left\|(\boldsymbol{x}^{(*)} - \boldsymbol{x}^{(k)}) - (\boldsymbol{x}^* - \boldsymbol{x}^{(k+1)})\right\| \\
&\geqslant \left\|\boldsymbol{x}^{(*)} - \boldsymbol{x}^{(k)}\right\| - \left\|\boldsymbol{x}^* - \boldsymbol{x}^{(k+1)}\right\| \\
&\geqslant (1 - \|\boldsymbol{B}\|)\left\|\boldsymbol{x}^* - \boldsymbol{x}^{(k)}\right\|.
\end{aligned}
$$

又 $1 - \|\boldsymbol{B}\| > 0$, 所以有

$$\left\|x^* - x^{(k)}\right\| \leqslant \frac{1}{1-\|B\|}\left\|x^{(k+1)} - x^{(k)}\right\|.$$

利用式 (7.7) 得

$$\left\|x^* - x^{(k)}\right\| \leqslant \frac{\|B\|}{1-\|B\|}\left\|x^{(k)} - x^{(k-1)}\right\|$$

和

$$\left\|x^* - x^{(k)}\right\| \leqslant \frac{\|B\|^k}{1-\|B\|}\left\|x^{(1)} - x^{(0)}\right\|.$$

定理 7.3 中的式 (7.5) 表明, 可用连续两次迭代得到的迭代向量 $x^{(k-1)}$ 和 $x^{(k)}$ 的距离 $\left\|x^{(k)} - x^{(k-1)}\right\|$ 作为停止计算的条件; 式 (7.6) 表明, 当 $\|B\| \approx 1$ 时, 迭代法 (7.3) 收敛很慢, 甚至不收敛; 式 (7.8) 表明, 迭代法 (7.3) 一般是线性收敛的.

综合上述, 迭代矩阵 B 决定着迭代法 (7.3) 的收敛性和计算复杂性. 因此, 构造一个既保稀疏又能快速收敛的迭代矩阵 B 就成为重要研究课题. 接下来介绍几种简单的迭代法.

7.2 古典迭代法及其收敛性

构造迭代法 (7.3) 的首要目标就是使迭代矩阵 B 与系数矩阵 A 有相同或相近的稀疏性. 因此, 将系数矩阵 A 分裂为

$$A = D - L - U \tag{7.9}$$

其中 $D = \mathbf{diag}(a_{11}, \cdots, a_{nn})$, $-L$ 与 $-U$ 分别为 A 的下三角和上三角部分, 即

$$-L = \begin{pmatrix} 0 & & & & \\ a_{21} & 0 & & & \\ a_{31} & a_{32} & 0 & & \\ \vdots & \vdots & \ddots & \ddots & \\ a_{n1} & a_{n2} & \cdots & a_{nn-1} & 0 \end{pmatrix}, \quad -U = \begin{pmatrix} 0 & a_{12} & a_{13} & \cdots & a_{1n} \\ & 0 & a_{23} & \cdots & a_{2n} \\ & & 0 & \ddots & \vdots \\ & & & \ddots & a_{n-1n} \\ & & & & 0 \end{pmatrix}.$$

请注意, 我们一定可以使 $D = \mathbf{diag}(a_{11}, \cdots, a_{nn})$ 是非奇异的. 否则, 只要对方程组 (7.1) 进行行交换即可.

7.2.1 雅可比迭代法

根据式 (7.9), 方程组 (7.1) 可以等价为不动点方程

$$x = D^{-1}(L+U)x + D^{-1}b.$$

于是, 对于任意给定初始向量 $\boldsymbol{x}^{(0)}$, 有

$$\boldsymbol{x}^{(k+1)}=\boldsymbol{D}^{-1}(\boldsymbol{L}+\boldsymbol{U})\boldsymbol{x}^{(k)}+\boldsymbol{D}^{-1}\boldsymbol{b},\ k=0,1,2,\cdots, \tag{7.10}$$

称之为雅可比迭代法. 迭代矩阵为 $\boldsymbol{B}=\boldsymbol{D}^{-1}(\boldsymbol{L}+\boldsymbol{U})=\boldsymbol{I}-\boldsymbol{D}^{-1}\boldsymbol{A}$, 它与原问题的稀疏性一样.

若记残向量 $\boldsymbol{r}^{(k)}=\boldsymbol{b}-\boldsymbol{A}\boldsymbol{x}^{(k)}$, 则

$$\begin{aligned}\boldsymbol{x}^{(k+1)}&=(\boldsymbol{I}-\boldsymbol{D}^{-1}\boldsymbol{A})\boldsymbol{x}^{(k)}+\boldsymbol{D}^{-1}\boldsymbol{b}=\boldsymbol{x}^{(k)}+\boldsymbol{D}^{-1}(\boldsymbol{b}-\boldsymbol{A}\boldsymbol{x}^{(k)})\\&=\boldsymbol{x}^{(k)}+\boldsymbol{D}^{-1}\boldsymbol{r}^{(k)},\end{aligned} \tag{7.11}$$

可以看出, $\boldsymbol{x}^{(k+1)}$ 是 $\boldsymbol{x}^{(k)}$ 加增量 $\Delta\boldsymbol{x}^{(k)}=\boldsymbol{D}^{-1}\boldsymbol{r}^{(k)}$ 的结果.

雅可比迭代的每一步主要计算量为一次矩阵与向量的乘法.

例 1　试用雅可比迭代法解方程组

$$\begin{pmatrix}9&-1&-1\\-1&10&-1\\-1&-1&15\end{pmatrix}\begin{pmatrix}x_1\\x_2\\x_3\end{pmatrix}=\begin{pmatrix}7\\8\\13\end{pmatrix}.$$

【注】它的准确解为 $\boldsymbol{x}^*=(1,1,1)^{\mathrm{T}}$.

解　由雅可比迭代 (7.10) 得

$$\boldsymbol{x}^{(k+1)}=\begin{pmatrix}0&\dfrac{1}{9}&\dfrac{1}{9}\\ \dfrac{1}{10}&0&\dfrac{1}{10}\\ \dfrac{1}{15}&\dfrac{1}{15}&0\end{pmatrix}\boldsymbol{x}^{(k)}+\begin{pmatrix}\dfrac{7}{9}\\ \dfrac{8}{10}\\ \dfrac{13}{15}\end{pmatrix},$$

取初始向量 $\boldsymbol{x}^{(0)}=(0,0,0)^{\mathrm{T}}$, 控制精度 $\varepsilon=10^{-5}$, 迭代结果见表 7.1.

表 7.1　迭代结果

k		$\boldsymbol{x}^{(k)}$		$\lVert\boldsymbol{x}^{(k+1)}-\boldsymbol{x}^{(k)}\rVert_\infty$
0	0	0	0	—
1	0.777777777777778	0.800000000000000	0.866666666666667	0.866666666666667
2	0.962962962962962	0.964444444444444	0.971851851851852	0.185185185185185
3	0.99292181069959	0.99348148148148	0.99516049382716	0.02995884773663
4	0.99873799725652	0.99880823045267	0.99909355281207	0.00581618655693
5	0.99976686480719	0.99978315500686	0.99983641518061	0.00102886755068
6	0.99995773002083	0.99996032799878	0.99997000132094	0.00019086521364
7	0.99999225881330	0.99999277313418	0.99999453720131	0.00003452879247
8	0.99999859003728	0.99999867960146	0.99999900212983	0.00000633122397

7.2.2 高斯–塞德尔迭代法

方程组 (7.1) 可以等价为不动点方程

$$\boldsymbol{x} = (\boldsymbol{D}-\boldsymbol{L})^{-1}\boldsymbol{U}\boldsymbol{x} + (\boldsymbol{D}-\boldsymbol{L})^{-1}\boldsymbol{b},$$

于是, 对于任意给定初始向量 $\boldsymbol{x}^{(0)}$, 有

$$\boldsymbol{x}^{(k+1)} = (\boldsymbol{D}-\boldsymbol{L})^{-1}\boldsymbol{U}\boldsymbol{x}^{(k)} + (\boldsymbol{D}-\boldsymbol{L})^{-1}\boldsymbol{b},\ k=0,1,2,\cdots, \tag{7.12}$$

称之为高斯–塞德尔迭代法. 迭代矩阵为 $\boldsymbol{B} = (\boldsymbol{D}-\boldsymbol{L})^{-1}\boldsymbol{U}$, 它与原问题的稀疏性一样.

实际应用迭代式 (7.12) 时, 是按格式

$$(\boldsymbol{D}-\boldsymbol{L})\boldsymbol{x}^{(k+1)} = \boldsymbol{U}\boldsymbol{x}^{(k)} + \boldsymbol{b},\ k=0,1,2,\cdots \tag{7.13}$$

进行.

高斯–塞德尔迭代的每一步主要计算量为一次矩阵和向量的乘法.

例 2 试用高斯–塞德尔迭代法重解例 1.

解 由高斯–塞德尔迭代法 (7.13) 得

$$\begin{pmatrix} 9 & 0 & 0 \\ -1 & 10 & 0 \\ -1 & -1 & 15 \end{pmatrix}\boldsymbol{x}^{(k+1)} = \begin{pmatrix} 0 & 1 & 1 \\ 0 & 0 & 1 \\ 0 & 0 & 0 \end{pmatrix}\boldsymbol{x}^{(k)} + \begin{pmatrix} 7 \\ 8 \\ 13 \end{pmatrix}.$$

或

$$\begin{cases} x_1^{(k+1)} = \dfrac{1}{9}x_2^{(k)} + \dfrac{1}{9}x_3^{(k)} + \dfrac{7}{9}, \\ x_2^{(k+1)} = \dfrac{1}{10}x_1^{(k+1)} + \dfrac{1}{10}x_3^{(k)} + \dfrac{8}{10}, \\ x_3^{(k+1)} = \dfrac{1}{15}x_1^{(k+1)} + \dfrac{1}{15}x_2^{(k+1)} + \dfrac{13}{15}. \end{cases}$$

取初始向量 $\boldsymbol{x}^{(0)} = (0,0,0)^{\mathrm{T}}$, 控制精度 $\varepsilon = 10^{-5}$, 迭代结果见表 7.2.

表 7.2 迭代结果

k		$\boldsymbol{x}^{(k)}$		$\left\|\boldsymbol{x}^{(k+1)}-\boldsymbol{x}^{(k)}\right\|_\infty$
0	0	0	0	—
1	0.77777777777778	0.87777777777778	0.97703703703704	0.97703703703704
2	0.98386831275720	0.99609053497942	0.99866392318244	0.20609053497942
3	0.99941716201799	0.99980810852004	0.99994835136920	0.01554884926078

续表

k	$\boldsymbol{x}^{(k)}$			$\|\boldsymbol{x}^{(k+1)}-\boldsymbol{x}^{(k)}\|_\infty$
4	0.99997293998769	0.99999212913569	0.99999767127489	0.00055577796971
5	0.99999886671229	0.99999965379872	0.99999990136740	0.00002592672459
6	0.99999995057401	0.99999998519414	0.99999999571788	0.00000108386173

比较表 7.1 和表 7.2 不难发现, 就例 1 的线性方程组而言, 高斯–塞德尔迭代比雅可比迭代计算效果更好. 计算实践表明, 对许多问题高斯–塞德尔迭代法确实比雅克比迭代法收敛的快, 但也有高斯–塞德尔迭代法比雅克比迭代法收敛慢的, 甚至还有雅克比迭代法收敛, 而高斯–塞德尔法发散的情况.

例 3 分别用雅克比迭代法和高斯–塞德尔迭代法计算方程组

$$\begin{pmatrix} 1 & 2 & -2 \\ 1 & 1 & 1 \\ 2 & 2 & 1 \end{pmatrix}\begin{pmatrix} x_1 \\ x_2 \\ x_3 \end{pmatrix}=\begin{pmatrix} 7 \\ 8 \\ 13 \end{pmatrix}.$$

观察迭代法的收敛性. 取初始向量 $\boldsymbol{x}^{(0)}=(0,0,0)^{\mathrm{T}}$, 控制精度 $\varepsilon=10^{-5}$, 最高迭代步数 N. 精确解 $\boldsymbol{x}^*=(-3,8,3)^{\mathrm{T}}$.

解 雅克比迭代法和高斯–塞德尔迭代法计算数据结果分别如表 7.3、表 7.4.

表 7.3 雅克比迭代解

k	$\boldsymbol{x}^{(k)}$			$\|\boldsymbol{x}^{(k+1)}-\boldsymbol{x}^{(k)}\|_\infty$
0	0	0	0	—
1	7	8	13	13
2	17	−12	−17	30
3	−3	8	3	20
4	−3	8	3	0

表 7.4 高斯–塞德尔迭代解

k	$\boldsymbol{x}^{(k)}$			$\|\boldsymbol{x}^{(k+1)}-\boldsymbol{x}^{(k)}\|_\infty$
0	0	0	0	—
1	7	1	−3	7
2	−1	12	−9	11
3	−35	52	−21	40
4	−139	168	−45	116
5	−419	472	−93	304
6	−1123	1224	−189	752

续表

k		$x^{(k)}$		$\left\|x^{(k+1)}-x^{(k)}\right\|_\infty$
7	−2819	3016	−381	1792
8	−6787	7176	−765	4160
9	−15875	16648	−1533	9472
10	−36355	37896	−3069	21248
11	−81923	85000	−6141	47104

由表 7.3 和表 7.4 知, 该方程组用雅克比迭代法收敛, 而用高斯–塞德尔迭代法发散.

7.2.3 逐次松弛迭代法

从收敛定理 7.2、定理 7.3 可知, 迭代矩阵直接影响着迭代法的收敛性. 就上述两种方法, 由于其迭代矩阵是不可改变的, 所以无法调整它们的收敛性. 这在某些实际应用场合是不方便的. 为此, 在系数矩阵的分裂式 (7.9) 中引入一个松弛因子 $\omega>0$, 即

$$A=\frac{1}{\omega}D+\left(1-\frac{1}{\omega}\right)D-L-U. \tag{7.14}$$

由式 (7.14), 方程组 (7.1) 可以等价为不动点方程

$$\frac{1}{\omega}(D-\omega L)x=\frac{1}{\omega}\left[(1-\omega)D+\omega U\right]x+b$$

或

$$x=(D-\omega L)^{-1}\left[(1-\omega)D+\omega U\right]x+\omega(D-\omega L)^{-1}b. \tag{7.15}$$

于是, 对于任意给定初始向量 $x^{(0)}$, 有

$$\begin{cases} x^{(k+1)}=(D-\omega L)^{-1}\left[(1-\omega)D+\omega U\right]x^{(k)}+\omega(D-\omega L)^{-1}b, \\ k=0,1,2,\cdots. \end{cases} \tag{7.16}$$

称之为*逐次松弛迭代法*(Successive over relaxation method), 简记为 SOR 迭代法.

SOR 迭代法的迭代矩阵为

$$L_\omega=(D-\omega L)^{-1}\left[(1-\omega)D+\omega U\right], \tag{7.17}$$

它与原问题的稀疏性一样. 严格来说, 当 $\omega>1$ 时称为超松弛迭代法, 当 $\omega<1$ 时称为低松弛迭代法. 本书不严格地区分两者. 当 $\omega=1$ 时, SOR 迭代就是高斯–塞德尔迭代.

例 4 用 SOR 迭代再解例 1, 讨论松弛因子 ω 的作用.

解 由 SOR 迭代 (7.16) 得

$$\begin{pmatrix} 9 & 0 & 0 \\ -\omega & 10 & 0 \\ -\omega & -\omega & 15 \end{pmatrix} x^{(k+1)}=\begin{pmatrix} 9(1-\omega) & \omega & \omega \\ 0 & 10(1-\omega) & \omega \\ 0 & 0 & 15(1-\omega) \end{pmatrix} x^{(k)}+\omega\begin{pmatrix} 7 \\ 8 \\ 13 \end{pmatrix}.$$

取初始向量 $\boldsymbol{x}^{(0)}=(0,0,0)^{\mathrm{T}}$, 控制精度 $\varepsilon=10^{-5}$, 不同 ω 下的迭代结果见表 7.5.

表 7.5 迭代结果

k	ω	$\boldsymbol{x}^{(k)}$			$\left\|\boldsymbol{x}^{(k+1)}-\boldsymbol{x}^{(k)}\right\|_\infty$
21	0.5	0.99998959123576	0.99999202990713	0.99999489555127	7.8549e−006
8	0.9	0.99999802686836	0.99999902712740	0.99999957325701	9.5553e−006
6	0.99	0.99999976284239	0.99999992037142	0.99999997479237	3.8081e−006
6	1	0.99999995057401	0.99999998519414	0.99999999571788	1.0839e−006
5	1.01	0.99999995970455	0.99999994879584	0.99999999904483	7.8819e−006
5	1.02	1.00000032073485	0.99999990875179	1.00000003073413	7.3824e−006
6	1.03	0.99999995696636	1.00000001407929	0.99999999490039	8.7756e−007
6	1.06	0.99999932731938	1.00000015898116	0.99999990430149	9.7263e−006
7	1.1	1.00000080802683	0.99999980526729	1.00000011378528	7.1880e−006
19	1.5	1.00000164842941	0.99999997088198	1.00000228766172	6.6033e−006

从表 7.5 看出, 对于例 1 的方程组, $\omega=1$ 的附近的 SOR 迭代相对快速! 高斯–塞德尔迭代与最佳 SOR 迭代速度差别不大.

例 5 用 SOR 迭代解方程

$$\begin{pmatrix} 4 & 3 & 0 \\ 3 & 4 & 1 \\ 0 & -1 & 4 \end{pmatrix}\boldsymbol{x}=\begin{pmatrix} 24 \\ 20 \\ -24 \end{pmatrix},$$

并讨论松弛因子 ω 的作用.

解 由 SOR 迭代 (7.16) 得

$$\begin{pmatrix} 4 & 0 & 0 \\ 3\omega & 4 & 0 \\ 0 & -\omega & 4 \end{pmatrix}\boldsymbol{x}^{(k+1)}=\begin{pmatrix} 4(1-\omega) & 3\omega & 0 \\ 0 & 4(1-\omega) & \omega \\ 0 & 0 & 4(1-\omega) \end{pmatrix}\boldsymbol{x}^{(k)}+\omega\begin{pmatrix} 24 \\ 20 \\ -24 \end{pmatrix},$$

取初始向量 $\boldsymbol{x}^{(0)}=(0,0,0)^{\mathrm{T}}$, 控制精度 $\varepsilon=10^{-5}$, 不同 ω 下的迭代结果见表 7.6.

表 7.6 迭代结果

k	ω	$\boldsymbol{x}^{(k)}$			$\left\|\boldsymbol{x}^{(k+1)}-\boldsymbol{x}^{(k)}\right\|_\infty$
25	0.9	3.00001278474508	3.99999075723550	−5.00000250578018	8.9583e−006
21	1	3.00000500679016	3.99999666213989	−5.00000083446503	5.0068e−006
16	1.1	3.00000334678389	3.99999805851680	−5.00000042234842	5.4934e−006
11	1.2	3.00000063603027	3.99999947466414	−5.00000024627074	6.8962e−007
12	1.25	2.99999815080372	4.00000079116753	−4.99999951942965	9.2658e−006
14	1.3	3.00000031063487	4.00000048635539	−4.99999949519506	3.1345e−006

从表 7.6 看出, 对于本例的方程组, $\omega = 1.2$ 的附近的 SOR 迭代相对快速! 高斯–塞德尔迭代与最佳 SOR 迭代速度差别较大.

7.2.4 简单迭代法的收敛性

收敛性定理 7.2、定理 7.3, 当然适用于雅可比迭代法、高斯–塞德尔迭代法和 SOR 迭代. 现在, 我们更关心三种迭代法的特性, 比如它们对于哪类矩阵收敛等. 在矩阵类中, 对角占优矩阵和对称正定矩阵占有重要的地位. 原因是, 许多科学与工程计算问题, 归结为大型对角占优或对称正定矩阵方程求解.

定义 7.1 设矩阵 $\boldsymbol{A} = (a_{ij})_{n\times n}$, 称矩阵 $\boldsymbol{A}$ 为严格对角占优矩阵, 如果有

$$|a_{ii}| > \sum_{\substack{j=1\\j\neq i}}^{n} |a_{ij}|,\ i = 1, 2, \cdots, n$$

成立; 称矩阵 $\boldsymbol{A}$ 为弱对角占优矩阵, 如果有

$$|a_{ii}| \geqslant \sum_{\substack{j=1\\j\neq i}}^{n} |a_{ij}|,\ i = 1, 2, \cdots, n,$$

且至少有一个不等式严格成立.

定义 7.2 设 $\boldsymbol{A} = (a_{ij})_{n\times n}$, $n \geqslant 2$, 称 $\boldsymbol{A}$ 为可约矩阵, 如果存在交换矩阵 $\boldsymbol{P}$, 使得

$$\boldsymbol{P}^{\mathrm{T}}\boldsymbol{A}\boldsymbol{P} = \begin{pmatrix} \boldsymbol{A}_{11} & \boldsymbol{A}_{12} \\ \boldsymbol{O} & \boldsymbol{A}_{22} \end{pmatrix}$$

成立, 其中 $\boldsymbol{A}_{11}$ 和 $\boldsymbol{A}_{22}$ 分别为 r 和 $n-r(1 \leqslant r < n)$ 阶方阵; 否则, 称 $\boldsymbol{A}$ 为不可约矩阵.

例 6 三对角矩阵

$$\boldsymbol{A} = \begin{pmatrix} a_1 & c_1 & & & \\ b_2 & a_2 & c_2 & & \\ & \ddots & \ddots & \ddots & \\ & & b_{n-1} & a_{n-1} & c_{n-1} \\ & & & b_n & a_n \end{pmatrix}.$$

如果所有 a_i, b_i, c_i 都不为零, 则矩阵 $\boldsymbol{A}$ 为不可约矩阵.

定理 7.4 若矩阵 $\boldsymbol{A} = (a_{ij})_{n\times n}$ 为严格对角占优矩阵, 或者不可约弱对角占优矩阵, 则 $\boldsymbol{A}$ 非奇异.

证明见参考文献 [6].

定理 7.5 对于线性代数方程组 (7.1), 如果系数矩阵 $\boldsymbol{A}$ 是严格对角占优矩阵, 或者是不可约弱对角占优矩阵, 则雅可比迭代和高斯–塞德尔迭代均收敛.

证明 只对高斯–塞德尔迭代法进行证明, 类似可以证明雅可比迭代法.

设 λ 是高斯–塞德尔迭代法的迭代矩阵 $\boldsymbol{G}=(\boldsymbol{D}-\boldsymbol{L})^{-1}\boldsymbol{U}$ 的任意一个特征值, $\boldsymbol{x}\neq\boldsymbol{0}$ 是相应的特征向量. 由定理 7.2, 只要证明 $|\lambda|<1$ 即可. 为此, 我们采用反证法.

设存在特征值 $|\lambda|\geqslant 1$, 则由

$$(\boldsymbol{D}-\boldsymbol{L})^{-1}\boldsymbol{U}\boldsymbol{x}=\lambda\boldsymbol{x},$$

得到

$$(\lambda\boldsymbol{D}-\lambda\boldsymbol{L}-\boldsymbol{U})\boldsymbol{x}=\boldsymbol{0}, \tag{7.18}$$

即 $\boldsymbol{x}\neq\boldsymbol{0}$ 是齐次线性方程组 (7.18) 的一个非零解. 因此, 系数矩阵行列式

$$|\lambda\boldsymbol{D}-\lambda\boldsymbol{L}-\boldsymbol{U}|=0. \tag{7.19}$$

记

$$\begin{aligned}\boldsymbol{C}=(c_{ij})_{n\times n}&=\lambda\boldsymbol{D}-\lambda\boldsymbol{L}-\boldsymbol{U}\\&=\begin{pmatrix}\lambda a_{11} & a_{12} & \cdots & a_{1n-1} & a_{1n}\\ \lambda a_{21} & \lambda a_{22} & \cdots & a_{2n-1} & a_{2n}\\ \vdots & \vdots & & \vdots & \vdots\\ \lambda a_{n-11} & \lambda a_{n-12} & \cdots & \lambda a_{n-1n-1} & a_{n-1n}\\ \lambda a_{n1} & \lambda a_{n-12} & \cdots & \lambda a_{n,n-1} & \lambda a_{nn}\end{pmatrix},\end{aligned}$$

推出

$$\sum_{j=1,j\neq i}^{n}|c_{ij}|=\sum_{j=1}^{i-1}|\lambda a_{ij}|+\sum_{j=i+1}^{n}|a_{ij}|\leqslant|\lambda|\sum_{j=1,j\neq i}^{n}|a_{ij}|.$$

显然, $\boldsymbol{A}$ 为严格对角占优矩阵或者不可约弱对角占优矩阵, 则矩阵 $\boldsymbol{C}$ 必为严格对角占优或不可约弱对角占优矩阵. 因此得到 $|\boldsymbol{C}|\neq 0$, 这与式 (7.19) 矛盾. 因此 $|\lambda|<1$.

定理 7.6 SOR 迭代法收敛的必要条件是 $0<\omega<2$.

证明 设 SOR 迭代法的迭代矩阵 (7.17) 的 n 个特征值为 $\lambda_1,\lambda_2,\cdots,\lambda_n$. 由于 SOR 迭代收敛, 则由定理 7.2, 得知 $|\lambda_i|\leqslant\rho(L_\omega)<1$, $i=1,2,\cdots,n$. 又

$$\lambda_1\lambda_2\cdots\lambda_n=|\boldsymbol{L}_\omega|=\left|(\boldsymbol{D}-\omega\boldsymbol{L})^{-1}\left[(1-\omega)\boldsymbol{D}+\omega\boldsymbol{U}\right]\right|$$

$$= \left|(I - \omega D^{-1}L)^{-1}\left[(1-\omega)I + \omega D^{-1}U\right]\right|$$
$$= (1-\omega)^n,$$

所以

$$|(1-\omega)^n| = |\lambda_1\lambda_2\cdots\lambda_n| < (\rho(L_\omega))^n < 1,$$

得到 $0 < \omega < 2$.

定理 7.6 只是确定了松弛因子 ω 可选范围, 至于怎样选择松弛因子才能使 SOR 收敛或有更好的收敛性的讨论见文献 [6]. 实际上, 目前还没有关于最佳松弛因子的实用结果.

定理 7.7 对于线性方程组 (7.1), 如果系数矩阵 $\boldsymbol{A}$ 是对称正定的, 则当 $0 < \omega < 2$ 时, SOR 迭代收敛.

证明 设 λ 是 $\boldsymbol{L}_\omega$ 的任意一个特征值, $\boldsymbol{x} \neq \boldsymbol{0}$ 是相应的特征向量. 由定理 7.2 可知, 只需证明 $|\lambda| < 1$ 即可. $\boldsymbol{A}$ 对称正定, 则其对角元素必都全大于 0, $\boldsymbol{D}$ 也对称正定.

由于

$$\boldsymbol{L}_\omega\boldsymbol{x} = (\boldsymbol{D} - \omega\boldsymbol{L})^{-1}\left[(1-\omega)\boldsymbol{D} + \omega\boldsymbol{L}^{\mathrm{T}}\right]\boldsymbol{x} = \lambda\boldsymbol{x},$$

进而

$$\left[(1-\omega)\boldsymbol{D} + \omega\boldsymbol{L}^{\mathrm{T}}\right]\boldsymbol{x} = \lambda(\boldsymbol{D} - \omega\boldsymbol{L})\boldsymbol{x},$$

两边关于 $\boldsymbol{x}$ 做内积, 推出

$$(1-\omega)(\boldsymbol{D}\boldsymbol{x}, \boldsymbol{x}) + \omega\left(\boldsymbol{L}^{\mathrm{T}}\boldsymbol{x}, \boldsymbol{x}\right) = \lambda\left[(\boldsymbol{D}\boldsymbol{x}, \boldsymbol{x}) - \omega(\boldsymbol{L}\boldsymbol{x}, \boldsymbol{x})\right].$$

若令 $\sigma = (\boldsymbol{D}\boldsymbol{x}, \boldsymbol{x}), \alpha + \mathrm{j}\beta = (\boldsymbol{L}\boldsymbol{x}, \boldsymbol{x})$, 则

$$|\lambda|^2 = \frac{(\sigma - \omega\sigma + \omega\alpha)^2 + \omega^2\beta^2}{(\sigma - \omega\alpha)^2 + \omega^2\beta^2}.$$

注意到 $0 < \omega < 2$, $\sigma > 0$, 和

$$0 < (\boldsymbol{A}\boldsymbol{x}, \boldsymbol{x}) = (\boldsymbol{D}\boldsymbol{x}, \boldsymbol{x}) - (\boldsymbol{L}\boldsymbol{x}, \boldsymbol{x}) - \left(\boldsymbol{L}^{\mathrm{T}}\boldsymbol{x}, \boldsymbol{x}\right)$$
$$= \sigma - (\alpha + \mathrm{j}\beta) - (\alpha - \mathrm{j}\beta)$$
$$= \sigma - 2\alpha,$$

有

$$(\sigma - \omega\sigma + \omega\alpha)^2 - (\sigma - \omega\alpha)^2 = -(2-\omega)\sigma\omega(\sigma - 2\alpha) < 0,$$

于是, 有 $|\lambda| < 1$. 证毕!

这里需要指出, 定理 7.7 也表明系数矩阵 $\boldsymbol{A}$ 是对称正定时, 高斯–塞德尔迭代收敛.

7.3 共轭梯度法

在寻求线性代数方程组 (7.1) 的解法方面, 我们已经提出了基于初等变换的消去法和基于不动点原理的迭代法, 且这两类方法对于对称正定矩阵方程组都有效. 本节针对对称正定矩阵方程组继续探讨一种基于变分原理的方法, 称之为**共轭梯度法**, 简称CG.

设线性方程组 (7.1) 的系数矩阵 $\boldsymbol{A}$ 是 n 阶对称正定矩阵, 定义二次函数

$$\varphi(x) = \frac{1}{2}\boldsymbol{x}^{\mathrm{T}}\boldsymbol{A}\boldsymbol{x} - \boldsymbol{b}^{\mathrm{T}}\boldsymbol{x}, \tag{7.20}$$

显然, $\varphi(x)$ 在 $\mathbf{R}^n$ 上有且仅有一个极小值点 $\boldsymbol{x}^*$, 满足

$$\varphi'(\boldsymbol{x}^*) = \boldsymbol{A}\boldsymbol{x}^* - \boldsymbol{b} = \boldsymbol{0}.$$

上述说明这样一个事实：对称正定矩阵方程组 $\boldsymbol{A}\boldsymbol{x} = \boldsymbol{b}$ 的求解等价于二次函数 (7.20) 的极小值问题

$$\min_{x\in\mathbf{R}^n} \varphi(\boldsymbol{x}). \tag{7.21}$$

求极小值问题 (7.21), 通常的做法就好像盲人下山那样, 假定任意给定的点 $\boldsymbol{x}^{(0)}$ 是盲人的出发位置, 选定一个下山的方向 $\boldsymbol{p}^{(0)}$, 然后沿着经过点 $\boldsymbol{x}^{(0)}$ 而方向为 $\boldsymbol{p}^{(0)}$ 的直线

$$\boldsymbol{x} = \boldsymbol{x}^{(0)} + \alpha\boldsymbol{p}^{(0)}.$$

走, 找一个点

$$\boldsymbol{x}^{(1)} = \boldsymbol{x}^{(0)} + \alpha_0\boldsymbol{p}^{(0)},$$

使得

$$\varphi(\boldsymbol{x}^{(0)} + \alpha_0\boldsymbol{p}^{(0)}) = \min_{\alpha\in\mathbf{R}} \varphi(\boldsymbol{x}^{(0)} + \alpha\boldsymbol{p}^{(0)}),$$

其中 α_0 为下山步长. 然后, 以 $\boldsymbol{x}^{(1)}$ 为出发点, 重复上述过程.

假定已经走到 $\boldsymbol{x}^{(k)}$, 选定下山方向为 $\boldsymbol{p}^{(k)}$, 我们考虑如何确定步长 α_k. 令

$$f(\alpha) \equiv \varphi(\boldsymbol{x}^{(k)} + \alpha\boldsymbol{p}^{(k)}),\ \boldsymbol{r}^{(k)} = \boldsymbol{b} - \boldsymbol{A}\boldsymbol{x}^{(k)},$$

则由

$$f(\alpha) = \frac{1}{2}(\boldsymbol{x}^{(k)} + \alpha\boldsymbol{p}^{(k)})^{\mathrm{T}}\boldsymbol{A}(\boldsymbol{x}^{(k)} + \alpha\boldsymbol{p}^{(k)}) - \boldsymbol{b}^{\mathrm{T}}(\boldsymbol{x}^{(k)} + \alpha\boldsymbol{p}^{(k)})$$

$$
= \varphi\left(\boldsymbol{x}^{(k)}\right) - \alpha\left(\boldsymbol{r}^{(k)}\right)^{\mathrm{T}} \boldsymbol{p}^{(k)} + \frac{1}{2}\alpha^2\left(\boldsymbol{p}^{(k)}\right)^{\mathrm{T}} \boldsymbol{A}\boldsymbol{p}^{(k)},
$$

$$
f'(\alpha) = -\left(\boldsymbol{r}^{(k)}\right)^{\mathrm{T}} \boldsymbol{p}^{(k)} + \alpha\left(\boldsymbol{p}^{(k)}\right)^{\mathrm{T}} \boldsymbol{A}\boldsymbol{p}^{(k)},
$$

得到下山步长

$$
\alpha_k = \frac{(\boldsymbol{r}^{(k)})^{\mathrm{T}}\boldsymbol{p}^{(k)}}{(\boldsymbol{p}^{(k)})^{\mathrm{T}}\boldsymbol{A}\boldsymbol{p}^{(k)}} \tag{7.22}
$$

和最小值点

$$
\boldsymbol{x}^{(k+1)} = \boldsymbol{x}^{(k)} + \alpha_k \boldsymbol{p}^{(k)}. \tag{7.23}
$$

现在的问题是, 怎样选择下山方向 $\boldsymbol{p}^{(k)}$? 我们知道, $\varphi(\boldsymbol{x})$ 增长最快的方向是梯度方向, 因此负梯度方向就是 $\varphi(\boldsymbol{x})$ 减小最快的方向. 于是, 一个简单而直观的选择就是, 取 $\boldsymbol{p}^{(k)}$ 为点 $\boldsymbol{x}^{(k)}$ 的负梯度方向, 即 $\boldsymbol{p}^{(k)} = \boldsymbol{r}^{(k)}$. 这样形成的求极小值问题 (7.21) 的方法, 称之为最速下降法.

算法 1 (最速下降法)

输入: 系数矩阵 $\boldsymbol{A}$, $\boldsymbol{b}$, 初始向量 $\boldsymbol{x}^{(0)}$, 控制精度 ε, 最大迭代步数 N;

输出: 迭代步数 k, 近似解 $\boldsymbol{x}^{(k)}$.

计算 $\boldsymbol{r}^{(0)} = \boldsymbol{b} - \boldsymbol{A}\boldsymbol{x}^{(0)}$;

置 $k = 0$;

while $k < N$

  if $\left|\boldsymbol{r}^{(k)}\right| \leqslant \varepsilon$, break, end;

  $\alpha_k = \dfrac{(\boldsymbol{r}^{(k)})^{\mathrm{T}}\boldsymbol{r}^{(k)}}{(\boldsymbol{r}^{(k)})^{\mathrm{T}}\boldsymbol{A}\boldsymbol{r}^{(k)}}$;

  $\boldsymbol{x}^{(k+1)} = \boldsymbol{x}^{(k)} + \alpha_k \boldsymbol{r}^{(k)}$;

  $\boldsymbol{r}^{(k+1)} = \boldsymbol{b} - \boldsymbol{A}\boldsymbol{x}^{(k+1)}$;

  $k = k + 1$;

end

定理 7.8 设对称正定矩阵 $\boldsymbol{A}$ 的特征值为 $0 < \lambda_1 \leqslant \lambda_2 \leqslant \cdots \leqslant \lambda_n$, 则由最速下降法产生的序列 $\{\boldsymbol{x}^{(k)}\}$ 满足

$$
\left\|\boldsymbol{x}^{(k)} - \boldsymbol{x}^*\right\|_{\boldsymbol{A}} \leqslant \left(\frac{\lambda_n - \lambda_1}{\lambda_n + \lambda_1}\right)^k \left\|\boldsymbol{x}^{(0)} - \boldsymbol{x}^*\right\|_{\boldsymbol{A}}, \tag{7.24}
$$

其中 $\|\boldsymbol{x}\|_{\boldsymbol{A}} = \sqrt{\boldsymbol{x}^{\mathrm{T}}\boldsymbol{A}\boldsymbol{x}}$.

证明见参考文献 [16].

定理 7.8 表明, 理论上最速下降法总是收敛的. 但是, 当 $\lambda_n \gg \lambda_1$ 时, 收敛速度是非常慢的. 在实际应用中, 这种情况很容易发生, 因此, 实际计算中很少使用.

最速下降法中, 每一步选择的方向 $\boldsymbol{p}^{(k)}$ 都是使二次函数 $\varphi(x)$ 在点 $\boldsymbol{x}^{(k)}$ 处下降最快的方向 $\boldsymbol{r}^{(k)}$. 但对于整体来说, 它并不一定是下降最快的方向. 我们注意到:

$$\begin{aligned}(\boldsymbol{r}^{(k)},\boldsymbol{p}^{(k-1)}) &= \left(\boldsymbol{b}-\boldsymbol{A}\boldsymbol{x}^{(k)},\boldsymbol{p}^{(k-1)}\right)\\ &= \left(\boldsymbol{b}-\boldsymbol{A}\boldsymbol{x}^{(k-1)}-\alpha_{k-1}\boldsymbol{A}\boldsymbol{p}^{(k-1)},\boldsymbol{p}^{(k-1)}\right)\\ &= (\boldsymbol{r}^{(k-1)},\boldsymbol{p}^{(k-1)})-\alpha_{k-1}(\boldsymbol{A}\boldsymbol{p}^{(k-1)},\boldsymbol{p}^{(k-1)})\\ &= 0,\end{aligned}$$

即负梯度方向 $\boldsymbol{r}^{(k)}$ 与下山方向 $\boldsymbol{p}^{(k-1)}$ 总是正交的. 因此, $\boldsymbol{r}^{(k)}$ 与 $\boldsymbol{p}^{(k-1)}$ 能张成一个过点 $\boldsymbol{x}^{(k)}$ 的二维平面 $\boldsymbol{\pi}_2$(见图 7.1). 假设 $\boldsymbol{r}^{(k)}\neq\boldsymbol{0}$(否则 $\boldsymbol{x}^{(k)}$ 已经是方程组 $\boldsymbol{A}\boldsymbol{x}=\boldsymbol{b}$ 的解), 我们要在平面 $\boldsymbol{\pi}_2$ 内沿着方向 $\boldsymbol{p}^{(k)}=\boldsymbol{r}^{(k)}+\beta\boldsymbol{p}^{(k-1)}$, 寻找函数 $f(\alpha,\beta)\equiv\varphi(\boldsymbol{x}^{(k)}+\alpha\boldsymbol{p}^{(k)})$ 的极小点.

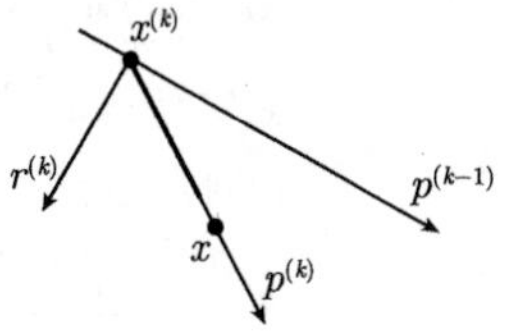

图 7.1

因为二元函数 $f(\alpha,\beta)$ 在极小值点处的偏导数都为零, 即

$$\frac{\partial f}{\partial\alpha}=\left(\boldsymbol{A}\left(\boldsymbol{x}^{(k)}+\alpha\boldsymbol{p}^{(k)}\right)-\boldsymbol{b}\right)^{\mathrm{T}}\boldsymbol{p}^{(k)}=0,$$
$$\frac{\partial f}{\partial\beta}=\alpha\left(\boldsymbol{A}\left(\boldsymbol{x}^{(k)}+\alpha\boldsymbol{p}^{(k)}\right)-\boldsymbol{b}\right)^{\mathrm{T}}\boldsymbol{p}^{(k-1)}=0,$$

由上面方程组推出

$$\left(\boldsymbol{p}^{(k-1)}\right)^{\mathrm{T}}\boldsymbol{A}\boldsymbol{p}^{(k)}=\boldsymbol{0},\tag{7.25}$$

$$\beta=-\frac{\left(\boldsymbol{r}^{(k)}\right)^{\mathrm{T}}\boldsymbol{A}\boldsymbol{p}^{(k-1)}}{\left(\boldsymbol{p}^{(k-1)}\right)^{\mathrm{T}}\boldsymbol{A}\boldsymbol{p}^{(k-1)}},\tag{7.26}$$

$$\alpha=-\frac{\left(\boldsymbol{r}^{(k)}\right)^{\mathrm{T}}\boldsymbol{p}^{(k)}}{\left(\boldsymbol{p}^{(k)}\right)^{\mathrm{T}}\boldsymbol{A}\boldsymbol{p}^{(k)}},\tag{7.27}$$

式 (2.25) 表明 $\boldsymbol{p}^{(k)}$ 与 $\boldsymbol{p}^{(k-1)}$ 关于 $\boldsymbol{A}$ 正交, 也称 $\boldsymbol{p}^{(k)}$ 与 $\boldsymbol{p}^{(k-1)}$ 关于 $\boldsymbol{A}$ 共轭.

综合上述, 我们得到一种新的下山算法. 即从点 $\boldsymbol{x}^{(k)}$ 出发, 沿着与 $\boldsymbol{p}^{(k-1)}$ 关于 $\boldsymbol{A}$ 共轭的方向 (共轭梯度)

$$\boldsymbol{p}^{(k)}=\boldsymbol{r}^{(k)}+\beta_k\boldsymbol{p}^{(k-1)},\ \text{其中}\ \beta_k=-\frac{\left(\boldsymbol{r}^{(k)}\right)^{\mathrm{T}}\boldsymbol{A}\boldsymbol{p}^{(k-1)}}{\left(\boldsymbol{p}^{(k-1)}\right)^{\mathrm{T}}\boldsymbol{A}\boldsymbol{p}^{(k-1)}}.$$

找到了使函数 $\varphi(x)$ 取极小值的点

$$\boldsymbol{x}^{(k+1)}=\boldsymbol{x}^{(k)}+\alpha_k\boldsymbol{p}^{(k)},\ \text{其中}\ \alpha_k=-\frac{\left(\boldsymbol{r}^{(k)}\right)^{\mathrm{T}}\boldsymbol{p}^{(k)}}{\left(\boldsymbol{p}^{(k)}\right)^{\mathrm{T}}\boldsymbol{A}\boldsymbol{p}^{(k)}}.$$

接下来重复这个过程, 形成了一个算法, 称之为共轭梯度法.

算法 2 (共轭梯度)

输入: 系数矩阵 $\boldsymbol{A}$, $\boldsymbol{b}$, 初始向量 $\boldsymbol{x}^{(0)}$, 控制精度 ε, 最大迭代步数 N;

输出: 迭代步数 k, 近似解 $\boldsymbol{x}^{(k)}$.

计算 $\boldsymbol{r}^{(0)}=\boldsymbol{b}-\boldsymbol{A}\boldsymbol{x}^{(0)}$; $\boldsymbol{p}^{(0)}=\boldsymbol{r}^{(0)}$;

置 $k=0$;

while $k<N$

  if $\left|\boldsymbol{r}^{(k)}\right|\leqslant\varepsilon$, break, end

  $\alpha_k=\dfrac{(\boldsymbol{p}^{(k)})^{\mathrm{T}}\boldsymbol{r}^{(k)}}{(\boldsymbol{p}^{(k)})^{\mathrm{T}}\boldsymbol{A}\boldsymbol{p}^{(k)}}$;

  $\boldsymbol{x}^{(k+1)}=\boldsymbol{x}^{(k)}+\boldsymbol{\alpha}_k\boldsymbol{p}^{(k)}$;

  $\boldsymbol{r}^{(k+1)}=\boldsymbol{b}-\boldsymbol{A}\boldsymbol{x}^{(k+1)}$;

  $\beta_k=-\dfrac{(\boldsymbol{r}^{(k+1)})^{\mathrm{T}}\boldsymbol{A}\boldsymbol{p}^{(k)}}{(\boldsymbol{p}^{(k)})^{\mathrm{T}}\boldsymbol{A}\boldsymbol{p}^{(k)}}$;

  $\boldsymbol{p}^{(k+1)}=\boldsymbol{r}^{(k+1)}+\beta_k\boldsymbol{p}^{(k)}$

  $k=k+1$;

end

定理 7.9 设 $\boldsymbol{A}$ 为 n 阶对称正定矩阵, 则算法 2 产生的向量 $\{\boldsymbol{r}^{(i)}\}$, $\{\boldsymbol{p}^{(i)}\}$ 有如下性质:

(1) $(\boldsymbol{p}^{(i)})^{\mathrm{T}}\boldsymbol{r}^{(j)}=0,\ 0\leqslant i<j$;

(2) $(\boldsymbol{r}^{(i)})^{\mathrm{T}}\boldsymbol{r}^{(j)}=0,\ i\neq j$;

(3) $(\boldsymbol{p}^{(i)})^{\mathrm{T}}\boldsymbol{A}\boldsymbol{p}^{(j)}=0,\ i\neq j$.

证明 对 j 用归纳法. 当 $j=1$ 时, 因为

$$\begin{aligned}
\boldsymbol{p}^{(0)}&=\boldsymbol{r}^{(0)},\\
\boldsymbol{x}^{(1)}&=\boldsymbol{x}^{(0)}+\alpha_0\boldsymbol{p}^{(0)},\\
\boldsymbol{r}^{(1)}&=\boldsymbol{r}^{(0)}-\alpha_0\boldsymbol{A}\boldsymbol{p}^{(0)},\\
\boldsymbol{p}^{(1)}&=\boldsymbol{r}^{(1)}+\beta_1\boldsymbol{p}^{(0)},
\end{aligned}$$

所以

$$(\boldsymbol{p}^{(0)})^{\mathrm{T}}\boldsymbol{r}^{(1)}=(\boldsymbol{r}^{(0)})^{\mathrm{T}}(\boldsymbol{r}^{(0)}-\alpha_0\boldsymbol{A}\boldsymbol{p}^{(0)})=(\boldsymbol{r}^{(0)})^{\mathrm{T}}\boldsymbol{p}^{(0)}-\alpha_0(\boldsymbol{r}^{(0)})^{\mathrm{T}}\boldsymbol{A}\boldsymbol{p}^{(0)}=0,$$

$$(\boldsymbol{r}^{(0)})^{\mathrm{T}}\boldsymbol{r}^{(1)}=(\boldsymbol{p}^{(0)})^{\mathrm{T}}\boldsymbol{r}^{(1)}=0,$$

$$(\boldsymbol{p}^{(0)})^{\mathrm{T}}\boldsymbol{A}\boldsymbol{p}^{(1)}=\left(\boldsymbol{p}^{(0)}\right)^{\mathrm{T}}\boldsymbol{A}(\boldsymbol{r}^{(1)}+\beta_1\boldsymbol{p}^{(0)})=\boldsymbol{r}^{(1)}\boldsymbol{A}\boldsymbol{p}^{(0)}+\beta_1(\boldsymbol{p}^{(0)})^{\mathrm{T}}\boldsymbol{A}\boldsymbol{p}^{(0)}=0.$$

因此定理成立.

现在假设定理对 $j=k$ 成立, 我们来证明 $j=k+1$ 也成立. 因为

$$\boldsymbol{r}^{(k+1)}=\boldsymbol{b}-\boldsymbol{A}(\boldsymbol{x}^{(k)}+\alpha_k\boldsymbol{p}^{(k)})=\boldsymbol{r}^{(k)}-\alpha_k\boldsymbol{A}\boldsymbol{p}^{(k)},$$
$$(\boldsymbol{p}^{(i)})^{\mathrm{T}}\boldsymbol{r}^{(k+1)}=(\boldsymbol{p}^{(i)})^{\mathrm{T}}\boldsymbol{r}^{(k)}-\alpha_k(\boldsymbol{p}^{(i)})^{\mathrm{T}}\boldsymbol{A}\boldsymbol{p}^{(k)},$$

故由归纳假设, 当 $i\leqslant k-1$ 时, $(\boldsymbol{p}^{(i)})^{\mathrm{T}}\boldsymbol{r}^{(k+1)}=0$. 而当 $i=k$ 时,

$$(\boldsymbol{p}^{(k)})^{\mathrm{T}}\boldsymbol{r}^{(k+1)}=(\boldsymbol{p}^{(k)})^{\mathrm{T}}\boldsymbol{r}^{(k)}-\alpha_k(\boldsymbol{p}^{(k)})^{\mathrm{T}}\boldsymbol{A}\boldsymbol{p}^{(k)}=0,$$

因此, 对 $j=k+1$ 定理的结论 (1) 成立.

因为

$$\begin{aligned}(\boldsymbol{r}^{(i)})^{\mathrm{T}}\boldsymbol{r}^{(k+1)}&=(\boldsymbol{r}^{(i)})^{\mathrm{T}}\boldsymbol{r}^{(k)}-\alpha_k(\boldsymbol{r}^{(i)})^{\mathrm{T}}\boldsymbol{A}\boldsymbol{p}^{(k)}\\&=(\boldsymbol{r}^{(i)})^{\mathrm{T}}\boldsymbol{r}^{(k)}-\alpha_k(\boldsymbol{p}^{(i)}-\beta_{i-1}\boldsymbol{p}^{(i-1)})\boldsymbol{A}\boldsymbol{p}^{(k)}\\&=\left(\boldsymbol{r}^{(i)}\right)^{\mathrm{T}}\boldsymbol{r}^{(k)}-\alpha_k\left(\boldsymbol{p}^{(i)}\boldsymbol{A}\boldsymbol{p}^{(k)}-\beta_{i-1}\boldsymbol{p}^{(i-1)}\boldsymbol{A}\boldsymbol{p}^{(k)}\right),\end{aligned}$$

故由归纳假设, 当 $i\leqslant k-1$ 时, $(\boldsymbol{r}^{(i)})^{\mathrm{T}}\boldsymbol{r}^{(k+1)}=0$. 而当 $i=k$ 时,

$$\begin{aligned}(\boldsymbol{r}^{(k)})^{\mathrm{T}}\boldsymbol{r}^{(k+1)}&=(\boldsymbol{r}^{(k)})^{\mathrm{T}}\boldsymbol{r}^{(k)}-\alpha_k\boldsymbol{p}^{(k)}\boldsymbol{A}\boldsymbol{p}^{(k)}\\&=(\boldsymbol{r}^{(k)})^{\mathrm{T}}\left(\boldsymbol{r}^{(k)}-\boldsymbol{p}^{(k)}\right)\\&=\beta_{k-1}(\boldsymbol{r}^{(k)})^{\mathrm{T}}\boldsymbol{p}^{(k-1)}\\&=0,\end{aligned}$$

因此, 定理的结论 (2) 对 $j=k+1$ 成立.

因为

$$(\boldsymbol{p}^{(i)})^{\mathrm{T}}\boldsymbol{A}\boldsymbol{p}^{(k+1)}=(\boldsymbol{p}^{(i)})^{\mathrm{T}}\boldsymbol{A}\boldsymbol{r}^{(k+1)}+\beta_k(\boldsymbol{p}^{(i)})^{\mathrm{T}}\boldsymbol{A}\boldsymbol{p}^{(k)},$$

注意到

$$(\boldsymbol{p}^{(i)})^{\mathrm{T}}\boldsymbol{A}=\frac{1}{\alpha_i}(\boldsymbol{r}^{(i)}-\boldsymbol{r}^{(i+1)})^{\mathrm{T}},$$

所以

$$(\boldsymbol{p}^{(i)})^{\mathrm{T}}\boldsymbol{A}\boldsymbol{p}^{(k+1)}=\frac{1}{\alpha_i}(\boldsymbol{r}^{(i)}-\boldsymbol{r}^{(i+1)})^{\mathrm{T}}\boldsymbol{r}^{(k+1)}+\beta_k(\boldsymbol{p}^{(i)})^{\mathrm{T}}\boldsymbol{A}\boldsymbol{p}^{(k)},$$

故由归纳假设, 当 $i\leqslant k-1$ 时, $(\boldsymbol{p}^{(i)})^{\mathrm{T}}\boldsymbol{A}\boldsymbol{p}^{(k+1)}=0$. 而当 $i=k$ 时,

$$(\boldsymbol{p}^{(k)})^{\mathrm{T}}\boldsymbol{A}\boldsymbol{p}^{(k+1)}=(\boldsymbol{p}^{(k)})^{\mathrm{T}}\boldsymbol{A}\boldsymbol{r}^{(k+1)}+\beta_k(\boldsymbol{p}^{(k)})^{\mathrm{T}}\boldsymbol{A}\boldsymbol{p}^{(k)}=0,$$

因此, 定理的结论 (3) 对 $j=k+1$ 成立.

定理 7.9 的结论 (2) 表明, 残向量序列 $\{\boldsymbol{r}^{(i)}\}$ 是正交的, 结论 (3) 表明 $\{\boldsymbol{p}^{(i)}\}$ 是关于矩阵 $\boldsymbol{A}$ 共轭的. 因此, 从任意初始向量 $\boldsymbol{x}^{(0)}$ 出发, 共轭梯度法最多在 n 步迭代后得到准确解 $\boldsymbol{x}^*$, 即 $\boldsymbol{r}^{(n)}=\boldsymbol{0}$. 然而, 实际计算中, 由于舍入误差的影响, 残向量序列 $\{\boldsymbol{r}^{(i)}\}$ 的正交性很快便会失去. 因此, 共轭梯度法最多在 n 步迭代后得到准确解 $\boldsymbol{x}^*$ 这一理论结果就难于保证, 它最终还是要看成迭代法, 有下面的收敛定理.

定理 7.10　设对称正定矩阵 $\boldsymbol{A}$ 的特征值为 $0<\lambda_1\leqslant\lambda_2\leqslant\cdots\leqslant\lambda_n$, 则共轭梯度法 (算法 2) 产生的序列 $\{\boldsymbol{x}^{(k)}\}$ 有如下误差估计

$$\left\|\boldsymbol{x}^{(k)}-\boldsymbol{x}^*\right\|_{\boldsymbol{A}}\leqslant 2\left(\frac{\sqrt{\lambda_n}-\sqrt{\lambda_1}}{\sqrt{\lambda_n}+\sqrt{\lambda_1}}\right)^k\left\|\boldsymbol{x}^{(0)}-\boldsymbol{x}^*\right\|_{\boldsymbol{A}}. \tag{7.28}$$

证明见参考文献 [16].

显然, 共轭梯度法比最速下降法在有了明显改善, 但对于特征值均匀分散在一个很大区间的对称正定矩阵有可能收敛很慢, 甚至不收敛. 因此, 人们提出了一些对矩阵 $\boldsymbol{A}$ 进行预处理的共轭梯度法, 有关结论请参考文献 [16]. 无论如何, 共轭梯度法的优势还是很明显的, 它不仅具有理论上的有限步收敛性, 而且还具有直接并行性. 同时大量实际计算也表明, 它是计算大型对称正定矩阵方程问题最有效算法之一.

为了算法 2 更加高效, 可以利用定理 7.9 简化相关运算. 由

$$(\boldsymbol{r}^{(k+1)})^{\mathrm{T}}\boldsymbol{A}\boldsymbol{p}^{(k)}=\frac{1}{\alpha_k}(\boldsymbol{r}^{(k+1)})^{\mathrm{T}}(\boldsymbol{r}^{(k)}-\boldsymbol{r}^{(k+1)})=-\frac{1}{\alpha_k}(\boldsymbol{r}^{(k+1)})^{\mathrm{T}}\boldsymbol{r}^{(k+1)},$$
$$(\boldsymbol{p}^{(k)})^{\mathrm{T}}\boldsymbol{A}\boldsymbol{p}^{(k)}=\frac{1}{\alpha_k}(\boldsymbol{p}^{(k)})^{\mathrm{T}}\boldsymbol{r}^{(k)}=\frac{1}{\alpha_k}(\boldsymbol{r}^{(k)}+\beta_{k-1}\boldsymbol{p}^{(k-1)})^{\mathrm{T}}\boldsymbol{r}^{(k)}=\frac{1}{\alpha_k}(\boldsymbol{r}^{(k)})^{\mathrm{T}}\boldsymbol{r}^{(k)}.$$

可得

$$\alpha_k=\frac{(\boldsymbol{r}^{(k)})^{\mathrm{T}}\boldsymbol{r}^{(k)}}{(\boldsymbol{p}^{(k)})^{\mathrm{T}}\boldsymbol{A}\boldsymbol{p}^{(k)}},$$
$$\beta_k=\frac{(\boldsymbol{r}^{(k+1)})^{\mathrm{T}}\boldsymbol{r}^{(k+1)}}{(\boldsymbol{r}^{(k)})^{\mathrm{T}}\boldsymbol{r}^{(k)}}.$$

算法 3　(实用共轭梯度法)

输入: 系数矩阵 $\boldsymbol{A}$, $\boldsymbol{b}$, 初始向量 $\boldsymbol{x}$, 控制精度 ε, 最大迭代步数 N;

输出: 迭代步数 k, 近似解 $\boldsymbol{x}$.

计算 $\boldsymbol{r}=\boldsymbol{b}-\boldsymbol{A}\boldsymbol{x}$; $\boldsymbol{p}=\boldsymbol{r}$;

计算 $e0=r^Tr$;

置 $k=0$;

```
while k < N
        if e0 ⩽ ε, break, end;
        ω = Ap;  α = e0/(pᵀω);
        x = x + αp;
        r = r − αω;  e = rᵀr;  β = e/e0;
        p = r + βp;
        e0 = e;
        k = k + 1;
end
```

例 7　分别用最速下降法和共轭梯度法解方程组

$$\begin{pmatrix} 4 & 3.8 & 0 \\ 3.8 & 4 & -1.1 \\ 0 & -1.1 & 4 \end{pmatrix} \boldsymbol{x} = \begin{pmatrix} 24 \\ 20 \\ -24 \end{pmatrix}.$$

解　系数矩阵 $\boldsymbol{A}$ 的特征值: 0.0440, 4.0000, 7.9560. 取初始向量 $\boldsymbol{x}^{(0)} = (0,0,0)^{\mathrm{T}}$, 控制精度 $\varepsilon = 10^{-10}$, 计算结果见表 7.7.

表 7.7　计算结果

方法	迭代步数 k	近似解 $\boldsymbol{x}^{(k)}$			残差 $\left(\boldsymbol{r}^{(k)}\right)^{\mathrm{T}} \boldsymbol{r}^{(k)}$
最速下降法	922	−0.5142	6.8570	−4.1143	9.7062e−011
共轭梯度法	3	−0.5143	6.8571	−4.1143	1.9784e−026

表 7.7 表明, 共轭梯度法比最速下降法收敛性更好!

本章总结

本章介绍解线性代数方程组的迭代法. 迭代法有存储空间小、计算简单和并行性的特点, 所以对于大型稀疏线性代数方程组, 迭代法更有优越性. 但是, 使用迭代法必须考虑收敛性问题, 不收敛的算法是不能使用的.

雅可比迭代、高斯–塞德尔迭代是最简单的迭代法, 它们有着悠久的历史并起着重要的作用, 但实际应用较多的是 SOR 迭代. 选择好的松弛因子的 SOR 迭代比雅可比迭代、高斯–塞德尔迭代收敛快的多.

共轭梯度法是针对对称正定矩阵方程的最有效算法之一. 它不仅有迭代法的存储空间小、计算简单和并行性的特点, 而且还有直接法的有限步完成的优势.

无论是简单迭代法, 还是共轭梯度法, 它们面对病态矩阵方程时, 都有可能出现数值稳定性问题. 病态方程组的求解是一个很重要的课题, 这方面的研究结果请参考文献 [3].

习 题 7

1. 设方程组 $\boldsymbol{Ax}=\boldsymbol{b}$ 的系数矩阵为

$$\boldsymbol{A}_1=\begin{pmatrix}2 & -1 & 1\\ 1 & 1 & 1\\ 1 & 1 & -2\end{pmatrix},\ \boldsymbol{A}_2=\begin{pmatrix}1 & 2 & -2\\ 1 & 1 & 1\\ 2 & 2 & 1\end{pmatrix}.$$

考察雅可比迭代和高斯–塞德尔迭代对 $\boldsymbol{A}_1$, $\boldsymbol{A}_2$ 的收敛性.

2. 设 $\boldsymbol{B}\in\mathbf{R}^{n\times n}$, 其谱半径 $\rho(\boldsymbol{B})=0$. 证明对任意的 $\boldsymbol{g}$, $\boldsymbol{x}_0\in\mathbf{R}^n$, 迭代格式

$$\boldsymbol{x}_{k+1}=\boldsymbol{B}\boldsymbol{x}_k+\boldsymbol{g},\ k=0,1,2,\cdots$$

最多迭代 n 次就可得到方程 $\boldsymbol{x}=\boldsymbol{Bx}+\boldsymbol{g}$ 的精确解.

3. 若存在对称正定阵 $\boldsymbol{P}$, 使 $\boldsymbol{B}=\boldsymbol{P}-\boldsymbol{H}^{\mathrm{T}}\boldsymbol{PH}$ 为对称正定矩阵, 试证迭代法

$$\boldsymbol{x}_{k+1}=\boldsymbol{H}\boldsymbol{x}_k+\boldsymbol{b},\ k=0,1,2,\cdots$$

收敛.

4. 设线性方程组 $\boldsymbol{Ax}=\boldsymbol{b}$ 的系数矩阵为

$$\boldsymbol{A}=\begin{bmatrix}a & 1 & 3\\ 1 & a & 2\\ -3 & 2 & a\end{bmatrix},$$

试求能使雅可比迭代法收敛的 a 的取值范围.

5. 用 SOR 迭代法解方程组 (分别取松弛因子 $\omega=1.03$, $\omega=1$, $\omega=1.1$)

$$\begin{cases}x_1+x_2=1,\\ -x_1-4x_2-x_3=4,\\ -x_1+4x_3=-3.\end{cases}$$

精确解 $\boldsymbol{x}^*=\left(\dfrac{1}{2},1,-\dfrac{1}{2}\right)^{\mathrm{T}}$. 要求 $\left\|\boldsymbol{x}^*-\boldsymbol{x}^{(k)}\right\|_\infty<5\times10^{-6}$ 时迭代终止, 并且对每一个 ω 值确定迭代次数.

6. 设线性方程组 $\boldsymbol{Ax}=\boldsymbol{b}$, 使其中 $\boldsymbol{A}$ 为对称正定阵, 迭代公式

$$\boldsymbol{x}_{k+1}=\boldsymbol{x}_k+\omega(\boldsymbol{b}-\boldsymbol{A}\boldsymbol{x}_k),\ k=0,1,2,\cdots$$

试证: 当 $0<\omega<\dfrac{2}{\beta}$ 时上述迭代法收敛 (其中 $0<\alpha\leqslant\lambda(\boldsymbol{A})\leqslant\beta$).

7. 设 $\boldsymbol{x}_k$ 是由最速下降法产生的, 证明

$$\varphi(x_k)\leqslant\left(1-\frac{1}{k_2(A)}\right)\varphi(x_{k-1}),\ k_2(\boldsymbol{A})=\|\boldsymbol{A}\|_2\left\|\boldsymbol{A}^{-1}\right\|_2.$$

8. 取 $\boldsymbol{x}_0 = \mathbf{0}$, 用共轭梯度法求解线性方程:

$$\begin{pmatrix} 4 & 3 & 0 \\ 3 & 4 & -1 \\ 0 & -1 & 4 \end{pmatrix}\begin{pmatrix} x_1 \\ x_2 \\ x_3 \end{pmatrix} = \begin{pmatrix} 3 \\ 5 \\ -5 \end{pmatrix}.$$

9. 设 $\boldsymbol{A} \in \mathbf{R}^{n\times n}$ 为对称正定阵, $\boldsymbol{p}_1, \boldsymbol{p}_2, \cdots, \boldsymbol{p}_k \in \mathbf{R}^n$ 是相互共轭正交的, 即 $\boldsymbol{p}_i^{\mathrm{T}}\boldsymbol{A}\boldsymbol{p}_j = 0,\ i \neq j$, 证明: $\boldsymbol{p}_1, \boldsymbol{p}_2, \cdots, \boldsymbol{p}_k$ 线性无关.

计算实习 7

考虑解 Poisson 方程边值问题

$$\begin{cases} \dfrac{\partial^2 u}{\partial x^2} + \dfrac{\partial^2 u}{\partial y^2} = \left(x^2 + y^2\right)\mathrm{e}^{xy},\ x,\ y \in (0,1)\times(0,1), \\ u(0,y) = 1, u(1,y) = \mathrm{e}^y,\ y \in [0,1], \\ u(x,0) = 1, u(x,1) = \mathrm{e}^x,\ x \in [0,1] \end{cases}$$

的五点差分格式

$$\begin{cases} 4u_{i,j} - u_{i+1,j} - u_{i-1,j} - u_{i,j+1} - u_{i,j-1} = h^2 f_{i,j}, \\ i,j = 0,1,\cdots,n, \end{cases} \tag{7.29}$$

其中 $u_{i,j}$ 表示 $u(x_i, y_j)$ 的近似值, $h = \dfrac{1}{n}$, $x_i = ih$, $y_j = jh$, $i,\ j = 0,1,\cdots,n$. 选择不同的 n, 分别用雅可比迭代、高斯–塞德尔迭代、SOR 和共轭梯度法求解方程组 (7.29), 比较计算结果, 并给出你的结论.

第 8 章

Chapter 8

矩阵特征值问题的解法

8.1 问题的提出

在科学技术领域中, 例如动力系统的振动问题、电力系统的静态稳定分析、工程设计中的某些临界值的确定等, 都可归结为求 n 阶矩阵 $\boldsymbol{A}$ 的特征值和特征向量问题. 即求数 λ 和非零向量 $\boldsymbol{x}$, 使满足

$$\boldsymbol{A}\boldsymbol{x} = \lambda\boldsymbol{x}, \tag{8.1}$$

其中数 λ 称为矩阵 $\boldsymbol{A}$ 的特征值, 非零向量 $\boldsymbol{x}$ 称为矩阵 $\boldsymbol{A}$ 的特征向量.

关于特征值问题 (8.1) 解的存在性的结论, 在很多有关线性代数的著作和教材中都有充分的体现, 尤其是 J.H.Wilkinson 的专著 [9] 若认真研读的话, 一定会受益匪浅. 另外, 实际问题一般来说是用 n 阶实矩阵 $\boldsymbol{A} = (a_{ij})_{n\times n}$ 来描述的. 因此, 本章主要介绍 n 阶实矩阵 $\boldsymbol{A} = (a_{ij})_{n\times n}$ 的特征值与特征向量的数值求解方法.

线性代数的理论告诉我们, 求解特征值问题 (8.1) 方法是:

(1) 解 n 次特征多项式方程 $|\boldsymbol{A} - \lambda\boldsymbol{E}| = 0$, 得到全部特征值 $\lambda_1, \lambda_2, \cdots, \lambda_n$;

(2) 对每一个特征值 $\lambda_i (i = 1, 2, \cdots, n)$ 解齐次方程组

$$(\boldsymbol{A} - \lambda_i\boldsymbol{E})\,\boldsymbol{x} = \boldsymbol{0},$$

得到相应的特征向量. 显然, 这种办法对于具有一定规模的矩阵是难于实现的. 因此, 它不能作为解特征值问题的有效算法. 目前在计算机上比较常用的方法有迭代法 (如幂法、反幂法等) 和变换法 (QR 方法等).

8.2 求指定特征值的幂法

幂法是一种计算实矩阵的主特征值 (模最大、模最小) 及其对应的特征向量的有效迭代方法, 特别适合于大型稀疏矩阵.

假设 $\boldsymbol{A} \in \mathbf{R}^{n\times n}$ 的 n 个特征值为 $\lambda_1, \lambda_2, \cdots, \lambda_n$, 相应的线性无关特征向量为 $x_1, x_2, \cdots, x_n$. 下面讨论 $\boldsymbol{A}$ 的模最大、模最小特征值的幂法.

8.2.1 求 $\boldsymbol{A}$ 的按模最大特征值的正幂法

如果 $\boldsymbol{A}$ 的特征值满足 $|\lambda_1| > |\lambda_2| \geqslant \cdots \geqslant |\lambda_n|$, 则取一个非零的初始向量 $\boldsymbol{v}^{(0)} \in \mathbf{R}^n$, 有

$$\boldsymbol{v}^{(0)} = k_1\boldsymbol{x}_1 + k_2\boldsymbol{x}_2 + \cdots + k_n\boldsymbol{x}_n,$$

$$\begin{aligned}\boldsymbol{v}^{(m)} = \boldsymbol{A}^m\boldsymbol{v}^{(0)} &= k_1\lambda_1^m\boldsymbol{x}_1 + k_2\lambda_2^m\boldsymbol{x}_2 + \cdots + k_n\lambda_n^m\boldsymbol{x}_n \\ &= \lambda_1^m\left(k_1\boldsymbol{x}_1 + k_2\frac{\lambda_2^m}{\lambda_1^m}\boldsymbol{x}_2 + \cdots + k_n\frac{\lambda_n^m}{\lambda_1^m}\boldsymbol{x}_n\right).\end{aligned}$$

显然, 当 m 充分大时, 有

$$\boldsymbol{v}^{(m)} = \boldsymbol{A}^m\boldsymbol{v}^{(0)} \approx \lambda_1^m\boldsymbol{k}_1\boldsymbol{x}_1,$$

进而

$$\boldsymbol{v}^{(m+1)} = \boldsymbol{A}\left(\boldsymbol{A}^m\boldsymbol{v}^{(0)}\right) \approx \lambda_1\left(\boldsymbol{A}^m\boldsymbol{v}^{(0)}\right) \approx \lambda_1\boldsymbol{v}^{(m)}. \tag{8.2}$$

这表明, $\boldsymbol{v}^{(m)}$ 可作为矩阵 $\boldsymbol{A}$ 的按模最大特征值 λ_1 的相应的特征向量, 矩阵 $\boldsymbol{A}$ 的按模最大特征值 λ_1 为

$$\lambda_1 \approx \frac{\left(\boldsymbol{v}^{(m)}, \boldsymbol{v}^{(m+1)}\right)}{\left(\boldsymbol{v}^{(m)}, \boldsymbol{v}^{(m)}\right)} \tag{8.3}$$

或

$$\lambda_1 \approx \frac{\boldsymbol{v}_q^{(m+1)}}{\boldsymbol{v}_q^{(m)}}, \quad \left|\boldsymbol{v}_q^{(m)}\right| = \max_{1\leqslant i\leqslant n}\left(\left|\boldsymbol{v}_i^{(m)}\right|\right). \tag{8.4}$$

如果矩阵 $\boldsymbol{A}$ 的特征值满足 $|\lambda_1| = |\lambda_2| = \cdots = |\lambda_r| > |\lambda_{r+1}| \geqslant \cdots \geqslant |\lambda_n|$, 则对于非零初始向量 $\boldsymbol{v}^{(0)} \in \mathbf{R}^n$, 有

$$\boldsymbol{v}^{(0)} = k_1\boldsymbol{x}_1 + k_2\boldsymbol{x}_2 + \cdots + k_n\boldsymbol{x}_n,$$

$$\begin{aligned}\boldsymbol{v}^{(m)} = \boldsymbol{A}^m\boldsymbol{v}^{(0)} &= \lambda_1^m\left(\sum_{i=1}^{r}k_i\boldsymbol{x}_i\right) + k_{r+1}\lambda_{r+1}^m\boldsymbol{x}_{r+1} + \cdots + k_n\frac{\lambda_n^m}{\lambda_1^m}\boldsymbol{x}_n \\ &= \lambda_1^m\left(\sum_{i=1}^{r}k_i\boldsymbol{x}_i + k_{r+1}\frac{\lambda_{r+1}^m}{\lambda_1^m}\boldsymbol{x}_{r+1} + \cdots + k_n\frac{\lambda_n^m}{\lambda_1^m}\boldsymbol{x}_n\right).\end{aligned}$$

显然, 当 m 充分大时, 有

$$\boldsymbol{v}^{(m)}=\boldsymbol{A}^m\boldsymbol{v}^{(0)}\approx\lambda_1^m\left(\sum_{i=1}^r k_i\boldsymbol{x}_i\right),$$

进而

$$\boldsymbol{v}^{(m+1)}=\boldsymbol{A}(\boldsymbol{A}^m\boldsymbol{v}^{(0)})\approx\lambda_1(\boldsymbol{A}^m\boldsymbol{v}^{(0)})\approx\lambda_1\boldsymbol{v}^{(m)}. \tag{8.5}$$

这表明, $\boldsymbol{A}$ 的主特征值 λ_1 是重根时, 幂法也能收敛到它.

显然, 幂法具有线性收敛速度, 且依赖于比值 $\dfrac{|\lambda_2|}{|\lambda_1|}$ 的大小. 另外在幂法的计算过程中, 量 $(\boldsymbol{v}^{(m)},\boldsymbol{v}^{(m)})$ 或 $\boldsymbol{v}_q^{(m)}$ 有可能很大, 有数值稳定性问题. 解决这个问题的办法, 就是每步迭代向量 $\boldsymbol{v}^{(m)}$ 单位化. 控制收敛可以按照前后两次特征值绝对误差, 或者残差 $\boldsymbol{\delta}=\boldsymbol{A}\boldsymbol{v}^{(m)}-\lambda_1\boldsymbol{v}^{(m)}$, 或者两者兼顾均可.

综合上述, 得到求 $\boldsymbol{A}$ 的按模最大特征值和特征向量的幂法, 常称之为正幂法, 它是相对于将要介绍的反幂法而言的.

算法 1 (基于 $\|\bullet\|_2$ 的正幂法)

输入: $\boldsymbol{A}$, 控制精度 ε, 初始向量 x, 最大迭代次数 N;

输出: $\boldsymbol{A}$ 的按模最大特征值 λ 和相应的单位化的特征向量 $\boldsymbol{v}$, 迭代次数 k;

$k=0$; $\boldsymbol{x}=\boldsymbol{x}/\|\boldsymbol{x}\|_2$;

while $k<N$

  $k=k+1$;

  $\boldsymbol{v}=\boldsymbol{A}\boldsymbol{x}$; $\lambda=\boldsymbol{v}^{\mathrm{T}}\boldsymbol{x}$; $\boldsymbol{v}=\boldsymbol{v}/\|\boldsymbol{v}\|_2$;

  if $\|\boldsymbol{A}\boldsymbol{v}-\lambda\boldsymbol{v}\|_2\leqslant\varepsilon$, break, end;

  $\boldsymbol{x}=\boldsymbol{v}$;

end

算法 2 (基于 $\|\bullet\|_\infty$ 的正幂法)

输入: $\boldsymbol{A}$, 控制精度 ε, 初始向量 x, 最大迭代次数 N;

输出: $\boldsymbol{A}$ 的按模最大特征值 λ 和相应的单位化的特征向量 $\boldsymbol{x}$, 迭代次数 k;

$k=0$; $[x_q,q]=\max\limits_{1\leqslant i\leqslant n}\{|x_i|\}$; %$q$, x_q 分别为向量 x 的按模最大分量的位置和相应分量.

while $k<N$

  $k=k+1$;

  $\boldsymbol{x}=\boldsymbol{A}\boldsymbol{x}$; $\lambda=x_q$;

  $[x_q,q]=\max\limits_{1\leqslant i\leqslant n}\{|x_i|\}$;

  $\boldsymbol{x}=\boldsymbol{x}/\boldsymbol{x}_q$;

  if $\|\boldsymbol{A}\boldsymbol{x}-\lambda\boldsymbol{x}\|_\infty\leqslant\varepsilon$, break, end;

end

【注】计算经验告诉我们, 取初始向量 $\boldsymbol{x}=(1,1,\cdots,1)^{\mathrm{T}}$ 为宜.

例 1　用正幂法求矩阵

$$\boldsymbol{A}=\begin{pmatrix}2&3&2\\10&3&4\\3&6&1\end{pmatrix}$$

的按模最大特征值及特征向量. $\boldsymbol{A}$ 特征值的精确解为 $\lambda_1=11,\ \lambda_2=-3,\ \lambda_3=-2$.

解　应用算法 2, 取 $\boldsymbol{v}^{(0)}=(1,1,1)^{\mathrm{T}}$, $\varepsilon=10^{-5}$, 最大迭代步 $N=100$. 计算结果见表 8.1.

表 8.1　计算结果

k		$\boldsymbol{v}^{(k)}$		$\lambda_{\max}^{(k)}$	$\left\Vert \boldsymbol{A}\boldsymbol{v}^{(k)}-\lambda_{\max}^{(k)}\boldsymbol{v}^{(k)}\right\Vert_\infty$
0	1.0000	1.0000	1.0000	0	1.7000e+001
1	0.4118	1.0000	0.5882	7.0000	3.7059e+000
2	0.5280	1.0000	0.8261	9.4706	2.1133e+000
3	0.4928	1.0000	0.7260	11.5839	7.5222e−001
4	0.5020	1.0000	0.7574	10.8316	2.1816e−001
5	0.4995	1.0000	0.7478	11.0498	6.3893e−002
6	0.5001	1.0000	0.7506	10.9859	1.8047e−002
7	0.5000	1.0000	0.7498	11.0040	5.0498e−003
8	0.5000	1.0000	0.7500	10.9989	1.3993e−003
9	0.5000	1.0000	0.7500	11.0003	3.8573e−004
10	0.5000	1.0000	0.7500	10.9999	1.0594e−004
11	0.5000	1.0000	0.7500	11.0000	2.9027e−005
12	0.5000	1.0000	0.7500	11.0000	7.9410e−006

$\boldsymbol{A}$ 的按模最大特征值及相应特征向量:

$$\lambda_1\approx 11.0000,\ \boldsymbol{x}_1\approx(0.5000,1.0000,0.7500)^{\mathrm{T}}.$$

8.2.2　求 $\boldsymbol{A}$ 的按模最小特征值的反幂法

不妨设 $\boldsymbol{A}\in\mathbf{R}^{n\times n}$ 为非奇异矩阵 (否则存在常数 μ, 使 $\boldsymbol{A}+\mu\boldsymbol{E}$ 为非奇异矩阵), $\boldsymbol{A}$ 的特征值满足,

$$|\lambda_1|\geqslant|\lambda_2|\geqslant\cdots|\lambda_{n-1}|>|\lambda_n|>0,$$

则 $\boldsymbol{A}^{-1}$ 特征值 $\mu_i=\dfrac{1}{\lambda_i}$, 相应的特征向量 $\boldsymbol{x}_i$, 且满足

$$\frac{1}{|\lambda_1|}\leqslant\frac{1}{|\lambda_2|}\leqslant\cdots\leqslant\frac{1}{|\lambda_{n-1}|}<\frac{1}{|\lambda_n|}.$$

因此, 计算 $\boldsymbol{A}$ 的按模最小的特征值 λ_n 的问题, 等价于计算 $\boldsymbol{A}^{-1}$ 的按模最大的特征值问题. 对于 $\boldsymbol{A}^{-1}$ 应用正幂法 (称为反幂法), 可求矩阵 $\boldsymbol{A}^{-1}$ 的按模最大特征值 $\dfrac{1}{\lambda_n}$.

算法 3 (基于 $\|\bullet\|_2$ 的反幂法)

输入: $\boldsymbol{A}$, 控制精度 ε, 初始向量 x, 最大迭代次数 N;

输出: $\boldsymbol{A}$ 的按模最小特征值 λ, 相应的单位化的特征向量 $\boldsymbol{v}$, 迭代次数 k;

$k=0$; $\boldsymbol{x}=\boldsymbol{x}/\|\boldsymbol{x}\|_2$; $\lambda_0=0$;

while $k<N$

  $k=k+1$;

  解方程组: $\boldsymbol{Av}=\boldsymbol{x}$; $\%\boldsymbol{v}=\boldsymbol{A}^{-1}\boldsymbol{x}$.

  $\lambda=1/\boldsymbol{v}^{\mathrm{T}}\boldsymbol{x}$; $\boldsymbol{v}=\boldsymbol{v}/\|\boldsymbol{v}\|_2$;

  if $|\lambda-\lambda_0|\leqslant\varepsilon$, break, end;

  $\boldsymbol{x}=\boldsymbol{v}$;

  $\lambda_0=\lambda$;

end

算法 4 (基于 $\|\bullet\|_\infty$ 的反幂法)

输入: $\boldsymbol{A}$, 控制精度 ε, 初始向量 $\boldsymbol{x}$, 最大迭代次数 N;

输出: $\boldsymbol{A}$ 的按模最小特征值 λ, 相应的单位化的特征向量 $\boldsymbol{x}$, 迭代次数 k;

$k=0$; $[q,x_q]=\max\limits_{1\leqslant i\leqslant n}\{|x_i|\}$; $\lambda_0=x_q$;

while $k<N$

  $k=k+1$;

  解方程$\boldsymbol{Ax}=\boldsymbol{x}$;

  $\lambda=x_q$; $\lambda=1/\lambda$;

  $[x_q,q]=\max\limits_{1\leqslant i\leqslant n}\{|x_i|\}$;

  $\boldsymbol{x}=\boldsymbol{x}/x_q$;

  if $|\lambda-\lambda_0|\leqslant\varepsilon$, break, end;

  $\lambda_0=\lambda$

end

例 2 用反幂法求例 1 的矩阵的按模最小的特征值和相应特征向量. $\boldsymbol{A}$ 特征值的精确解为 $\lambda_1=11$, $\lambda_2=-3$, $\lambda_3=-2$.

解 应用算法 4, 取 $\boldsymbol{v}^{(0)}=(1,1,1)^{\mathrm{T}}$, $\varepsilon=10^{-5}$, 最大迭代步 $N=100$. 计算结果见表 8.2.

表 8.2 计算结果

k		$\boldsymbol{v}^{(k)}$		$\lambda_{\min}^{(k)}$	$\left\|\lambda_{\min}^{(k)}-\lambda_{\min}^{(k-1)}\right\|$
0	1.0000	1.0000	1.0000	1.0000	1.0000e+000
1	−0.2500	0.4167	1.0000	−11.0000	1.2000e+001
2	−0.3947	−0.2588	1.0000	−1.7368	9.2632e+000
3	−0.2759	−0.2824	1.0000	−1.5223	2.1454e−001
4	−0.2485	−0.3379	1.0000	−1.7731	2.5083e−001

续表

k	$\boldsymbol{v}^{(k)}$			$\lambda_{\min}^{(k)}$	$\left\|\lambda_{\min}^{(k)}-\lambda_{\min}^{(k-1)}\right\|$
5	−0.2293	−0.3605	1.0000	−1.8507	7.7576e−002
6	−0.2187	−0.3751	1.0000	−1.9067	5.6021e−002
7	−0.2121	−0.3839	1.0000	−1.9394	3.2686e−002
8	−0.2079	−0.3895	1.0000	−1.9605	2.1042e−002
9	−0.2052	−0.3931	1.0000	−1.9740	1.3513e−002
10	−0.2034	−0.3954	1.0000	−1.9828	8.8255e−003
11	−0.2023	−0.3970	1.0000	−1.9886	5.7979e−003
12	−0.2015	−0.3980	1.0000	−1.9924	3.8290e−003
13	−0.2010	−0.3987	1.0000	−1.9950	2.5365e−003
14	−0.2007	−0.3991	1.0000	−1.9966	1.6840e−003
15	−0.2004	−0.3994	1.0000	−1.9978	1.1195e−003
16	−0.2003	−0.3996	1.0000	−1.9985	7.4495e−004
17	−0.2002	−0.3997	1.0000	−1.9990	4.9602e−004
18	−0.2001	−0.3998	1.0000	−1.9993	3.3041e−004
19	−0.2001	−0.3999	1.0000	−1.9996	2.2015e−004
20	−0.2001	−0.3999	1.0000	−1.9997	1.4671e−004
21	−0.2000	−0.3999	1.0000	−1.9998	9.7785e−005
22	−0.2000	−0.4000	1.0000	−1.9999	6.5179e−005
23	−0.2000	−0.4000	1.0000	−1.9999	4.3448e−005
24	−0.2000	−0.4000	1.0000	−1.9999	2.8963e−005
25	−0.2000	−0.4000	1.0000	−2.0000	1.9308e−005
26	−0.2000	−0.4000	1.0000	−2.0000	1.2872e−005
27	−0.2000	−0.4000	1.0000	−2.0000	8.5808e−006

8.2.3 求 $\boldsymbol{A}$ 的某指定特征值 $\boldsymbol{\lambda_q}$ 的幂法

对于任意的数 p, 矩阵 $\boldsymbol{A}-p\boldsymbol{E}$ 的特征值为 $\lambda_1-p,\lambda_2-p,\cdots,\lambda_n-p$, 特征向量仍为 $\boldsymbol{x}_1,\boldsymbol{x}_2,\cdots,\boldsymbol{x}_n$. 数 p 实际上起到了使特征值向左位移的作用, 称它为原点位移因子. 如果取定的数 p 充分靠近 λ_q, 则 $\mu_q=\lambda_q-p$ 为矩阵 $\boldsymbol{A}-p\boldsymbol{E}$ 的按模最小的特征值. 因此, 对矩阵 $\boldsymbol{A}-p\boldsymbol{E}$ 施行反幂法, 将得到 (λ_q-p) 的近似值, 进而得到 λ_q 的近似值, 这一方法称为原点位移法.

算法 5 (原点位移算法)

输入: $\boldsymbol{A}$, 控制精度 ε, 初始向量 $\boldsymbol{x}$ 且 $x_q=1$, 位移因子 p, 最大迭代次数 N;

输出: $\boldsymbol{A}$ 的靠近 p 的特征值 λ, 单位化的特征向量 $\boldsymbol{x}$, 迭代次数 k;

$\lambda_0=p$;

```
while k < N_2
    k = k + 1;
    解方程 (A − λ_0 E) x = x;
    λ = x_q;  λ = λ_0 + 1/λ;
    [x_q, q] = max_{1≤i≤n} {|x_i|};
    x = x/x_q;
    if |λ − λ_0| ≤ ε_2, break, end;
    λ_0 = λ;
end
```

显然, 原点位移法应用的前提是知道矩阵 $\boldsymbol{A}$ 的某特征值 λ_q 估计值 p. 原点位移法可以用来加速幂法 (正、反幂法) 的收敛性. 基本思想是, 先用幂法得到特征值和特征向量的预估值, 然后用预估值作为位移因子进行原点位移校正, 这称之为动态原点位移算法. 下面介绍求按模最大特征值的动态原点位移算法和求按模最小特征值动态原点位移算法.

算法 6 (求按模最大特征值的动态原点位移算法)

输入: $\boldsymbol{A}$, 控制精度 ε_1 和 $\varepsilon_2(\varepsilon_1 > \varepsilon_2)$, 初始向量 $\boldsymbol{x}$, 最大迭代次数 N_1, N_2;
输出: $\boldsymbol{A}$ 的按模最大特征值 λ, 单位化的特征向量 $\boldsymbol{x}$, 迭代次数 k;
执行算法 2; %到精度 ε_1 或步数为 N_1 停止, 得到特征值和特征向量的预估值 λ 和 $\boldsymbol{x}$, 迭代步数 k.
执行算法 5; %以 λ 作为位移因子进行原点位移校正, 精度到 ε_2 或步数为 N_2 停止.
执行算法 5;

算法 7 (求按模最小特征值的动态原点位移算法)

输入: $\boldsymbol{A}$, 控制精度 ε_1 和 $\varepsilon_2(\varepsilon_1 > \varepsilon_2)$, 初始向量 $\boldsymbol{x}$, 最大迭代次数 N_1, N_2;
输出: $\boldsymbol{A}$ 的按模最小特征值 λ, 单位化的特征向量 $\boldsymbol{x}$, 迭代次数 k;
执行算法 4; %到精度 ε_1 或步数为 N_1 停止, 得到特征值和特征向量的预估值 λ 和 x, 迭代步数 k.
执行算法 5; %以 λ 作为位移因子进行原点位移校正, 精度到 ε_2 或步数为 N_2 停止.
执行算法 5;

例 3 用动态位移算法求例 1 的矩阵的按模最大和最小特征值.

解 取 $\boldsymbol{v}^{(0)} = (1,1,1)^{\mathrm{T}}$, $\varepsilon_1 = 10^{-1}$, $\varepsilon_2 = 10^{-5}$, 最大迭代步 $N_1 = 10$, $N_2 = 100$. 计算结果见表 8.3.

表 8.3 计算结果

	k	$\lambda^{(k)}$	$\boldsymbol{x}^{(k)}$			$\lvert\lambda^{(k)} - \lambda^{(k-1)}\rvert$
按模最大 (算法 6)	8	11.0000	0.5000	1.0000	0.7500	3.9663e−006
按模最小 (算法 7)	9	−2.0000	−0.2000	−0.4000	1.0000	7.7190e−008

表 8.3 与表 8.1、表 8.2 的结果比较表明, 动态位移法收敛快!

幂法是求矩阵按模最大和最小特征值的有效算法, 即使这个矩阵不满足有完全特征向量系的条件. 如果求矩阵全部特征值, 则幂法就不实用了. 而实际问题大多是需要全部特征值, 如电力系统静态稳定性分析等.

8.3 求全矩阵部特征值的 QR 迭代法

借用幂法的思想, 如果我们从 n 个单位正交化的初始向量 $\boldsymbol{q}_1^{(0)},\boldsymbol{q}_2^{(0)},\cdots,\boldsymbol{q}_n^{(0)}$ 出发, 执行: 对于 $m=1,2,\cdots$

(1) 计算 $\boldsymbol{y}_i^{(m)}=\boldsymbol{A}\boldsymbol{q}_i^{(m-1)},\ i=1,2,\cdots,n$;

(2) 施密特正交化和单位化 (假设 $\boldsymbol{y}_1^{(m)},\boldsymbol{y}_2^{(m)},\cdots,\boldsymbol{y}_n^{(m)}$ 线性无关):

$$
\begin{aligned}
&\boldsymbol{q}_1^{(m)}=\boldsymbol{y}_1^{(m)},\boldsymbol{q}_1^{(m)}\triangleq\boldsymbol{q}_1^{(m)}\Big/\left\|\boldsymbol{q}_1^{(m)}\right\|_2,\\
&\boldsymbol{q}_i^{(m)}=\boldsymbol{y}_i^{(m)}-\sum_{k=1}^{i-1}\left(\boldsymbol{y}_i^{(m)},\boldsymbol{q}_k^{(m)}\right)\boldsymbol{q}_k^{(m)},\\
&\boldsymbol{q}_i^{(m)}\triangleq\boldsymbol{q}_i^{(m)}\Big/\left\|\boldsymbol{q}_i^{(m)}\right\|_2,\\
&i=2,3,\cdots,n.
\end{aligned}
$$

令 $\boldsymbol{Y}^{(m)}=(\boldsymbol{y}_1^{(m)},\ \boldsymbol{y}_2^{(m)},\ \cdots,\ \boldsymbol{y}_n^{(m)})$, $\boldsymbol{Q}^{(m)}=(\boldsymbol{q}_1^{(m)},\ \boldsymbol{q}_2^{(m)},\ \cdots,\ \boldsymbol{q}_n^{(m)})$. 则可写成矩阵形式

$$
\begin{cases}
\boldsymbol{Y}^{(m)}=\boldsymbol{A}\boldsymbol{Q}^{(m-1)},\\
\boldsymbol{Y}^{(m)}=\boldsymbol{Q}^{(m)}\boldsymbol{R}^{(m)},\\
m=1,2,\cdots.
\end{cases}
\tag{8.6}
$$

这里, $\boldsymbol{Q}^{(m)}$ 是正交矩阵, $\boldsymbol{R}^{(m)}$ 是上三角矩阵, $\boldsymbol{Y}^{(m)}=\boldsymbol{Q}^{(m)}\boldsymbol{R}^{(m)}$, 称为矩阵 $Y^{(m)}$ 的正交三角化分解或 QR 分解.

根据幂法的理论, 当 m 充分大以后, $\boldsymbol{Q}^{(m-1)}=\boldsymbol{Q}^{(m)}$, $\boldsymbol{R}^{(m)}$ 显示出矩阵 $\boldsymbol{A}$ 的全部特征值.

例 4 对于下面的矩阵观察算法 (8.6) 的收敛性, 取 $\boldsymbol{Q}^{(0)}=\boldsymbol{E}$, 控制收敛条件为 $t=\left\|\boldsymbol{Q}^{(k)}-\boldsymbol{Q}^{(k-1)}\right\|_\infty\leqslant10^{-8}$.

$$
\boldsymbol{A}=\begin{pmatrix}2&3&4&1\\4&1&3&1\\5&1&3&4\\3&4&2&7\end{pmatrix}.
$$

解　结果见表 8.4.

表 8.4　计算结果

k	$Q^{(k)}$				$R^{(k)}$				t
491	−0.3746	0.7874	0.3863	−0.3007	12.2166	−2.0934	−1.5879	−0.1103	9.9367e−009
	−0.3370	−0.2588	0.6724	0.6060	0	−2.5967	1.2656	0.8723	
	−0.5343	−0.5456	0.0974	−0.6382	0	0	2.4961	−3.7042	
	−0.6787	0.1235	−0.6238	0.3675	0	0	0	0.8840	

表 8.4 看出, 经过 491 次迭代得到 $\left[\boldsymbol{Q}^{(491)}\right]^{-1}\boldsymbol{A}\boldsymbol{Q}^{(491)}=\boldsymbol{R}^{(491)}$ 才显示出矩阵 $\boldsymbol{A}$ 的特征值, 可见算法 (8.6) 的效率很低.

如果取 $\boldsymbol{Q}^{(0)}=\boldsymbol{E}$, 将幂迭代 (8.6) 改进为

$$\begin{cases}\boldsymbol{Y}^{(m)}=\boldsymbol{A}\boldsymbol{Q}^{(m-1)}=\boldsymbol{Q}^{(m)}\boldsymbol{R}^{(m)},\\ \boldsymbol{U}^{(m)}=\left[\boldsymbol{Q}^{(m-1)}\right]^{-1}\boldsymbol{Q}^{(m)},\\ \boldsymbol{Z}^{(m)}=\left[\boldsymbol{Q}^{(m-1)}\right]^{-1}\boldsymbol{Y}^{(m)}=\left[\boldsymbol{Q}^{(m-1)}\right]^{-1}\boldsymbol{A}\boldsymbol{Q}^{(m-1)}=\boldsymbol{U}^{(m)}\boldsymbol{R}^{(m)},\\ m=1,2,\cdots,\end{cases}\tag{8.7}$$

则矩阵 $\boldsymbol{Z}^{(m)}$ 有望显示出矩阵 $\boldsymbol{A}$ 的全部特征值.

又

$$\boldsymbol{Z}^{(m+1)}=\left[\boldsymbol{Q}^{(m)}\right]^{-1}\boldsymbol{A}\boldsymbol{Q}^{(m)}=\boldsymbol{R}^{(m)}\left[\boldsymbol{Q}^{(m-1)}\right]^{-1}\boldsymbol{Q}^{(m)}=\boldsymbol{R}^{(m)}\boldsymbol{U}^{(m)},$$

所以, 幂迭代 (8.7) 等价于

$$\begin{cases}\boldsymbol{Z}^{(0)}=\boldsymbol{A},\\ \boldsymbol{Z}^{(m-1)}=\boldsymbol{Q}^{(m)}\boldsymbol{R}^{(m)},\ \boldsymbol{Z}^{(m)}=\boldsymbol{R}^{(m)}\boldsymbol{Q}^{(m)},\\ m=1,2,\cdots.\end{cases}\tag{8.8}$$

称之为基本 QR 迭代法.

定理 8.1　设 $\boldsymbol{A}\in\mathbf{R}^{n\times n}$, 则基本 QR 迭代算法 (8.8) 产生的矩阵序列 $\left\{\boldsymbol{Z}^{(m)}\right\}$, 满足

$$\lim_{m\to\infty}\boldsymbol{Z}^{(m)}=\boldsymbol{T}.$$

这里

$$\boldsymbol{T}=\begin{pmatrix}t_{11}&t_{12}&\cdots&t_{1m}\\ &t_{22}&\cdots&t_{2m}\\ &&\ddots&\vdots\\ &&&t_{nm}\end{pmatrix},$$

且 $t_{ii}(i=1,2,\cdots,m)$ 为一阶或二阶实方阵, 称之为准上三角矩阵或实 Schur 标准形.

证明见参考文献 [16].

例 5 对于例 4 的矩阵观察算法 (8.8) 的收敛性.

解 结果见表 8.5.

表 8.5 计算结果

k	$\boldsymbol{Z}^{(k)}=\boldsymbol{R}^{(k)}\boldsymbol{Q}^{(k)}$			
10	1.2217e+001	−2.6176e+000	−2.2832e−001	1.1030e−001
	5.2552e−006	−5.8017e−001	3.2026e+000	1.2355e+000
	−5.4568e−007	1.9370e+000	4.7962e−001	3.5994e+000
	−1.6088e−011	−1.6377e−005	−2.3097e−005	8.8396e−001
20	1.2217e+001	−2.5591e+000	−5.9550e−001	1.1027e−001
	9.0266e−013	−1.2772e+000	2.9521e+000	7.1512e−001
	−7.8672e−014	1.6865e+000	1.1766e+000	3.7378e+000
	−6.3332e−023	−3.8935e−010	−7.9162e−010	8.8402e−001

表 8.5 看出, 经过 20 次迭代得到 $\boldsymbol{Z}^{(20)}$ 显示出矩阵 $\boldsymbol{A}$ 的特征值, 可见算法 (8.8) 的效率比算法 (8.6) 高.

基本的 QR 算法是线性收敛的, 其收敛速度取决于特征值之间的分离程度. 另外, 它的每一步运算包括矩阵的正交三角化分解 (QR 分解) 和两个矩阵的乘积, 运算量之大影响了它的实用性. 要改进基本 QR 迭代法, 需要矩阵计算中的两个重要的工具, 即 Householder 变换和 Givens 变换.

8.3.1 基本初等正交变换

定义 8.1 设向量 $\boldsymbol{w}\in\mathbf{R}^n$ 满足 $\boldsymbol{w}^{\mathrm{T}}\boldsymbol{w}=1$, 称矩阵 $\boldsymbol{H}=\boldsymbol{E}-2\boldsymbol{w}\boldsymbol{w}^{\mathrm{T}}$ 为 Householder 变换.

1958 年, 著名数值分析专家 Householder 在研究矩阵特征问题时提出来这种变换, 因此称为 Householder 变换, 也称初等反射矩阵或镜像变换.

Householder 变换具有良好的性质, 即 $\boldsymbol{H}$ 满足:

(1) 对称性 $\boldsymbol{H}^{\mathrm{T}}=\boldsymbol{H}$;

(2) 正交性 $\boldsymbol{H}^{\mathrm{T}}\boldsymbol{H}=\boldsymbol{E}$;

(3) 对合性 $\boldsymbol{H}^2=\boldsymbol{E}$;

(4) 反射性 对任意的 $\boldsymbol{x}\in\mathbf{R}^n$, $\boldsymbol{H}\boldsymbol{x}$ 是 $\boldsymbol{x}$ 关于 $\boldsymbol{w}$ 的垂直超平面的镜像反射. 如图 8.1 所示.

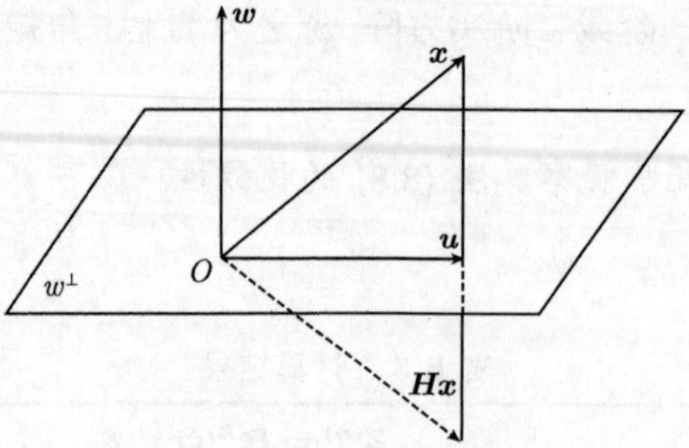

图 8.1

(5) 设 $\boldsymbol{x},\boldsymbol{y}\in\mathbf{R}^n$, 如果 $\|\boldsymbol{x}\|_2=\|\boldsymbol{y}\|_2$, 则存在 Household 变换 $\boldsymbol{H}$, 使 $\boldsymbol{Hx}=\boldsymbol{y}$.

证明 (1)~(3) 证明留给读者作练习.

关于性质 (4) 的证明：对任意的 $\boldsymbol{x}\in\mathbf{R}^n$, 有 $\boldsymbol{x}=\boldsymbol{u}+\alpha\boldsymbol{w}$, 其中 $\boldsymbol{u}\in\boldsymbol{w}^{\perp},\alpha\in\mathbf{R}$. 由

$$\boldsymbol{Hx}=(\boldsymbol{E}-2\boldsymbol{w}\boldsymbol{w}^{\mathrm{T}})(\boldsymbol{u}+\alpha\boldsymbol{w})=\boldsymbol{u}+\alpha\boldsymbol{w}-2\boldsymbol{w}(\boldsymbol{w}^{\mathrm{T}}\boldsymbol{u})-2\alpha\boldsymbol{w}(\boldsymbol{w}^{\mathrm{T}}\boldsymbol{w})=\boldsymbol{u}-\alpha\boldsymbol{w},$$

说明 $\boldsymbol{Hx}$ 为 $\boldsymbol{x}$ 关于 $\boldsymbol{w}$ 的垂直超平面 $\boldsymbol{w}^{\perp}$ 的镜像反射.

关于性质 (5) 的证明：由

$$\boldsymbol{Hx}=(\boldsymbol{E}-2\boldsymbol{w}\boldsymbol{w}^{\mathrm{T}})\boldsymbol{x}=\boldsymbol{x}-2(\boldsymbol{w}^{\mathrm{T}}\boldsymbol{x})\boldsymbol{w}=\boldsymbol{y},$$

推出 $\boldsymbol{w}=\dfrac{\boldsymbol{x}-\boldsymbol{y}}{\|\boldsymbol{x}-\boldsymbol{y}\|_2}$, 因此 $\boldsymbol{H}=\boldsymbol{E}-\dfrac{2}{\|\boldsymbol{x}-\boldsymbol{y}\|_2^2}(\boldsymbol{x}-\boldsymbol{y})(\boldsymbol{x}-\boldsymbol{y})^{\mathrm{T}}$, 即为所求.

性质 (5) 体现了 Householder 变换 $\boldsymbol{H}$ 的重要作用. 通常是对任意给定的 $\boldsymbol{x}\in\mathbf{R}^n(\boldsymbol{x}\neq\boldsymbol{0})$, 求 Householder 变换 $\boldsymbol{H}$, 使 $\boldsymbol{Hx}=\boldsymbol{y}=-\sigma\boldsymbol{e}_1(\sigma=\pm\|\boldsymbol{x}\|_2,\ \boldsymbol{e}_1=(1,0,\cdots,0)^{\mathrm{T}})$. 此时, 所求 Householder 变换 $\boldsymbol{H}$ 为

$$\boldsymbol{H}=\boldsymbol{E}-\frac{2}{\|\boldsymbol{x}+\sigma\boldsymbol{e}_1\|_2^2}(\boldsymbol{x}+\sigma\boldsymbol{e}_1)(\boldsymbol{x}+\sigma\boldsymbol{e}_1)^{\mathrm{T}}. \tag{8.9}$$

分析式 (8.9) 不难发现：

(1) 要使 $\boldsymbol{u}=\boldsymbol{x}+\sigma\boldsymbol{e}_1$ 不为零, 只要取 $\sigma=\mathrm{sgn}(\boldsymbol{x}_1)\|\boldsymbol{x}\|_2$ 即可!

(2) 要使 $\sigma=\pm\|\boldsymbol{x}\|_2$ 的模不要过大, 只要事先对 x 进行标准化 $\boldsymbol{x}=\boldsymbol{x}/\|\boldsymbol{x}\|_\infty$ 即可!

(3) $\|\boldsymbol{x}+\sigma\boldsymbol{e}_1\|_2^2=(\boldsymbol{x}+\sigma\boldsymbol{e}_1)^{\mathrm{T}}(\boldsymbol{x}+\sigma\boldsymbol{e}_1)=2\sigma(\sigma+x_1)$.

综合上述, 确定 Householder 变换的计算过程为

$$\begin{cases} \mu = \|\boldsymbol{x}\|_\infty, \ \boldsymbol{y} = \boldsymbol{x}/\mu, \\ \sigma = \operatorname{sgn}(y_1)\|\boldsymbol{y}\|_2, \\ \boldsymbol{u} = \boldsymbol{y} + \sigma\boldsymbol{e}_1, \\ \beta = \dfrac{1}{\sigma(\sigma + y_1)}, \\ \boldsymbol{H} = \boldsymbol{E} - \beta\boldsymbol{u}\boldsymbol{u}^{\mathrm{T}}, \\ \sigma \triangleq \mu\sigma, \end{cases}$$

有 $\boldsymbol{H}\boldsymbol{x} = -\sigma\boldsymbol{e}_1$.

算法 8 (Household 变换, 记 $[\sigma, \beta, \boldsymbol{x}] = \text{householder}(\boldsymbol{x})$)

输入: $\boldsymbol{x} \in \mathbf{R}^n$; $\boldsymbol{z} = \boldsymbol{x}$;

输出: σ, β, x; 这样产生了 Household 变换 $\boldsymbol{H} = \boldsymbol{E} - \beta\boldsymbol{x}\boldsymbol{x}^{\mathrm{T}}$ 和 $\boldsymbol{H}\boldsymbol{z} = -\sigma\boldsymbol{e}_1$.

计算 $\mu = \|\boldsymbol{x}\|_\infty$; $\boldsymbol{x} = \boldsymbol{x}/\mu$; $\sigma = \operatorname{sgn}(x_1)\|\boldsymbol{x}\|_2$;

计算 $x_1 = x_1 + \sigma$;

计算 $\beta = 1/(\sigma x_1)$;

计算 $\sigma = \mu\sigma$;

应用 Household 变换可实现矩阵的 QR 分解. 具体步骤是:

第 1 步 针对矩阵 $\boldsymbol{A}$ 的 $\boldsymbol{A}(1:n,1) = (a_{11}, a_{21}\cdots, a_{n1})^{\mathrm{T}}$, 有 Householder 变换

$$[\sigma_1, \beta, \boldsymbol{x}] = \text{householder}(\boldsymbol{A}(1:n,1)),$$

产生的 $\boldsymbol{H}_1 = \boldsymbol{E} - \beta\boldsymbol{x}\boldsymbol{x}^{\mathrm{T}}$, 使得 $\boldsymbol{H}_1\boldsymbol{A}(1:n,1) = -\sigma_1\boldsymbol{e}_1$, 即

$$\boldsymbol{A} \triangleq \boldsymbol{H}_1\boldsymbol{A} = \begin{pmatrix} -\sigma_1 & * \\ \boldsymbol{0} & \tilde{\boldsymbol{A}} \end{pmatrix},$$

同理, 经过 $(k-1)$ 步后, 有

$$\boldsymbol{A} = \boldsymbol{H}_{k-1}\cdots\boldsymbol{H}_1\boldsymbol{A}$$

$$= \begin{pmatrix} a_{11} & \cdots & a_{1,k-1} & a_{1k} & a_{1k+1} & \cdots & a_{1n} \\ & \ddots & \vdots & \vdots & \vdots & & \vdots \\ & & a_{k-1,k-1} & a_{k-1,k} & a_{k-1,k+1} & \cdots & a_{k-1,n} \\ & & & a_{k,k} & a_{k,k+1} & \cdots & a_{k,n} \\ & & & a_{k+1,k} & a_{k+1,k+1} & \cdots & a_{k+1,n} \\ & & & \vdots & \vdots & & \vdots \\ & & & a_{n,k} & a_{n,k+1} & \cdots & a_{n,n} \end{pmatrix}$$

$$=\begin{pmatrix} \boldsymbol{A}(1:k-1,k+1:n) & \boldsymbol{A}(1:k-1,k) & \boldsymbol{A}(1:k-1,k+1:n) \\ \boldsymbol{O} & \boldsymbol{A}(k:n,k) & \boldsymbol{A}(k:n,k+1:n) \end{pmatrix},$$

第 k 步　针对 $\boldsymbol{A}(k:n,k)=(a_{kk},\cdots,a_{nk})^{\mathrm{T}}$, 有 Householder 变换

$$[\sigma_k,\beta,x]=\text{householder}\,(\boldsymbol{A}\,(k:n,k)),$$

产生的 $\tilde{\boldsymbol{H}}_k=\boldsymbol{E}-\beta\boldsymbol{x}\boldsymbol{x}^{\mathrm{T}}$, 使得 $\tilde{\boldsymbol{H}}_k\boldsymbol{A}(k:n,k)=-\sigma_k\boldsymbol{e}_1$. 令

$$\boldsymbol{H}_k=\begin{pmatrix} \boldsymbol{E} & \boldsymbol{O} \\ \boldsymbol{O} & \tilde{\boldsymbol{H}}_k \end{pmatrix},$$

它是正交矩阵, 且

$$\begin{aligned}
\boldsymbol{A}&=\boldsymbol{H}_k\boldsymbol{H}_{k-1}\cdots\boldsymbol{H}_1\boldsymbol{A}\\
&=\boldsymbol{H}_k\begin{pmatrix} \boldsymbol{A}(1:k-1,1:k-1) & \boldsymbol{A}(1:k-1,k) & \boldsymbol{A}(1:k-1,k+1:n) \\ \boldsymbol{O} & \boldsymbol{A}(k:n,k) & \boldsymbol{A}(k:n,k+1:n) \end{pmatrix}\\
&=\begin{pmatrix} \boldsymbol{A}(1:k-1,1:k-1) & \boldsymbol{A}(1:k-1,k) & \boldsymbol{A}(1:k-1,k+1:n) \\ \boldsymbol{O} & \tilde{\boldsymbol{H}}_k A(k:n,k) & \tilde{\boldsymbol{H}}_k A(k:n,k+1:n) \end{pmatrix}\\
&=\begin{pmatrix} \boldsymbol{A}(1:k-1,1:k-1) & \boldsymbol{A}(1:k-1,k) & \boldsymbol{A}(1:k-1,k+1:n) \\ \boldsymbol{O} & -\sigma_k\boldsymbol{e}_1 & \tilde{\boldsymbol{H}}_k A(k:n,k+1:n) \end{pmatrix},
\end{aligned}$$

依次类推, 经过 $(n-1)$ 步 Householder 变换后, 得到

$$\boldsymbol{H}_{n-1}\cdots\boldsymbol{H}_2\boldsymbol{H}_1\boldsymbol{A}=\begin{pmatrix} -\sigma_1 & * & * & * \\ 0 & \ddots & \vdots & \vdots \\ 0 & 0 & -\sigma_{n-1} & * \\ 0 & 0 & 0 & * \end{pmatrix}=\boldsymbol{R}.$$

令 $\boldsymbol{Q}=\boldsymbol{H}_1\boldsymbol{H}_2\cdots\boldsymbol{H}_{n-1}$, 它是正交矩阵, 且有 $\boldsymbol{A}=\boldsymbol{Q}\boldsymbol{R}$.

总结上述, 得到如下 QR 分解算法:

算法 9　(矩阵的 QR 分解, 记 $[\boldsymbol{Q},\boldsymbol{R}]=\text{qr}(\boldsymbol{A})$)

输入: n 阶矩阵 $\boldsymbol{A}$;

输出: n 阶正交矩阵 $\boldsymbol{Q}$ 和上三角矩阵 $\boldsymbol{R}$;

置 $\boldsymbol{Q}=\boldsymbol{E}$; $\boldsymbol{R}=\boldsymbol{A}$;

```
for k = 1 : n − 1
    %对R = H_{k−1} ··· H_1 A的R(k : n, k) = (r_{kk}, r_{k+1,k}, ··· , r_{nk})^T 进行 Householder 变换.
    [σ, β, x] = householder (R(k : n, k));
    %得到R = H_k H_{k−1} ··· H_1 A和Q = QH_k.
    R(k : n, k : n) = R(k : n, k : n) − βxx^T R(k : n, k : n);
    Q(:, k : n) = Q(:, k : n) − βQ(:, k : n)xx^T;
end
```

QR 分解的运算量主要是每步的 Householder 矩阵 $\tilde{\boldsymbol{H}}_k$ 与矩阵 $\boldsymbol{A}(k:n, k+1:n)$ 的乘积, 因此完成 QR 分解的总的乘除运算量大约为

$$2\sum_{k=1}^{n-1}(n-k+1)^2 + 2n\sum_{k=1}^{n-1}(n-k+1) \approx \frac{4}{3}n^3.$$

Householder 变换是把一个向量中的部分分量同时化为零. 如果只需将一个分量化为零, 则应该采用下面的 Givens 变换, 也称平面旋转变换.

定义 8.2 形如

$$\boldsymbol{G}(i,k,\theta) = \begin{pmatrix} 1 & & & & & & & & & \\ & \ddots & & & & & & & & \\ & & 1 & & & & & & & \\ & & & c & & & s & & & \\ & & & & 1 & & & & & \\ & & & & & \ddots & & & & \\ & & & & & & 1 & & & \\ & & & -s & & & c & & & \\ & & & & & & & 1 & & \\ & & & & & & & & \ddots & \\ & & & & & & & & & 1 \end{pmatrix} \begin{matrix} \\ \\ \\ i \\ \\ \\ \\ \mathrm{k} \\ \\ \\ \\ \end{matrix}$$

的矩阵称为Givens 变换. 其中 $c = \cos\theta$, $s = \sin\theta$.

Givens 变换 $\boldsymbol{G} = \boldsymbol{G}(i,k,\theta)$ 具有良好的性质, 满足

(1) 正交性 $\boldsymbol{G}^{\mathrm{T}}\boldsymbol{G} = \boldsymbol{E}$; (证明留给读者作练习)

(2) 平面旋转 设 $\boldsymbol{x} \in \mathbf{R}^n (\boldsymbol{x} \neq \boldsymbol{0})$, 则 $\boldsymbol{y} = \boldsymbol{G}(i,k,\theta)\boldsymbol{x}$ 为

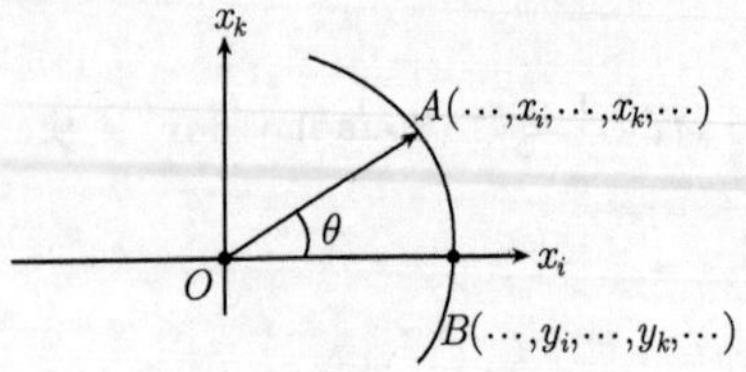

图 8.2

$$\begin{cases} y_i = cx_i + sx_k = \cos(\theta)x_i + \sin(\theta)x_k, \\ y_k = -sx_i + cx_k = -\sin(\theta)x_i + \cos(\theta)x_k, \\ y_j = x_j,\ j \neq i, k. \end{cases}$$

它是把空间上的点 A 沿 x_iOx_k 平面按顺时针方向旋转 θ 角变为点 B. 如图 8.2 所示.

性质 (2) 表明, 欲使 $y_k = 0$, 只要取

$$c = \cos(\theta) = \frac{x_i}{\sqrt{x_i^2 + x_k^2}},\ s = \sin(\theta) = \frac{x_k}{\sqrt{x_i^2 + x_k^2}}, \tag{8.10}$$

就有

$$\boldsymbol{y} = \boldsymbol{G}(i,k,\theta)\boldsymbol{x} = \begin{cases} y_i = \sqrt{x_i^2 + x_k^2}, \\ y_k = 0, \\ y_j = x_j, j \neq i, k. \end{cases} \tag{8.11}$$

算法 10 (平面旋转, 记 $[i, k, c, s, y] = \text{Givens}(x)$)

输入: 向量 x, 分量的指标 i, k;

输出: 分量的指标 i, k; c, s; 向量 $\boldsymbol{y}(\boldsymbol{y} = \boldsymbol{G}(i,k,\theta)\boldsymbol{x})$;

置 $\boldsymbol{y} = \boldsymbol{x}$;

```
if    |x_i| ≥ |x_k|
      τ = x_k / x_i ;  t = 1 / sqrt(1 + τ^2) ;  c = sgn(x_i)t;  s = cτ;
      y_i = |x_i| / t ;  y_k = 0;
else
      τ = x_i / x_k ;  t = 1 / sqrt(1 + τ^2) ;  s = sgn(x_k)t;  c = sτ;
      y_i = |x_k| / t ;  y_k = 0;
end
```

特别指出, 对于形如

$$\boldsymbol{H} = \begin{pmatrix} h_{11} & h_{12} & \cdots & h_{1n} \\ h_{21} & h_{22} & \cdots & h_{2n} \\ & \ddots & \ddots & \vdots \\ & & h_{n,n-1} & h_{nn} \end{pmatrix} \tag{8.12}$$

的矩阵, 采用 Givens 变换进行 QR 分解更简单, 更有效.

定义 8.3 形如式 (8.12) 的矩阵称为上 Hessenberg 矩阵; 特别, 当 $\boldsymbol{H}$ 的所有下次对角元 $h_{i+1,i} \neq 0(i = 1, 2, \cdots, n-1)$ 时, 称为不可约上 Hessenberg 矩阵.

同理, 可定义下 Hessenberg 矩阵和严格下 Hessenberg 矩阵.

上 Hessenberg 矩阵在简化基本 QR 迭代算法上起着非常重要的作用, 因此需要专门讨论.

8.3.2 矩阵的上 Hessenberg 化

所谓矩阵 $\boldsymbol{A} \in \mathbf{R}^{n\times n}$ 的上 Hessenberg 化, 就是求正交相似变换 $\boldsymbol{Q}_0$, 使 $\boldsymbol{Q}_0^{-1}\boldsymbol{A}\boldsymbol{Q}_0 = \boldsymbol{H}$ 为上 Hessenberg 矩阵. 采用 Householder 变换可在 $(n-2)$ 步内完成这一任务, 具体是:

第 1 步 针对矩阵 $\boldsymbol{A}$ 的 $\boldsymbol{A}(2:n,1) = (a_{21},\cdots,a_{n1})^{\mathrm{T}}$, 有 Householder 变换

$$[\sigma_1,\beta,x] = \text{householder}\,(\boldsymbol{A}\,(2:n,1))$$

产生 $\tilde{\boldsymbol{Q}}_1 = \boldsymbol{E} - \beta\boldsymbol{x}\boldsymbol{x}^{\mathrm{T}}$, 使得 $\tilde{\boldsymbol{Q}}_1\boldsymbol{A}(2:n,1) = -\sigma_1\boldsymbol{e}_1$. 令

$$\boldsymbol{Q}_1 = \begin{pmatrix} \mathbf{1} & \boldsymbol{O} \\ \boldsymbol{O} & \tilde{\boldsymbol{Q}}_1 \end{pmatrix},$$

它是正交变换, 且

$$\boldsymbol{A} \triangleq \boldsymbol{Q}_1\boldsymbol{A}\boldsymbol{Q}_1 = \begin{pmatrix} \mathbf{1} & \boldsymbol{O} \\ \boldsymbol{O} & \tilde{\boldsymbol{Q}}_1 \end{pmatrix}\begin{pmatrix} a_{11} & \boldsymbol{A}(1,2:n) \\ \boldsymbol{A}\,(2:n,1) & \boldsymbol{A}\,(2:n,2:n) \end{pmatrix}\begin{pmatrix} 1 & \boldsymbol{O} \\ \boldsymbol{O} & \tilde{\boldsymbol{Q}}_1 \end{pmatrix}$$

$$= \begin{pmatrix} a_{11} & \boldsymbol{A}(1,2:n)\tilde{\boldsymbol{Q}}_1 \\ -\sigma_1\boldsymbol{e}_1 & \tilde{\boldsymbol{Q}}_1\boldsymbol{A}\,(2:n,2:n)\,\tilde{\boldsymbol{Q}}_1 \end{pmatrix},$$

即

$$\boldsymbol{A} = \boldsymbol{Q}_1\boldsymbol{A}\boldsymbol{Q}_1 = \begin{pmatrix} a_{11} & a_{12} & a_{13} & \cdots & a_{1n} \\ a_{21} & a_{22} & a_{23} & \cdots & a_{2n} \\ 0 & a_{32} & a_{33} & \cdots & a_{3n} \\ \vdots & \vdots & \vdots & \ddots & \vdots \\ 0 & a_{n2} & a_{n3} & \cdots & a_{nn} \end{pmatrix}.$$

同理, 经过 $(k-1)$ 步后, 有

$$\boldsymbol{A} = \boldsymbol{Q}_{k-1}\cdots\boldsymbol{Q}_1\boldsymbol{A}\boldsymbol{Q}_1\cdots\boldsymbol{Q}_{k-1}$$

$$= \begin{pmatrix} a_{11} & \cdots & a_{1,k-1} & a_{1k} & a_{1k+1} & \cdots & a_{1n} \\ a_{21} & \ddots & \vdots & \vdots & \vdots & \vdots & \vdots \\ & \ddots & a_{k-1,k-1} & a_{k-1,k} & a_{k-1,k+1} & \cdots & a_{k-1,n} \\ & & a_{k,k-1} & a_{k,k} & a_{k,k+1} & \cdots & a_{k,n} \\ & & & a_{k+1,k} & a_{k+1,k+1} & \cdots & a_{k+1,n} \\ & & & \vdots & \vdots & \vdots & \vdots \\ & & & a_{n,k} & a_{n,k+1} & \cdots & a_{n,n} \end{pmatrix}$$

$$
= \begin{pmatrix} \boldsymbol{A}(1:k-1,1:k-1) & \boldsymbol{A}(1:k-1,k) & \boldsymbol{A}(1:k-1,k+1:n) \\ \boldsymbol{A}(k,1:k-1) & a_{kk} & \boldsymbol{A}(k,k+1:n) \\ \boldsymbol{O} & \boldsymbol{A}(k+1:n,k) & \boldsymbol{A}(k+1:n,k+1:n) \end{pmatrix},
$$

第 $\boldsymbol{k}$ 步 针对 $\boldsymbol{A}(k+1:n,k)=(a_{k+1,k},\cdots,a_{nk})^{\mathrm{T}}$ 有 Householder 变换

$$
[\sigma_k,\beta,\boldsymbol{x}]=\text{householder}\left(\boldsymbol{A}\left(k+1:n,k\right)\right)
$$

产生 $\tilde{\boldsymbol{Q}}_k=\boldsymbol{E}-\beta\boldsymbol{x}\boldsymbol{x}^{\mathrm{T}}$, 使得 $\tilde{\boldsymbol{Q}}_k\boldsymbol{A}(k+1:n,k)=-\sigma_k\boldsymbol{e}_1$. 令

$$
\boldsymbol{Q}_k=\begin{pmatrix} \boldsymbol{E} & \boldsymbol{O} \\ \boldsymbol{O} & \tilde{\boldsymbol{Q}}_k \end{pmatrix}=\begin{pmatrix} \boldsymbol{E} & \boldsymbol{O} & \boldsymbol{O} \\ \boldsymbol{O} & 1 & \boldsymbol{O} \\ \boldsymbol{O} & \boldsymbol{O} & \tilde{\boldsymbol{Q}}_k \end{pmatrix},
$$

它是正交矩阵, 且

$$
\begin{aligned}
\boldsymbol{A} &= \boldsymbol{Q}_k\boldsymbol{Q}_{k-1}\cdots\boldsymbol{Q}_1\boldsymbol{A}\boldsymbol{Q}_1\cdots\boldsymbol{Q}_{k-1}\boldsymbol{Q}_k \\
&= \boldsymbol{Q}_k\begin{pmatrix} \boldsymbol{A}(1:k-1,1:k-1) & \boldsymbol{A}(1:k-1,k) & \boldsymbol{A}(1:k-1,k+1:n) \\ \boldsymbol{A}(k,1:k-1) & a_{kk} & \boldsymbol{A}(k,k+1:n) \\ \boldsymbol{O} & \boldsymbol{A}(k+1:n,k) & \boldsymbol{A}(k+1:n,k+1:n) \end{pmatrix}\boldsymbol{Q}_k \\
&= \begin{pmatrix} \boldsymbol{A}(1:k-1,1:k-1) & \boldsymbol{A}(1:k-1,k) & \boldsymbol{A}(1:k-1,k+1:n)\tilde{\boldsymbol{Q}}_k \\ \boldsymbol{A}(k,1:k-1) & a_{kk} & \boldsymbol{A}(k,k+1:n)\tilde{\boldsymbol{Q}}_k \\ \boldsymbol{O} & \tilde{\boldsymbol{Q}}_k\boldsymbol{A}(k+1:n,k) & \tilde{\boldsymbol{Q}}_k\boldsymbol{A}(k+1:n,k+1:n)\tilde{\boldsymbol{Q}}_k \end{pmatrix} \\
&= \begin{pmatrix} \boldsymbol{A}(1:k-1,1:k-1) & \boldsymbol{A}(1:k-1,k) & \boldsymbol{A}(1:k-1,k+1:n)\tilde{\boldsymbol{Q}}_k \\ \boldsymbol{A}(k,1:k-1) & a_{kk} & \boldsymbol{A}(k,k+1:n)\tilde{\boldsymbol{Q}}_k \\ \boldsymbol{O} & -\sigma_k\boldsymbol{e}_1 & \tilde{\boldsymbol{Q}}_k\boldsymbol{A}(k+1:n,k+1:n)\tilde{\boldsymbol{Q}}_k \end{pmatrix}.
\end{aligned}
$$

此过程一直进行 $(n-2)$ 步后, 得到

$$
\boldsymbol{H}_{n-2}\boldsymbol{H}_{n-3}\cdots\boldsymbol{H}_1\boldsymbol{A}\boldsymbol{H}_1\cdots\boldsymbol{H}_{n-3}\boldsymbol{H}_{n-2}=\begin{pmatrix} a_{11} & a_{12} & a_{13} & \cdots & a_{1n-1} & a_{1n} \\ -\sigma_1 & a_{22} & a_{23} & \cdots & a_{2n-1} & a_{2n} \\ & -\sigma_2 & a_{33} & \cdots & a_{3n-1} & a_{3n} \\ & & \ddots & \ddots & \vdots & \vdots \\ & & & -\sigma_{n-2} & a_{n-1n-1} & a_{n-1n} \\ & & & & a_{n,n-1} & a_{nn} \end{pmatrix}=\boldsymbol{H}.
$$

令 $\boldsymbol{Q}_0=\boldsymbol{H}_1\boldsymbol{H}_2\cdots\boldsymbol{H}_{n-1}$, 它是正交矩阵, 且有 $\boldsymbol{Q}_0^{-1}\boldsymbol{A}\boldsymbol{Q}_0=\boldsymbol{H}$.

总结上述, 得到化上 Hessenberg 矩阵得算法.

算法 11 (上 Hessenberg 化, 记 $[\boldsymbol{Q},\boldsymbol{H}]=\text{Hessenberg}(\boldsymbol{A})$)

输入: n 阶矩阵 $\boldsymbol{A}$;

输出: n 阶正交矩阵 $\boldsymbol{Q}$ 和上 Hessenberg 矩阵 $\boldsymbol{H}$;

置 $\boldsymbol{Q}=\boldsymbol{E}$; $\boldsymbol{H}=\boldsymbol{A}$;

for $k=1:n-2$

  %对$\boldsymbol{H}=\boldsymbol{Q}_{k-1}\cdots\boldsymbol{Q}_1\boldsymbol{A}\boldsymbol{Q}_1\cdots\boldsymbol{Q}_{k-1}$的$\boldsymbol{H}(k+1:n,k)=(h_{k+1,k},\cdots,h_{nk})^{\mathrm{T}}$进行

  %Householder变换.

  $[\sigma,\beta,\boldsymbol{x}]=\text{householder}\,(\boldsymbol{H}(k:n,k))$;

  %得到$\boldsymbol{H}=\boldsymbol{Q}_k\boldsymbol{Q}_{k-1}\cdots\boldsymbol{Q}_1\boldsymbol{A}\boldsymbol{Q}_1\cdots\boldsymbol{Q}_{k-1}\boldsymbol{Q}_k$和$\boldsymbol{Q}=\boldsymbol{Q}\boldsymbol{Q}_k$.

  $\boldsymbol{H}(:,k+1:n)=\boldsymbol{H}(:,k+1:n)-\beta\boldsymbol{H}(:,k+1:n)\boldsymbol{x}\boldsymbol{x}^{\mathrm{T}}$;

  $\boldsymbol{H}(k+1:n,k:n)=\boldsymbol{H}(k+1:n,k:n)-\beta\boldsymbol{x}\boldsymbol{x}^{\mathrm{T}}\boldsymbol{H}(k+1:n,k:n)$;

  $\boldsymbol{Q}(:,k+1:n)=\boldsymbol{Q}(:,k+1:n)-\beta\boldsymbol{Q}(:,k+1:n)\boldsymbol{x}\boldsymbol{x}^{\mathrm{T}}$;

end

完成上 Hessenberg 化的总的乘除运算量大约为

$$2\sum_{k=1}^{n-2}(n-k)^2+4n\sum_{k=1}^{n-2}(n-k)+\sum_{k=1}^{n-2}(n-k)\approx\frac{7}{3}n^3.$$

算法 12 (不可约上 Hessenberg 矩阵 $\boldsymbol{H}$ 的 QR 分解, 记 $[\boldsymbol{Q},\boldsymbol{R}]=\text{Hessenberg}(\boldsymbol{H})$)

输入: n 阶严格上 Hessenberg 矩阵 $\boldsymbol{H}$;

输出: n 阶正交矩阵 $\boldsymbol{Q}$ 和上三角矩阵 $\boldsymbol{R}$;

置 $\boldsymbol{Q}=\boldsymbol{E}$; $\boldsymbol{R}=\boldsymbol{H}$;

for $k=1:n-1$

  %对$\boldsymbol{R}=\boldsymbol{Q}_{k-1}\cdots\boldsymbol{Q}_1\boldsymbol{H}$ 的 $\boldsymbol{R}(k:n,k)=(r_{kk},r_{k+1,k},0,\cdots,0)^{\mathrm{T}}$ 进行 Givens 变换.

  if $|\boldsymbol{R}(k,k)|\geqslant|\boldsymbol{R}(k+1,k)|$

    $\tau=\boldsymbol{R}(k+1,k)\,/\boldsymbol{R}(k,k)$; $t=1\big/\sqrt{1+\tau^2}$; $c=\text{sgn}(\boldsymbol{R}(k,k))t$; $s=c\tau$;

    $\boldsymbol{R}(k,k)=|\boldsymbol{R}(k,k)|\,/t$; $\boldsymbol{R}(k+1,k)=0$;

  else

    $\tau=\boldsymbol{R}(k,k)\,/\boldsymbol{R}(k+1,k)$; $t=1\big/\sqrt{1+\tau^2}$; $s=\text{sgn}(\boldsymbol{R}(k+1,k))t$; $c=s\tau$;

    $\boldsymbol{R}(k,k)=|\boldsymbol{R}(k+1,k)|\,/t$; $\boldsymbol{R}(k+1,k)=0$;

  end

  %得到$\boldsymbol{R}=\boldsymbol{Q}_k\boldsymbol{Q}_{k-1}\cdots\boldsymbol{Q}_1\boldsymbol{A}$和$\boldsymbol{Q}=\boldsymbol{Q}\boldsymbol{Q}_k^{-1}$.

  $\boldsymbol{R}\,(k:k+1,k+1:n)=\begin{pmatrix}c & s\\ -s & c\end{pmatrix}\boldsymbol{R}\,(k:k+1,k+1:n)$;

  $\boldsymbol{Q}(:,k:k+1)=\boldsymbol{Q}(:,k:k+1)\begin{pmatrix}c & -s\\ s & c\end{pmatrix}$;

end

完成上 Hessenberg 矩阵 $\boldsymbol{H}$ 的 QR 分解的总乘除运算量大约为

$$8\sum_{k=1}^{n-1}(n-k)\approx 4n^2,$$

另外再加上 $2n$ 次开方运算.

【注】上 Hessenberg 矩阵 $\boldsymbol{H}$ 的 QR 分解中的正交矩阵 $\boldsymbol{Q}$ 也是上 Hessenberg 矩阵. (这个结果的证明留给读者作练习).

上 Hessenberg 矩阵具有良好的性质, 即

定理 8.2　关于上 Hessenberg 矩阵 $\boldsymbol{H}$ 的基本 QR 迭代

$$\begin{cases} \boldsymbol{H}^{(0)}=\boldsymbol{H}, \\ \boldsymbol{H}^{(m-1)}=\boldsymbol{Q}^{(m)}\boldsymbol{R}^{(m)}, \boldsymbol{H}^{(m)}=\boldsymbol{R}^{(m)}\boldsymbol{Q}^{(m)}, \\ m=1,2,\cdots. \end{cases} \tag{8.13}$$

产生的序列 $\left\{\boldsymbol{H}^{(m)}\right\}$ 保持上 Hessenberg 矩阵不变. 这一性质称为上 Hessenberg 矩阵 QR 迭代的不变性.

证明　$\boldsymbol{Q}^{(m)}$ 是上 Hessenberg 矩阵, 容易接验证 $\boldsymbol{H}^{(m)}=\boldsymbol{R}^{(m)}\boldsymbol{Q}^{(m)}$ 是上 Hessenberg 矩阵.

8.3.3　QR 迭代方法

分析表明, 先用 Householder 变换将矩阵 $\boldsymbol{A}$ 约化为上 Hessenberg 矩阵 $\boldsymbol{H}$, 然后将 $\boldsymbol{H}$ 用于基本 QR 迭代, 会大量减少每步迭代的运算量. 进一步, 如果能像幂法那样引进原点位移技术, 加快收敛性, 则基本 QR 方法会更有实用价值.

设第 m 步迭代的位移是 μ_m, 则带原点位移的 QR 迭代如下：

$$\begin{cases} \boldsymbol{H}^{(0)}=\boldsymbol{H}, \\ \boldsymbol{H}^{(m-1)}-\mu_m\boldsymbol{E}=\boldsymbol{Q}^{(m)}\boldsymbol{R}^{(m)}, \boldsymbol{H}^{(m)}=\boldsymbol{R}^{(m)}\boldsymbol{Q}^{(m)}+\mu_m\boldsymbol{E}, \\ m=1,2,\cdots. \end{cases} \tag{8.14}$$

问题是 μ_m 如何选取? 由定理 8.1 可知, 当 m 充分大时, 上 Hessenberg 矩阵

$$\boldsymbol{H}^{(m-1)}=\begin{pmatrix} h_{11} & h_{12} & \cdots & h_{1,n-1} & h_{1n} \\ h_{21} & h_{22} & \ddots & \vdots & \vdots \\ & \ddots & \ddots & h_{n-2,n-1} & h_{n-2,n} \\ & & h_{n-1,n-2} & h_{n-1,n-1} & h_{n-1,n} \\ & & & h_{n,n-1} & h_{n,n} \end{pmatrix}.$$

的右下角 2 阶矩阵

$$\boldsymbol{H}^{(m-1)}(n-1:n,n-1:n)=\begin{pmatrix} h_{n-1,n-1} & h_{n-1,n} \\ h_{n,n-1} & h_{n,n} \end{pmatrix}, \tag{8.15}$$

将最先显示出特征值的迹象! 此时, 可以利用式 (8.15) 的一对共轭复根 μ_m 和 $\bar{\mu}_m$, 进行连续两次位移迭代, 即

$$\begin{cases} \boldsymbol{H}^{(0)}=\boldsymbol{H}, \\ \boldsymbol{H}^{(m-1)}-\mu_m\boldsymbol{E}=\boldsymbol{Q}^{(m)}\boldsymbol{R}^{(m)}, \\ \boldsymbol{H}^{(m)}=\boldsymbol{R}^{(m)}\boldsymbol{Q}^{(m)}+\mu_m\boldsymbol{E}, \\ \boldsymbol{H}^{(m)}-\bar{\mu}_m\boldsymbol{E}=\boldsymbol{Q}^{(m+1)}\boldsymbol{R}^{(m+1)}, \\ \boldsymbol{H}^{(m+1)}=\boldsymbol{R}^{(m+1)}\boldsymbol{Q}^{(m+1)}+\bar{\mu}_m\boldsymbol{E}, \\ m=1,2,\cdots, \end{cases} \tag{8.16}$$

称之为*双步位移 QR 方法*.

显然, 双步位移 QR 方法从 $\boldsymbol{H}^{(m-1)}\sim\boldsymbol{H}^{(m+1)}$ 的计算过程是在复数域中进行的, 需要寻找避开复数运算的途径.

首先

$$\boldsymbol{H}^{(m+1)}=\left[\boldsymbol{Q}^{(m)}\boldsymbol{Q}^{(m+1)}\right]^{-1}\boldsymbol{H}^{(m-1)}\left[\boldsymbol{Q}^{(m)}\boldsymbol{Q}^{(m+1)}\right], \tag{8.17}$$

再有

$$\begin{aligned} \boldsymbol{M}^{(m-1)}&=(\boldsymbol{H}^{(m-1)}-\mu_m\boldsymbol{E})(\boldsymbol{H}^{(m-1)}-\bar{\mu}_m\boldsymbol{E}) \\ &=\left(\boldsymbol{H}^{(m-1)}\right)^2-2\mathrm{Re}(\mu_m)\boldsymbol{H}^{(m-1)}+|\mu_m|^2\boldsymbol{E}, \end{aligned} \tag{8.18}$$

为实矩阵, 且

$$\begin{aligned} \boldsymbol{M}^{(m-1)}&=\boldsymbol{Q}^{(m)}\boldsymbol{R}^{(m)}(\boldsymbol{Q}^{(m)}\boldsymbol{R}^{(m)}+\mu_m\boldsymbol{E}-\bar{\mu}_m\boldsymbol{E}) \\ &=\boldsymbol{Q}^{(m)}\left[\boldsymbol{R}^{(m)}\boldsymbol{Q}^{(m)}+\mu_m\boldsymbol{E}-\bar{\mu}_m\boldsymbol{E}\right]\boldsymbol{R}^{(m)} \\ &=\boldsymbol{Q}^{(m)}(\boldsymbol{H}^{(m)}-\bar{\mu}_m\boldsymbol{E})\boldsymbol{R}^{(m)} \\ &=\boldsymbol{Q}^{(m)}\boldsymbol{Q}^{(m+1)}\boldsymbol{R}^{(m+1)}\boldsymbol{R}^{(m)} \\ &=\tilde{\boldsymbol{Q}}^{(m)}\tilde{\boldsymbol{R}}^{(m)}, \end{aligned} \tag{8.19}$$

其中 $\tilde{\boldsymbol{Q}}^{(m)}=\boldsymbol{Q}^{(m)}\boldsymbol{Q}^{(m+1)}$ 是正交矩阵, $\tilde{\boldsymbol{R}}^{(m)}=\boldsymbol{R}^{(m+1)}\boldsymbol{R}^{(m)}$ 是实上三角矩阵.

总结上述, 得到从 $\boldsymbol{H}^{(m-1)} \sim \boldsymbol{H}^{(m+1)}$ 的计算过程:

对于 $m = 1, 2, \cdots$

(1) 计算 $\boldsymbol{M}^{(m-1)} = \left(\boldsymbol{H}^{(m-1)}\right)^2 - 2\mathrm{Re}(\mu_m)\boldsymbol{H}^{(m-1)} + |\mu_m|^2\boldsymbol{E}$;

(2) 对 $\boldsymbol{M}^{(m-1)}$ 进行 QR 分解 $\boldsymbol{M}^{(m-1)} = \tilde{\boldsymbol{Q}}^{(m)}\tilde{\boldsymbol{R}}^{(m)}$;

(3) 计算 $\boldsymbol{H}^{(m+1)} = \left[\tilde{\boldsymbol{Q}}^{(m)}\right]^{\mathrm{T}}\boldsymbol{H}^{(m-1)}\tilde{\boldsymbol{Q}}^{(m)}$.

这个过程虽然避开了复数运算, 但是形成矩阵 $\boldsymbol{M}^{(m-1)}$ 需要 $O(n^3)$ 的运算量, 很不实用. 因此, 还要考虑更有效的方法.

定理 8.3 设 $\boldsymbol{A} \in \mathbf{R}^{n\times n}$ 有两个上 Hessenberg 分解: $\boldsymbol{U}^{\mathrm{T}}\boldsymbol{A}\boldsymbol{U} = \boldsymbol{H}$, $\boldsymbol{V}^{\mathrm{T}}\boldsymbol{A}\boldsymbol{V} = \tilde{\boldsymbol{H}}$, 其中 $\boldsymbol{U} = (\boldsymbol{u}_1, \cdots, \boldsymbol{u}_n)$, $\boldsymbol{V} = (\boldsymbol{v}_1, \cdots, \boldsymbol{v}_n)$ 是 n 阶正交矩阵, $\boldsymbol{H} = (h_{ij})$, $\tilde{\boldsymbol{H}} = (\tilde{h}_{ij})$ 是上 Hessenberg 矩阵. 如果 $u_1 = v_1$, 且 $\boldsymbol{H}$ 为不可约上 Hessenberg 矩阵, 则存在对角元均为 1 或 -1 的对角矩阵 $\boldsymbol{D}$, 使得 $\boldsymbol{U} = \boldsymbol{V}\boldsymbol{D}$, $\boldsymbol{H} = \boldsymbol{D}\tilde{\boldsymbol{H}}\boldsymbol{D}$.

证明见参考文献 [5], [17].

该定理告诉我们, 在忽略元素可能相差一个正负号意义下, 矩阵 $\boldsymbol{A}$ 的上 Hessenberg 分解 $\boldsymbol{Q}^{\mathrm{T}}\boldsymbol{A}\boldsymbol{Q} = \boldsymbol{H}$ 中的 $\boldsymbol{Q}$, $\boldsymbol{H}$ 完全由矩阵 $\boldsymbol{Q}$ 的第一列确定.

定理 8.4 如果 $\boldsymbol{H}^{(m-1)}$ 是不可约上 Hessenberg 矩阵, 且 μ_m, $\bar{\mu}_m$ 不是 $\boldsymbol{H}^{(m-1)}$ 的特征值, 则矩阵 $\boldsymbol{H}^{(m+1)}$ 也是不可约上 Hessenberg 矩阵.

证明见参考文献 [5], [17] .

定理 8.3 和定理 8.4 告诉我们, 无论用怎样的方法求出满足式 (8.19) 的正交矩阵 $\tilde{\boldsymbol{Q}}^{(m)}$, 只要保证它们的第一列是相同的, 那么得到的上 Hessenberg 矩阵 $\boldsymbol{H}^{(m+1)}$ 本质上是一样的. 利用这一点, 可以得到更有效的方法实现由 $\boldsymbol{H}^{(m-1)}$ 到 $\boldsymbol{H}^{(m+1)}$ 的变换.

由式 (8.19) 可知, $\tilde{\boldsymbol{Q}}^{(m)}$ 的第一列与 $\boldsymbol{M}^{(m-1)}$ 的第一列共线. 下面我们只要需求一个正交变换 $\boldsymbol{P}$, 满足 $\boldsymbol{P}$ 的第一列与 $\boldsymbol{M}^{(m-1)}$ 的第一列共线且 $\boldsymbol{H}^{(m+1)} = \boldsymbol{P}^{\mathrm{T}}\boldsymbol{H}^{(m-1)}\boldsymbol{P}$ 即可!

由式 (8.18) 容易推出 $\boldsymbol{M}^{(m-1)}$ 的第一列为

$$\boldsymbol{M}^{(m-1)}\boldsymbol{e}_1 = (\xi_1, \xi_2, \xi_3, 0, \cdots, 0)^{\mathrm{T}},$$

其中

$$\begin{aligned}
\xi_1 &= (h_{11})^2 + h_{12}h_{21} - (\mu_m + \bar{\mu}_m)h_{11} + \mu_m\bar{\mu}_m, \\
\xi_2 &= h_{21}\left[h_{11} + h_{22} - (\mu_m + \bar{\mu}_m)\right], \\
\xi_3 &= h_{21}h_{32}.
\end{aligned}$$

对于 $\boldsymbol{M}^{(m-1)}e_1$, 有 Householder 变换 $\boldsymbol{P}_0([\sigma_0,\beta_0,u_0]=\text{householder}(\boldsymbol{M}^{(m-1)}\boldsymbol{e}_1))$, 使 $\boldsymbol{P}_0\left(\boldsymbol{M}^{(m-1)}\boldsymbol{e}_1\right)=-\sigma\boldsymbol{e}_1$. 显然, $\boldsymbol{P}_0$ 的第一列与 $\boldsymbol{M}^{(m-1)}\boldsymbol{e}_1$ 共线.

令 $\boldsymbol{B}=\boldsymbol{P}_0\boldsymbol{H}^{(m-1)}\boldsymbol{P}_0$, 则

$$\boldsymbol{B}=\begin{pmatrix} * & * & * & * & * & \cdots & * & * \\ * & * & * & * & * & \cdots & * & * \\ * & * & * & * & * & \cdots & * & * \\ * & * & * & * & * & \cdots & * & * \\ & & & * & * & \cdots & * & * \\ & & & & \ddots & \ddots & \vdots & \vdots \\ & & & & & \ddots & * & * \\ & & & & & & * & * \end{pmatrix}.$$

容易得到 $n-2$ 个 Householder 变换 $\boldsymbol{P}_1,\boldsymbol{P}_2,\cdots,\boldsymbol{P}_{n-2}$, 使得

$$\boldsymbol{P}_{n-2}\cdots\boldsymbol{P}_1\boldsymbol{B}\boldsymbol{P}_1\cdots\boldsymbol{P}_{n-2}=\boldsymbol{Q}^{\mathrm{T}}\boldsymbol{H}^{(m-1)}\boldsymbol{Q}=\tilde{\boldsymbol{H}}^{(m+1)},$$

其中 $\boldsymbol{Q}=\boldsymbol{P}_0\boldsymbol{P}_1\cdots\boldsymbol{P}_{n-2}$. 显然 $\boldsymbol{P}_1\cdots\boldsymbol{P}_{n-2}$ 的第一列为 $\boldsymbol{e}_1$, 于是 $\boldsymbol{Q}$ 的第一列与 $\boldsymbol{P}_0$ 的第一列共线, 进而与 $\boldsymbol{M}^{(m-1)}\boldsymbol{e}_1$ 共线. 因此, $\tilde{\boldsymbol{H}}^{(m+1)}$ 与 $\boldsymbol{H}^{(m+1)}$ 本质上是一样的.

综合上述, 一个实用的从 $\boldsymbol{H}^{(m-1)}\sim\boldsymbol{H}^{(m+1)}$ 的计算步骤如下:

(1) 计算矩阵 $\boldsymbol{M}^{(m-1)}$ 的第一列 $\boldsymbol{M}^{(m-1)}\boldsymbol{e}_1=(\xi_1,\xi_2,\xi_3,0,\cdots,0)^{\mathrm{T}}$, 其中

$$\begin{aligned}\xi_1&=(h_{11})^2+h_{12}h_{21}-2\mathrm{Re}(\mu_m)h_{11}+|\mu_m|^2,\\ \xi_2&=h_{21}(h_{11}+h_{22}-2\mathrm{Re}(\mu_m)),\\ \xi_3&=h_{21}h_{32}.\end{aligned}$$

(2) 对于 $\boldsymbol{M}^{(m-1)}\boldsymbol{e}_1$, 确定 Householder 矩阵 $\boldsymbol{P}_0$, 使 $\boldsymbol{P}_0\left(\boldsymbol{M}^{(m-1)}\boldsymbol{e}_1\right)=-\sigma\boldsymbol{e}_1$;

(3) 将矩阵 $\boldsymbol{B}=\boldsymbol{P}_0\boldsymbol{H}^{(m-1)}\boldsymbol{P}_0$ 约化为上 Hessenberg 矩阵 $\boldsymbol{H}^{(m+1)}$, 即求 $n-2$ 个 Householder 变换 $\boldsymbol{P}_1,\boldsymbol{P}_2,\cdots,\boldsymbol{P}_{n-2}$, 使 $\boldsymbol{P}_{n-2}\cdots\boldsymbol{P}_1\boldsymbol{P}_0\boldsymbol{H}^{(m-1)}\boldsymbol{P}_0\boldsymbol{P}_1\cdots\boldsymbol{P}_{n-2}=\boldsymbol{H}^{(m+1)}$.

算法 13 (实用的双步位移 QR 方法)

输入: 不可约上 Hessenberg 矩阵 $\boldsymbol{H}$, 矩阵的阶 n;

输出: n 阶准上三角矩阵 $\boldsymbol{T}$ 和正交矩阵 $\boldsymbol{Q}$, 这里 $\boldsymbol{Q}^{\mathrm{T}}\boldsymbol{H}\boldsymbol{Q}=\boldsymbol{T}$;

$\boldsymbol{Q}=\boldsymbol{E}$; $\boldsymbol{T}=\boldsymbol{H}$; $k=n$;

while $k>2$

计算 $\mu_1 = h_{k-1,k-1} + h_{k,k}$；$\mu_2 = h_{k-1,k-1}h_{k,k} - h_{k-1,k}h_{k,k-1}$；

计算 $\xi_1 = (h_{11})^2 + h_{12}h_{21} - \mu_1 h_{11} + \mu_2$，

$\xi_2 = h_{21}[h_{11} + h_{22} - \mu_1]$，

$\xi_3 = h_{21}h_{32}$，

得到 $\boldsymbol{M}$ 的第一列 $\boldsymbol{M}\boldsymbol{e}_1 = (\xi_1, \xi_2, \xi_3, 0, \cdots, 0)^{\mathrm{T}}$，$k$ 维列向量；

计算 $[\sigma_0, \beta_0, u_0] = \mathrm{householder}(\boldsymbol{M}\boldsymbol{e}_1)$，确定 Householder 矩阵 $\boldsymbol{P}_0$；

计算 $\boldsymbol{B} = \boldsymbol{P}_0\boldsymbol{H}(1:k, 1:k)\boldsymbol{P}_0$；$\boldsymbol{Q}(1:k, 1:k) = \boldsymbol{Q}(1:k, 1:k)\boldsymbol{P}_0$；

计算 $[\boldsymbol{Q}_1, \boldsymbol{H}] = \mathrm{Hessenberg}(\boldsymbol{B})$，将矩阵 $\boldsymbol{B}$ 约化为上 Hessenberg 矩阵 $\boldsymbol{H}$；

计算 $\boldsymbol{Q}(1:k, 1:k) = \boldsymbol{Q}(1:k, 1:k)\boldsymbol{Q}_1$；$\boldsymbol{T}(1:k, 1:k) = \boldsymbol{H}(1:k, 1:k)$；

检验 若 $|h_{k-1,k-2}| \leqslant \varepsilon$，则 $k = k - 2$；

若 $h_{k-1,k-2} \neq 0$，$|h_{k,k-1}| \leqslant \varepsilon$，则 $k = k - 1$；

end

双步位移 QR 迭代法的每一步需要的运算量为 $O(n^2)$. 特别指出的是, 它用于初等因子都是线性的矩阵具有二次收敛阶, 用于对称矩阵具有三次收敛阶. 这方面更深入的讨论请参考文献 [9].

例 6 对于例 1 的矩阵观察算法 13 的收敛性, 控制精度 $\varepsilon = 10^{-8}$.

解 先把矩阵上 Hessenberg 化, 得到

$$\boldsymbol{P}_0 = \begin{pmatrix} 1.0000 & 0 & 0 & 0 \\ 0 & -0.5657 & -0.7071 & -0.4243 \\ 0 & -0.3284 & -0.2787 & 0.9025 \\ 0 & -0.7564 & 0.6499 & -0.0746 \end{pmatrix},$$

$$\boldsymbol{H} = \begin{pmatrix} 2.0000 & -4.9497 & -1.1978 & 0.2557 \\ -7.0711 & 7.6800 & -3.4670 & -0.3119 \\ 0 & -3.7547 & 3.4169 & -2.6454 \\ 0 & 0 & 1.4558 & -0.0969 \end{pmatrix},$$

在对 $\boldsymbol{H}$ 进行双步位移 QR 迭代法, 计算结果见表 8.6.

表 8.6 计算结果

迭代次数	$\boldsymbol{T}$				$\boldsymbol{Q}$			
	12.21876	2.077906	−1.5772	−0.22471	0.375409	0.787047	−0.40684	0.272217
4	−0.01549	−2.59888	−1.19828	−0.96047	−0.8559	0.480733	0.180729	0.060547
	0	−0.00000	2.752409	−3.57008	0.353236	0.348145	0.831096	−0.25159
	0	0	0.134141	0.627709	0.041543	−0.16807	0.333308	0.926786

本章总结

在科学技术领域中，许多实际问题，都可归结为矩阵的特征值和特征向量问题. 但是当矩阵 $\boldsymbol{A} \in \mathbf{R}^{n \times n}$ 的阶次很高时，直接通过解矩阵特征多项式的办法来获得特征值的计算是不现实的. 本章主要讨论了两类经典方法，一类是幂迭代法 (幂法和反幂法)，另一类是 QR 迭代法.

幂法 (反幂法) 的特点是在计算过程中原始矩阵始终保持不变，因此这种方法适合求大型稀疏矩阵的按模最大 (最小) 特征值和相应的特征向量. 幂法并结合原点平移的加速技巧，会更有效的计算矩阵指定特征值以及对应的特征向量.

基本 QR 迭代法计算程序简单，可以求矩阵全部特征值，但由于其运算量太大且线性收敛，是不实用的. 将一般方阵 $\boldsymbol{A} \in \mathbf{R}^{n \times n}$ 先约化为上海森堡阵，再进行基本 QR 迭代法，每步运算量有明显的改善，从 $O\left(n^3\right)$ 降为 $O\left(n^2\right)$. 利用原点位移技术，发展的双步位移 QR 迭代法彻底改变了求矩阵全部特征值的被动局面，成为目前求解中小型实矩阵特征值问题的有效方法之一.

QR 迭代法是基于正交相似变换来约化矩阵 $\boldsymbol{A} \in \mathbf{R}^{n \times n}$ 为某种便于计算特征值的简单形式，必然会破坏原始矩阵的结构. 因此，对于大型稀疏矩阵矩阵特征值问题需要保稀疏和并行性良好的算法，如同伦方法等. 对计算矩阵特征值感兴趣的读者，可参阅相关文献.

习题 8

1. 设 $\lambda \neq 0$，分别用幂法于矩阵 $\boldsymbol{A}=\begin{pmatrix} \lambda & 1 \\ 0 & \lambda \end{pmatrix}$ 和 $\boldsymbol{A}=\begin{pmatrix} \lambda & 1 \\ 0 & -\lambda \end{pmatrix}$，考察所得序列的特性.

2. 用幂法计算矩阵 $\boldsymbol{A}=\begin{pmatrix} 7 & 3 & -2 \\ 3 & 4 & -1 \\ -2 & -1 & 3 \end{pmatrix}$ 的模最大的特征值和相应特征向量.

3. 用幂法求矩阵 $\boldsymbol{A}=\begin{pmatrix} 1 & 1 & 0 \\ 0 & 1 & 1 \\ 0 & 0 & 1 \end{pmatrix}$ 的一个精确到 5 位数字的特征向量需要多少次迭代？初始向量取为 $\boldsymbol{u}_0=(0,0,1)^{\mathrm{T}}$.

4. 用反幂法求矩阵 $\boldsymbol{A}=\begin{pmatrix} 6 & 2 & 1 \\ 2 & 3 & 1 \\ 1 & 1 & 1 \end{pmatrix}$ 的最接近 6 的特征值及对应特征向量.

5. 设 $\boldsymbol{H} \in \mathbf{R}^{n \times n}$ 是一个上 Hessenberg 矩阵，并假定 $\boldsymbol{x} \in \mathbf{R}^n$ 是 $\boldsymbol{H}$ 的对应于实特征值 λ 的一个

特征向量, 试给出一个算法, 求正交矩阵 $\boldsymbol{Q}$, 使得 $\boldsymbol{Q}^{\mathrm{T}}\boldsymbol{H}\boldsymbol{Q}=\begin{pmatrix}\lambda & \boldsymbol{w}^{\mathrm{T}}\\ \boldsymbol{0} & \boldsymbol{H}_1\end{pmatrix}$, 其中 $\boldsymbol{H}_1\in\mathbf{R}^{(n-1)\times(n-1)}$ 是上 Hessenberg 矩阵.

6. (1) 设 $\boldsymbol{A}\in\mathbf{R}^{n\times n}$ 是对称矩阵, λ 和 $\boldsymbol{x}(\|\boldsymbol{x}\|_2=1)$ 是其一个特征值和相应的特征向量. 又设 $\boldsymbol{P}$ 为正交矩阵, 使得 $\boldsymbol{P}\boldsymbol{x}=\boldsymbol{e}_1$, 证明: $\boldsymbol{B}=\boldsymbol{P}\boldsymbol{A}\boldsymbol{P}^{\mathrm{T}}=\begin{pmatrix}\lambda & \boldsymbol{0}\\ \boldsymbol{0} & \boldsymbol{A}_1\end{pmatrix}$, 其中 $\boldsymbol{A}_1$ 是 $n-1$ 阶对称矩阵;

(2) 对于矩阵 $\boldsymbol{A}=\begin{pmatrix}2 & 10 & 2\\ 10 & 5 & -8\\ 2 & -8 & 11\end{pmatrix}$, 其对应特征值 $\lambda=9$ 的单位特征向量是 $\boldsymbol{x}=\left(\dfrac{2}{3},\dfrac{1}{3},\dfrac{2}{3}\right)^{\mathrm{T}}$, 求 Householder 矩阵 $\boldsymbol{P}$, 使 $\boldsymbol{P}\boldsymbol{x}=\boldsymbol{e}_1$, 并计算 $\boldsymbol{B}=\boldsymbol{P}\boldsymbol{A}\boldsymbol{P}^{\mathrm{T}}$.

7. 求矩阵 $\boldsymbol{A}=\begin{pmatrix}1 & 1 & 1\\ 2 & -1 & -1\\ 2 & -4 & 10\end{pmatrix}$ 的 QR 分解.

8. 基本 QR 方法应用于 $\boldsymbol{A}=\begin{pmatrix}1 & 0\\ 1 & -1\end{pmatrix}$, 考察所得矩阵序列的收敛性.

9. 设 $\boldsymbol{A}\in\mathbf{C}^{n\times n}$, $\boldsymbol{x}\in\mathbf{C}^n$, $\boldsymbol{X}=(\boldsymbol{x},\boldsymbol{A}\boldsymbol{x},\cdots,\boldsymbol{A}^{n-1}\boldsymbol{x})$. 证明: 如果 $\boldsymbol{X}$ 是非奇异矩阵, 则 $\boldsymbol{X}^{-1}\boldsymbol{A}\boldsymbol{X}$ 是上 Hessenberg 矩阵.

计算实习 8

1. 给定矩阵

$$\boldsymbol{A}=\begin{pmatrix}4 & -1 & 1\\ -1 & 3 & -2\\ 1 & -2 & 3\end{pmatrix}.$$

(1) 用幂法计算该矩阵主特征值和相应的特征向量;

(2) 选择不同的初值, 观察所需的迭代次数和结果, 试说明幂法对初值的选择的要求;

(3) 对矩阵 $\boldsymbol{B}=\boldsymbol{A}-p\boldsymbol{I}$(分别取 p 为 1, 2, 3, 4) 运用幂法求矩阵 $\boldsymbol{A}$ 的主特征值和主特征向量, 在相同精度要求下, 比较其收敛速度, 并和 (1) 的结果进行比较, 写出你的结论并给出相应的依据;

(4) 用反幂法计算该矩阵按模最小的特征值和相应的特征向量;

(5) 提出求矩阵 $\boldsymbol{A}$ 的所有特征值和特征向量的幂法, 并试着编写相应程序.

2. 设对称矩阵 $\boldsymbol{A}\in\mathbf{R}^{n\times n}$ 的特征值为 $\lambda_1,\lambda_2,\cdots,\lambda_n$, Rayleigh-Quotient(RQ) 算法是:

(1) 取 $\boldsymbol{x}_0\in\mathbf{R}^n$ 为某个特征向量的近似, 且 $\|\boldsymbol{x}_0\|=1$;

(2) 对 $k=0,1,2,\cdots$, 执行

计算: $\rho_k=(\boldsymbol{A}\boldsymbol{x}_k,\boldsymbol{x}_k)$,

检验: 若 $\boldsymbol{A}-\rho_k\boldsymbol{I}$ 是奇异矩阵, 则得到了 $\boldsymbol{A}$ 的一个特征值 ρ_k 和相应特征向量, 终止程序;

否则

$$\text{计算}\ \boldsymbol{y}_{k+1}=(\boldsymbol{A}-\rho_k\boldsymbol{I})^{-1}\boldsymbol{x}_k;\ \boldsymbol{x}_{k+1}=\frac{\boldsymbol{y}_{k+1}}{\|\boldsymbol{y}_{k+1}\|};\ k=k+1;$$

返回 (2);

请选择一个特征值已知的矩阵实验上述算法, 说明其工作原理.

第 9 章

Chapter 9

非线性方程组的迭代解法

本章只限于讨论 n 个实未知数的 n 个实方程的孤立解的问题, 即

$$\begin{cases} f_1(x_1,x_2,\cdots,x_n)=0, \\ f_2(x_1,x_2,\cdots,x_n)=0, \\ \cdots\cdots \\ f_n(x_1,x_2,\cdots,x_n)=0. \end{cases} \tag{9.1}$$

令 $\boldsymbol{x}=(x_1,x_2,\cdots,x_n)^{\mathrm{T}}$, $F(\boldsymbol{x})=(f_1(\boldsymbol{x}),f_2(\boldsymbol{x}),\cdots,f_n(\boldsymbol{x}))^{\mathrm{T}}$, 则方程组 (9.1) 记为

$$F(\boldsymbol{x})=\mathbf{0}, \tag{9.2}$$

这里, 映射 $F:\mathbf{R}^n\to\mathbf{R}^n$ 称为向量值函数.

对于 n 个实未知数的 m 个实方程解的问题, 当 $m>n$ 时, 称为超定方程组, 是逼近论研究的对象; 当 $m<n$ 时, 称为欠定方程组, 没有研究的意义. 另外, 非孤立解问题几乎是尚未研究的领域.

研究求非线性方程组 (9.2) 的孤立解的方法, 有重要的应用价值.

9.1 问题的提出

非线性方程组 (9.2) 的应用背景和丰富, 仅以振动系统中的两点边值问题和电力系统的潮流问题为例.

例 1 (两点边值问题)

两点边值问题的一个典型模型为

$$\begin{cases} x''=f(t,x), 0<t<1, \\ x(0)=\alpha, x(1)=\beta. \end{cases}$$

其中 $f(t,x)$ 关于 x 是非线性的. 它描述了非线性质量–弹簧系统的运动.

使用差分方法求该问题的近似解.

解 将区间 $[0,1]$ n 等分, 节点为

$$t_i = ih,\ i = 0,1,\cdots,n;\ h = \frac{1}{n},$$

用二阶中心差商近似 $x''(t_i)$, 即

$$x''(t_i) \approx \frac{1}{h^2}\left(x_{i+1} - 2x_i + x_{i-1}\right),$$

这里 $x_i \approx x(t_i)$. 得到问题的离散方程

$$\begin{cases} x_0 = \alpha,\ x_n = \beta, \\ x_{i+1} - 2x_i + x_{i-1} = h^2 f(t_i, x_i), \\ i = 1,2,\cdots,n-1. \end{cases}$$

令 $\boldsymbol{x} = (x_1, x_2, \cdots, x_{n-1})^{\mathrm{T}}$,

$$\boldsymbol{A} = \begin{pmatrix} 2 & -1 & & \\ -1 & 2 & \ddots & \\ & \ddots & \ddots & -1 \\ & & -1 & 2 \end{pmatrix}.$$

映射 $\phi : \mathbf{R}^{n-1} \to \mathbf{R}^{n-1}$ 为

$$\phi(\boldsymbol{x}) = h^2\left(f(t_1,x_1) - \frac{\alpha}{h^2}, f(t_2,x_2), \cdots, f(t_{n-2},x_{n-2}), f(t_{n-1},x_{n-1}) - \frac{\beta}{h^2}\right)^{\mathrm{T}},$$

则离散方程等价于非线性方程组

$$\boldsymbol{A}\boldsymbol{x} + \phi(\boldsymbol{x}) = \mathbf{0}.$$

例 2 (电力系统潮流问题) 电力系统各节点的功率 $N_i = P_i + jQ_i$ 和电压 $U_i = V_i e^{j\theta_i} = e_i + jf_i$ 称为电力系统潮流. 在节点潮流的四元组 $\{P, Q, V, \theta\}$ 中有两个是已知的, 两个是待求量. 根据已知量区分为不同的节点, 包括 PQ 节点、PV 节点和一个平衡节点 $V\theta$. 潮流计算对研究电网性状、稳定、规划、运行等问题都有十分重要的作用. 下页图 9.1 是 5 节点系统的简单实例, 节点 1, 2, 3 为 PQ 节点, 节点 4 为 PV 节点, 节点 5 为平衡节点, 图中参数值均为标幺值.

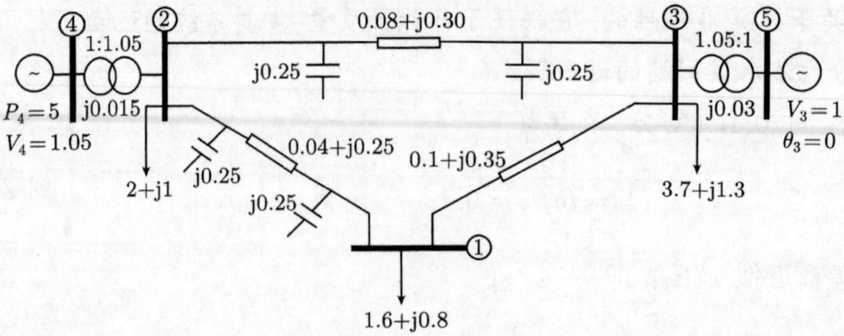

图 9.1　5 节点系统

该系统的导纳矩阵

$$
\boldsymbol{Y}=\boldsymbol{G}+\mathrm{j}\boldsymbol{B}=\begin{pmatrix}
1.37874-\mathrm{j}6.29166 & -0.62402+\mathrm{j}3.90015 & -0.75471+\mathrm{j}2.64150 & 0 & 0\\
-0.62402+\mathrm{j}3.90015 & 1.45390-\mathrm{j}66.98082 & -0.82987+\mathrm{j}3.11203 & 0.00000+\mathrm{j}63.49206 & 0\\
-0.75471+\mathrm{j}2.64150 & -0.82987+\mathrm{j}3.11203 & 1.58459-\mathrm{j}35.73786 & 0 & 0.00000+\mathrm{j}31.74603\\
0 & 0.00000+\mathrm{j}63.49206 & 0 & 0.00000-\mathrm{j}66.66667 & 0\\
0 & 0 & 0.00000+\mathrm{j}31.74603 & 0 & 0.00000-\mathrm{j}33.33333
\end{pmatrix}.
$$

系统极坐标下的潮流方程

$$
\begin{cases}
\Delta P_i = P_i - V_i\displaystyle\sum_{j=1}^{5} V_j\left(G_{ij}\cos\theta_{ij}+B_{ij}\sin\theta_{ij}\right)=0, i=1,2,3,4,\\
\Delta Q_i = Q_i - V_i\displaystyle\sum_{j=1}^{5} V_j\left(G_{ij}\sin\theta_{ij}-B_{ij}\cos\theta_{ij}\right)=0, i=1,2,3.
\end{cases}
$$

可看成未知量 $\boldsymbol{x}=(\theta_1,\theta_2,\theta_3,\theta_4,V_1,V_2,V_3)^{\mathrm{T}}$ 的非线性方程组. 这里 $\theta_{ij}=\theta_i-\theta_j$.

系统还可以表示为直角坐标下的潮流方程

$$
\begin{cases}
\Delta P_i = P_i - e_i\displaystyle\sum_{j=1}^{5}(G_{ij}e_j-B_{ij}f_j) - f_i\sum_{j=1}^{5}(G_{ij}f_j+B_{ij}e_j)=0, i=1,2,3,4,\\
\Delta Q_i = Q_i - f_i\displaystyle\sum_{j=1}^{5}(G_{ij}e_j-B_{ij}f_j) + e_i\sum_{j=1}^{5}(G_{ij}f_j+B_{ij}e_j)=0, i=1,2,3,\\
\Delta V_4^2 = V_4^2-e_4^2-f_4^2=0.
\end{cases}
$$

可看成未知量 $\boldsymbol{x}=(e_1,f_1,e_2,f_2,e_3,f_3,e_4,f_4)^{\mathrm{T}}$ 的多项式方程组.

9.2 Newton 迭代法

设 $F(\boldsymbol{x})$ 在 $\boldsymbol{x}^*$ 及其邻域 $N_\delta(\boldsymbol{x}^*)=\{\boldsymbol{x}\,|\|\boldsymbol{x}-\boldsymbol{x}^*\|<\delta\}$ 上可导且导映射连续, $F'(\boldsymbol{x}^*)$ 非奇异, 则对于充分靠近 $\boldsymbol{x}^*$ 的 $\boldsymbol{x}^{(0)}$(初始向量) 有

$$0=F(\boldsymbol{x}^*)=F(\boldsymbol{x}^{(0)})+F'(\boldsymbol{x}^{(0)})(\boldsymbol{x}^*-\boldsymbol{x}^{(0)})+o\left(\left\|\boldsymbol{x}^*-\boldsymbol{x}^{(0)}\right\|\right), \tag{9.3}$$

这里 $o(\|\boldsymbol{x}^*-\boldsymbol{x}\|)$ 是比 $\|\boldsymbol{x}^*-\boldsymbol{x}\|$ 高阶的无穷小.

显然

$$F(\boldsymbol{x}^{(0)})+F'(\boldsymbol{x}^{(0)})(\boldsymbol{x}^*-\boldsymbol{x}^{(0)})\approx 0, \tag{9.4}$$

推出

$$\boldsymbol{x}^*\approx\boldsymbol{x}^{(1)}=\boldsymbol{x}^{(0)}-\left[F'(\boldsymbol{x}^{(0)})\right]^{-1}F(\boldsymbol{x}^{(0)}). \tag{9.5}$$

可以想象, $\boldsymbol{x}^{(1)}$ 比 $\boldsymbol{x}^{(0)}$ 更接近于孤立解 $\boldsymbol{x}^*$. 用 $\boldsymbol{x}^{(1)}$ 替代 $\boldsymbol{x}^{(0)}$, 并重复这个过程, 将产生迭代序列

$$\begin{cases}\boldsymbol{x}^{(k+1)}=\boldsymbol{x}^{(k)}-\left[F'(\boldsymbol{x}^{(k)})\right]^{-1}F(\boldsymbol{x}^{(k)}),\\ k=0,1,2,\cdots\end{cases} \tag{9.6}$$

此算法称为Newton 迭代法.

定理 9.1 设 $F(\boldsymbol{x})$ 在 $\boldsymbol{x}^*$ 及其邻域 $N_\delta(\boldsymbol{x}^*)=\{\boldsymbol{x}\,|\|\boldsymbol{x}-\boldsymbol{x}^*\|<\delta\}$ 上 $F'(\boldsymbol{x})$ 存在且连续, $F'(\boldsymbol{x}^*)$ 非奇异, 则对于充分靠近 $\boldsymbol{x}*$ 的初始向量 $\boldsymbol{x}^{(0)}$, Newton 迭代法 (9.6) 超线性收敛; 如果还存在常数 $L>0$, 使

$$\|F'(\boldsymbol{x})-F'(\boldsymbol{x}^*)\|\leqslant L\|\boldsymbol{x}-\boldsymbol{x}^*\|,\ \boldsymbol{x}\in N_\delta(\boldsymbol{x}^*)$$

成立, 则 Newton 迭代法 (9.6) 平方收敛.

证明参见文献 [10], [7].

算法 1 (Newton 迭代法) 置初始近似解向量 $\boldsymbol{x}$, 精度要求 ε, 最大迭代次数 N, 调用函数 $F(\boldsymbol{x})$ 和 $F'(\boldsymbol{x})$. 执行

```
k = 1;
while k < N
      计算 F(x) 和 F'(x);
      解 F'(x)Δx = −F(x);
      置 x = x + Δx;
      if ‖Δx‖ ⩽ ε, Break, end;
      k = k + 1;
end
```

Newton 迭代法收敛速度很快, 但在实际应用上会遇到以下几个问题:

1. 初始近似解 $\boldsymbol{x}^{(0)}$ 的选取问题

$\boldsymbol{x}^*$ 未知造成 $\boldsymbol{x}^{(0)}$ 选择的困难. 当 $\boldsymbol{x}^{(0)}$ 充分靠近 $\boldsymbol{x}^*$ 时, Newton 迭代法收敛; 否则, 可能发散或收敛到另一解.

例 3　用 Newton 迭代法解非线性方程组

$$\begin{cases} 3x_1 - \cos(x_2x_3) - 0.5 = 0, \\ x_1^2 - 81(x_2+0.1)^2 + \sin(x_3) + 1.06 = 0, \\ \mathrm{e}^{-x_1x_2} + 20x_3 + \dfrac{10\pi - 3}{3} = 0, \end{cases}$$

这里

$$F(\boldsymbol{x}) = \begin{pmatrix} 3x_1 - \cos(x_2x_3) - 0.5 \\ x_1^2 - 81(x_2+0.1)^2 + \sin(x_3) + 1.06 \\ \mathrm{e}^{-x_1x_2} + 20x_3 + \dfrac{10\pi - 3}{3} \end{pmatrix},$$

$$F'(\boldsymbol{x}) = \begin{pmatrix} 3 & x_3\sin(x_2x_3) & x_2\sin(x_2x_3) \\ 2x_1 & -162(x_2+0.1) & \cos(x_3) \\ -x_2\mathrm{e}^{-x_1x_2} & -x_1\mathrm{e}^{-x_1x_2} & 20 \end{pmatrix}.$$

解　取控制收敛精度 $\varepsilon = 10^{-5}$, 最大迭代次数 $N = 10$. 表 9.1～ 表 9.3 给出了在不同的初始解向量下的计算结果.

表 9.1　计算结果 (收敛)

k	x_1	x_2	x_3	$\lVert\Delta \boldsymbol{x}\rVert_\infty$
0	0.10000000000000	0.10000000000000	−0.10000000000000	—
1	0.49986967292643	0.01946684853742	−0.52152047193583	0.42152047193583
2	0.50001424016422	0.00158859137029	−0.52355696434764	0.01787825716712
3	0.50000011346783	0.00001244478332	−0.52359845007289	0.00157614658697
4	0.50000000000708	0.00000000077579	−0.52359877557801	0.00001244400754
5	0.50000000000000	0.00000000000000	−0.52359877559830	0.00000000077579

表 9.2　计算结果 (发散)

k	x_1	x_2	x_3	$\lVert\Delta \boldsymbol{x}\rVert_\infty$
0	0	−4	5	—
1	13.2163	−2.0465	−3.1669	13.2163
2	16.1859	−1.5110	113.0840	116.2508
3	14.7021	−1.5877	76.8882	36.1958
4	13.7954	−1.6176	14.2051	62.6831

续表

k	x_1	x_2	x_3	$\|\Delta \boldsymbol{x}\|_\infty$
5	13.4127	−1.5900	44.2878	30.0827
6	13.4681	−1.5089	20.6972	23.5906
7	13.4440	−1.4373	160.8457	140.1484
8	12.8620	−1.4252	189.6097	28.7640
9	17.5540	−0.8275	−432.1098	621.7195
	—	—	—	发散

表 9.3 计算结果 (收敛)

k	x_1	x_2	x_3	$\|\Delta \boldsymbol{x}\|_\infty$
0	0.00000000000000	−4.00000000000000	1.00000000000000	—
1	−1.73075763818040	−2.05200268047119	−0.17744724796222	1.94799731952881
2	0.42433140326075	−1.06372386265435	−0.48382746322737	2.15508904144115
3	0.48465336775663	−0.58682742917195	−0.54127038800081	0.47689643348239
4	0.49697577606318	−0.35354079928158	−0.53301511524856	0.23328662989038
5	0.49773398428225	−0.24630037446284	−0.53004219097825	0.10724042481874
6	0.49807723723764	−0.20704766542779	−0.52902043665517	0.03925270903504
7	0.49814232818393	−0.19986409278623	−0.52883272941498	0.00718357264156
8	0.49814468154569	−0.19960622867303	−0.52882598628578	0.00025786411320
9	0.49814468458949	−0.19960589554434	−0.52882597757340	0.00000033312869

2. $\boldsymbol{F}'(\boldsymbol{x}^{(k)})$ 计算困难以及 $\boldsymbol{F}'(\boldsymbol{x}^{(k)})$ 奇异性和病态性问题

这方面的研究结果大部分集中在拟 Newton 迭代法中. 另外, 同伦方法是近 20 余年发展起来的求非线性方程组的方法, 它不仅是大范围收敛的, 也是解决病态问题的有效途径.

9.3 拟 Newton 迭代法

针对 Newton 迭代法的弱点进行改进而形成的新的算法, 统称为拟 Newton 迭代法.

1. 简化 Newton 迭代法

基本思想: $F'(\boldsymbol{x}^{(k)})$ 固定为一个常数矩阵 $\boldsymbol{A} \approx F(\boldsymbol{x}^*)$, 特别 $\boldsymbol{A} \approx F(\boldsymbol{x}^{(0)})$.

迭代格式:

$$\begin{cases} \boldsymbol{x}^{(k+1)} = \boldsymbol{x}^{(k)} - \boldsymbol{A}^{-1} F(\boldsymbol{x}^{(k)}), \\ k = 0, 1, 2, \cdots. \end{cases} \tag{9.7}$$

理论上可以证明它是局部收敛的, 一般保持线性收敛.

2. Newton-Shamarskii 方法

基本思想: 固定 $F'(\boldsymbol{x}^{(k)})$ 可能导致收敛太慢, 因此提出 "相对固定" $F'(\boldsymbol{x}^{(k)})$ 的策略, 即每进行 m 次 Nowton 迭代更换一次 $F'(\boldsymbol{x}^{(k)})$.

算法 2 (Newton-Shamarskii 算法)

置初始近似解向量 $\boldsymbol{x}$, 精度 ε, 内迭代次数 m, 最大迭代次数 $N = n_0 m$, 调用函数 $F(\boldsymbol{x})$ 和 $F'(\boldsymbol{x})$. 执行

```
k = 0;
while k < N
    计算 F'(x^(0));
    x = x^(0);
    i = 1;
    while i < m
        计算 F(x);
        解 F'(x^(0))Δx = -F(x);
        置 x = x + Δx;
        i = i + 1;
    end
    k = k + m;
    if‖Δx‖ ⩽ ε, Break, end;
    x^(0) = x;
end
```

显然, 当 $m = 1$ 时, Newton-Shamarskii 算法是 Newton 迭代法; 当 $m = N$ 时, Newton-Shamarskii 算法就是简化 Newton 迭代法.

此类算法主要是减少导数 $F'(\boldsymbol{x}^{(k)})$ 的计算, 从而达到减少运算量的目的. 因此, 对于不同的问题, 内迭代次数 m 的选择就很重要了.

3. Broyden-newton 方法

基本思想: 令 $\boldsymbol{A}_k = F'(\boldsymbol{x}^{(k)})$, 则 newton 迭代为

$$\begin{cases} \boldsymbol{x}^{(k+1)} = \boldsymbol{x}^{(k)} - \boldsymbol{A}_k^{-1} F(\boldsymbol{x}^{(k)}), \\ k = 0, 1, 2, \cdots. \end{cases}$$

因为

$$F(\boldsymbol{x}^{(k)}) = F(\boldsymbol{x}^{(k+1)}) + F'(\boldsymbol{x}^{(k+1)})(\boldsymbol{x}^{(k)} - \boldsymbol{x}^{(k+1)}) + o\left(\left\|\boldsymbol{x}^{(k+1)} - \boldsymbol{x}^{(k)}\right\|\right),$$

$$F'(\boldsymbol{x}^{(k+1)})(\boldsymbol{x}^{(k+1)} - \boldsymbol{x}^{(k)}) = F(\boldsymbol{x}^{(k+1)}) - F(\boldsymbol{x}^{(k)}) + o\left(\left\|\boldsymbol{x}^{(k+1)} - \boldsymbol{x}^{(k)}\right\|\right),$$

所以可按照下列运算近似得到 $\boldsymbol{A}_k$:

设 $\boldsymbol{A}_0 = F'(\boldsymbol{x}^{(0)})$(或 $\boldsymbol{A}_0$ 为单位矩阵 $\boldsymbol{I}$), $\boldsymbol{A}_{k+1} = \boldsymbol{A}_k + \Delta\boldsymbol{A}(k = 0, 1, \cdots)$, 满足

$$\boldsymbol{A}_{k+1}\left(\boldsymbol{x}^{(k+1)} - \boldsymbol{x}^{(k)}\right) = \boldsymbol{F}\left(\boldsymbol{x}^{(k+1)}\right) - \boldsymbol{F}\left(\boldsymbol{x}^{(k)}\right).$$

记 $\boldsymbol{s} = \boldsymbol{x}^{(k+1)} - \boldsymbol{x}^{(k)}$, $\boldsymbol{y} = F\left(\boldsymbol{x}^{(k+1)}\right) - F\left(\boldsymbol{x}^{(k)}\right)$, 推出

$$\Delta\boldsymbol{A} \cdot \boldsymbol{s} = \boldsymbol{y} - \boldsymbol{A}_k\boldsymbol{s}, \tag{9.8}$$

欲求 $\Delta\boldsymbol{A}$, 可设 $\Delta\boldsymbol{A} = \boldsymbol{u}\boldsymbol{v}^{\mathrm{T}}$, $\Delta\boldsymbol{A}$ 为秩 1 矩阵. 此时, 式 (9.8) 变为

$$(\boldsymbol{v}^{\mathrm{T}}\boldsymbol{s}) \cdot \boldsymbol{u} = \boldsymbol{y} - \boldsymbol{A}_k\boldsymbol{s} \tag{9.9}$$

取 $\boldsymbol{v} = \boldsymbol{s}$, 则

$$\Delta\boldsymbol{A} = \boldsymbol{u}\boldsymbol{v}^{\mathrm{T}} = \frac{1}{\boldsymbol{s}^{\mathrm{T}}\boldsymbol{s}}(\boldsymbol{y} - \boldsymbol{A}_k\boldsymbol{s})\boldsymbol{s}^{\mathrm{T}}, \tag{9.10}$$

得到 Broyden-newton 秩 1 方法

$$\begin{cases} \boldsymbol{A}_0 = F'(\boldsymbol{x}^{(0)}) \text{ 或 } \boldsymbol{I},\ k = 0, 1, 2, \cdots, \\ \boldsymbol{x}^{(k+1)} = \boldsymbol{x}^{(k)} - \boldsymbol{A}_k^{-1}\boldsymbol{F}(\boldsymbol{x}^{(k)}), \\ \boldsymbol{s} = \boldsymbol{x}^{(k+1)} - \boldsymbol{x}^{(k)}, \\ \boldsymbol{y} = F(\boldsymbol{x}^{(k+1)}) - F(\boldsymbol{x}^{(k)}), \\ \boldsymbol{A}_{k+1} = \boldsymbol{A}_k + \dfrac{1}{\boldsymbol{s}^{\mathrm{T}}\boldsymbol{s}}(\boldsymbol{y} - \boldsymbol{A}_k\boldsymbol{s})\boldsymbol{s}^{\mathrm{T}}. \end{cases} \tag{9.11}$$

又

$$(\boldsymbol{A} + \boldsymbol{u}\boldsymbol{v}^{\mathrm{T}})^{-1} = \boldsymbol{A}^{-1} - \frac{1}{1 + \boldsymbol{v}^{\mathrm{T}}\boldsymbol{A}\boldsymbol{u}}(\boldsymbol{A}^{-1}\boldsymbol{u}\boldsymbol{v}^{\mathrm{T}}\boldsymbol{A}^{-1}),$$

得到不求逆的 Broyden-newton 秩 1 方法

$$\begin{cases} \boldsymbol{B}_0 = \left(F'(\boldsymbol{x}^{(0)})\right)^{-1} \text{ 或 } \boldsymbol{I},\ k = 0, 1, 2, \cdots, \\ \boldsymbol{x}^{(k+1)} = \boldsymbol{x}^{(k)} - \boldsymbol{B}_kF(\boldsymbol{x}^{(k)}), \\ \boldsymbol{s} = \boldsymbol{x}^{(k+1)} - \boldsymbol{x}^{(k)}, \\ \boldsymbol{y} = F(\boldsymbol{x}^{(k+1)}) - F(\boldsymbol{x}^{(k)}), \\ \boldsymbol{B}_{k+1} = \boldsymbol{B}_k + \dfrac{1}{\boldsymbol{s}^{\mathrm{T}}\boldsymbol{B}_k\boldsymbol{y}}(\boldsymbol{s} - \boldsymbol{B}_k\boldsymbol{y})\boldsymbol{s}^{\mathrm{T}}\boldsymbol{B}_k. \end{cases} \tag{9.12}$$

可以证明: 当每步 $\boldsymbol{s}^{\mathrm{T}}\boldsymbol{B}_k\boldsymbol{y} \neq 0$ 时, Broyden-newton 秩 1 方法具有超线性收敛速度.

当 $F'(\boldsymbol{x}^{(k)})$ 是对称矩阵时, $\boldsymbol{A}_k$ 也要保持对称性. 此时, 取 $\boldsymbol{v}$ 与 $\boldsymbol{u}$ 成比例即可. 由于

$$(\boldsymbol{v}^{\mathrm{T}}\boldsymbol{s})\cdot\boldsymbol{u}=\boldsymbol{y}-\boldsymbol{A}_k\boldsymbol{s}=\boldsymbol{F}(\boldsymbol{x}^{(k+1)}),$$

取 $\boldsymbol{v}=\boldsymbol{y}-\boldsymbol{A}_k\boldsymbol{s}=F\left(\boldsymbol{x}^{(k+1)}\right)$, 有

$$\Delta\boldsymbol{A}=\boldsymbol{u}\boldsymbol{v}^{\mathrm{T}}=\frac{1}{(\boldsymbol{y}-\boldsymbol{A}_k\boldsymbol{s})^{\mathrm{T}}\boldsymbol{s}}(\boldsymbol{y}-\boldsymbol{A}_k\boldsymbol{s})(\boldsymbol{y}-\boldsymbol{A}_k\boldsymbol{s})^{\mathrm{T}},$$

得到对称 Broyden-newton 秩 1 方法

$$\left\{\begin{array}{l}\boldsymbol{B}_0=\left(F(\boldsymbol{x}^{(0)})\right)^{-1} \text{ 或 } \boldsymbol{I},\ k=0,1,2,\cdots,\\ \boldsymbol{x}^{(k+1)}=\boldsymbol{x}^{(k)}-\boldsymbol{B}_k\boldsymbol{F}(\boldsymbol{x}^{(k)}),\\ \boldsymbol{s}=\boldsymbol{x}^{(k+1)}-\boldsymbol{x}^{(k)},\\ \boldsymbol{y}=F(\boldsymbol{x}^{(k+1)})-F(\boldsymbol{x}^{(k)}),\\ \boldsymbol{B}_{k+1}=\boldsymbol{B}_k+\dfrac{1}{(\boldsymbol{s}-\boldsymbol{B}_k\boldsymbol{y})^{\mathrm{T}}\boldsymbol{y}}(\boldsymbol{s}-\boldsymbol{B}_k\boldsymbol{y})(\boldsymbol{s}-\boldsymbol{B}_k\boldsymbol{y})^{\mathrm{T}}.\end{array}\right. \tag{9.13}$$

例 4 用 Newton 迭代法、简化 Newton 迭代法和 Broyden-newton 秩 1 方法分别计算例 3 的方程. 初值 $\boldsymbol{x}^{(0)}=(0.1,0.1,-0.1)^{\mathrm{T}}$, 控制收敛精度 $\varepsilon=10^{-5}$, 最大迭代次数 $N=100$, 结果见表 9.4.

表 9.4 计算结果

	k	x_1	x_2	x_3	误差 $\Vert\Delta\boldsymbol{x}\Vert_\infty$
①	5	0.50000000000000	0.00000000000000	−0.52359877559830	0.00000000077579
②	12	0.50000000251442	0.00000795050126	−0.52359841775089	0.00000793519900
③	6	0.50000000000033	0.00000000000053	−0.52359877559910	0.00000019354344

注意表 9.4 中 k 为实际迭代次数, ①为 Newton 迭代法, ②为简化 Newton 法, ③为 Broyden-newton 秩 1 法.

9.4 同伦方法

无论是 Newton 迭代法, 还是拟 Newton 迭代法, 均为局部收敛的算法. 利用它们求非线性方程组的解时, 初始解的选取有相当大的难度. 本节介绍一种大范围收敛的算法, 即同伦方法.

基本思想: 从给定的平凡问题 $G(\boldsymbol{x})=0$(易求解) 的解 $\boldsymbol{x}^{(0)}$ 出发, 寻找一条通往目标问题 $F(\boldsymbol{x})=0$ 的解 $\boldsymbol{x}^*$ 的 “好走” 的路 (光滑道路), 如下页图 9.2 所示.

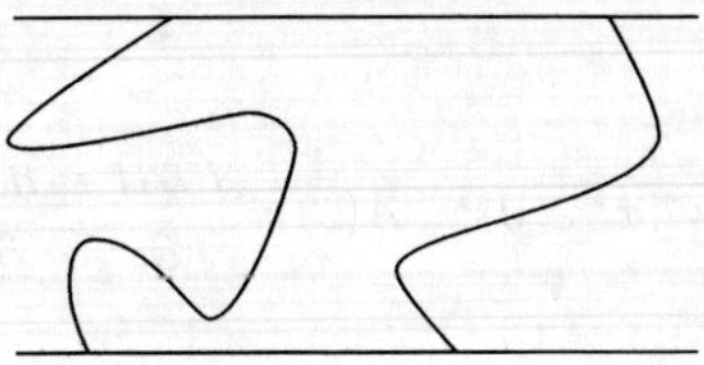

图 9.2 连接平凡问题与目标问题解的道路

为了实现这一目的, 构造映射

$$\boldsymbol{H}:\mathbf{R}^n\times[0,1]\to\mathbf{R}^n,\ \text{使}\ H(\boldsymbol{x},0)=G(\boldsymbol{x}),H(\boldsymbol{x},1)=F(\boldsymbol{x}),$$

比如

$$H(\boldsymbol{x},t)=(1-t)G(\boldsymbol{x})+tF(\boldsymbol{x}), \tag{9.14}$$

求满足方程

$$H(\boldsymbol{x},t)=0 \tag{9.15}$$

的解曲线 $(x(\boldsymbol{s}),t(\boldsymbol{s}))$, 希望这条曲线 $(x(\boldsymbol{s}),t(\boldsymbol{s}))$ 光滑、有界, 且满足

$$(x(0),t(0))=(\boldsymbol{x}^{(0)},0);\ \lim_{s\to L}(x(\boldsymbol{s}),t(\boldsymbol{s}))=(\boldsymbol{x}^*,1),$$

这里 s 为曲线弧长参数, L 为曲线的长度. 映射 (9.14) 称为同伦映射, 满足方程 (9.15) 的解 $(x(s),t(s))$ 称为同伦曲线.

特别地, 当 $\dfrac{\mathrm{d}t}{\mathrm{d}s}\geqslant 0(0<s\leqslant L)$ 时, 同伦曲线可表示为 $\boldsymbol{x}(t)$, $0\leqslant t\leqslant 1$, 且 $\boldsymbol{x}(0)=\boldsymbol{x}^{(0)},\boldsymbol{x}(1)=\boldsymbol{x}^*$.

一般来说, 同伦曲线是以曲线弧长为参数的. 对于多元多项式方程组的求解问题, 已经证明同伦曲线是以 t 为参数的. 多元多项式方程组的应用背景很丰富, 比如电力系统潮流计算问题、代数特征值问题等都是典型例证.

关于同伦曲线的求解方法, 有下面两种情况:

1. 考虑问题 (同伦曲线以弧长 s 为参数)

$$\begin{cases} H\left(\boldsymbol{x}(s),t(s)\right)=0,\\ (\boldsymbol{x}(0),t(0))=(\boldsymbol{x}^{(0)},0)\end{cases}$$

等价于

$$\begin{cases} \mathrm{d}H(\boldsymbol{x}(s),t(s))=\dfrac{\partial H}{\partial \boldsymbol{x}}\dfrac{\mathrm{d}\boldsymbol{x}}{\mathrm{d}s}+\dfrac{\partial H}{\partial t}\dfrac{\mathrm{d}t}{\mathrm{d}s}=0,\\ (\boldsymbol{x}(0),t(0))=(\boldsymbol{x}^{(0)},0),\end{cases}$$

这里 $\left(\frac{\mathrm{d}\boldsymbol{x}}{\mathrm{d}s}\right)^2+\left(\frac{\mathrm{d}t}{\mathrm{d}s}\right)^2=1.$

令 $\boldsymbol{u}(s)=(\boldsymbol{x}(s),t(s))^{\mathrm{T}}$, $\boldsymbol{u}^{(0)}=(\boldsymbol{x}^{(0)},0)^{\mathrm{T}}$, $\boldsymbol{A}(s)=\begin{pmatrix}\frac{\partial H}{\partial x} & \frac{\partial H}{\partial t}\end{pmatrix}$, $\boldsymbol{v}(s)=\begin{pmatrix}\frac{\mathrm{d}x}{\mathrm{d}s} & \frac{\mathrm{d}t}{\mathrm{d}s}\end{pmatrix}^{\mathrm{T}}$, 得到关于 $\boldsymbol{v}$ 的子问题

$$\boldsymbol{A}\boldsymbol{v}=\boldsymbol{0}, \|\boldsymbol{v}\|_2=1 \tag{9.16}$$

和常微分方程初始问题:

$$\begin{cases}\dfrac{\mathrm{d}\boldsymbol{u}}{\mathrm{d}s}=\boldsymbol{v},\\ \boldsymbol{u}(0)=\boldsymbol{u}^{(0)}.\end{cases} \tag{9.17}$$

2. 考虑问题 (同伦曲线以嵌入变量 t 为参数)

$$\begin{cases}H(\boldsymbol{x}(t),t)=0,\\ \boldsymbol{x}(0)=\boldsymbol{x}^{(0)}\end{cases}$$

等价于

$$\begin{cases}\mathrm{d}H(x(t),t)=\dfrac{\partial H}{\partial x}\dfrac{\mathrm{d}x}{\mathrm{d}t}+\dfrac{\partial H}{\partial t}=0,\\ \boldsymbol{x}(0)=\boldsymbol{x}^{(0)}.\end{cases}$$

令 $f(\boldsymbol{x}(t),t)=-\left(\frac{\partial H}{\partial x}(\boldsymbol{x}(t),t)\right)^{-1}\frac{\partial H}{\partial t}(\boldsymbol{x}(t),t)$, 有常微分方程初始问题:

$$\begin{cases}\dfrac{\mathrm{d}\boldsymbol{x}}{\mathrm{d}t}=f(\boldsymbol{x},t),\\ \boldsymbol{x}(0)=\boldsymbol{x}^{(0)}.\end{cases} \tag{9.18}$$

关于问题 (9.16) 和 (9.17) 的算法, 即同伦算法, 请参见文献 [7] 和 [19]. 关于常微分方程初始问题 (9.18), 可以采用第 5 章 5.3 节给出的算法. 这样, 可得到同伦方程的数值解

$$\left(t_k,\boldsymbol{x}^{(k)}\right), k=0,1,2,\cdots,N.$$

其中 $t_N=1$, $\boldsymbol{x}^{(N)}\approx\boldsymbol{x}^*$.

同伦方法是大范围收敛算法. 另外, 平凡问题选择上的自由度有助于一些病态问题的解决. 正是同伦方法这些优良性质, 使它成为电力系统病态潮流, 以及电力系统潮流多解问题研究的有力工具.

本章总结

Newton 迭代方法在一个好的初始近似 $x^{(0)}$ 下, 将快速收敛到非线性方程组的解 $\boldsymbol{x}^*$, 然而, Newton 方法在每一步需要求 n^2 个偏导数, 并且求解一个 n 阶的线性方程组, 此计算量需要 $O\left(n^3\right)$.

Broyden 方法每一步在没有明显降低收敛速度的前提下减少了计算量. 用每一步都可确定逆矩阵的矩阵 $\boldsymbol{A}_k$ 替换 Jacobi 矩阵 $F'(\boldsymbol{x}^{(k)})$, 这不仅只需保存 n^2 个标量函数值, 而且会将算术运算量从 $O\left(n^3\right)$ 减少到 $O\left(n^2\right)$. Broyden 方法也需要一个好的初始近似值.

同伦方法用于非线性方程组是目前研究的一个课题. 在求解多项式方程组中发挥着重要作用, 在病态问题方面很有发展潜力.

习 题 9

1. 非线性方程组

$$\begin{cases} x_1^2-10x_1+x_2^2+8=0, \\ x_1x_2^2+x_1-10x_2+8=0 \end{cases}$$

可以转换为不动点问题

$$x_1=g_1\left(x_1,x_2\right)=\frac{x_1^2+x_2^2+8}{10},$$

$$x_2=g_2\left(x_1,x_2\right)=\frac{x_1x_2^2+x_1+8}{10}.$$

(1) 证明映射 $G:D\subset\mathbf{R}^2\to\mathbf{R}^2$ 在 $D=\left\{(x_1,x_2)^{\mathrm{T}}\,|0\leqslant x_1,x_2\leqslant 1.5\right\}$ 有唯一不动点. 这里 $G=(g_1,g_2)^{\mathrm{T}}$;

(2) 应用不动点迭代近似求解. 按 $\|\bullet\|_\infty$ 精确到 10^{-5}.

2. 用 Newton 方法求下面非线性方程组在给定区域中的解. $\left\|\boldsymbol{x}^{(k)}-\boldsymbol{x}^{(k-1)}\right\|_\infty<10^{-6}$ 时终止.

(1) 取 $\boldsymbol{x}^{(0)}=(1,1)^{\mathrm{T}}$, $\begin{cases} 3x_1^2-x_2^2=0, \\ 3x_1x_2^2-x_1^3-1=0; \end{cases}$

(2) 取 $\boldsymbol{x}^{(0)}=(-1,-2,1)^{\mathrm{T}}$, $\begin{cases} x_1^3+x_1^2x_2-x_1x_3+6=0, \\ \mathrm{e}^{x_1}+\mathrm{e}^{x_2}-x_3=0, \\ x_2^2-2x_1x_3=4; \end{cases}$

(3) 取 $\boldsymbol{x}^{(0)}=(0,0,0)^{\mathrm{T}}$, $\begin{cases} 6x_1-2\cos\left(x_2x_3\right)-1=0, \\ 9x_2+\sqrt{x_1^2+\sin x_3+1.06}+0.9=0, \\ 60x_3+3\mathrm{e}^{-x_1x_2}+10\pi-3=0. \end{cases}$

3. 非线性方程组

$$\begin{cases} 3x_1-\cos(x_2x_3)-\dfrac{1}{2}=0, \\ x_1^2-625x_2^2-\dfrac{1}{4}=0, \\ \mathrm{e}^{-x_1x_2}+20x_3+\dfrac{10\pi-3}{3}=0 \end{cases}$$

在解处的 Jacobi 矩阵奇异. 考察 $\boldsymbol{x}^{(0)}=(1,1,-1)^{\mathrm{T}}$ 的 Newton 方法求解过程. 注意, 收敛可能很慢或者在合理的迭代次数内不收敛.

4. 使用 Broyden 秩 1 方法求第 2 题中非线性方程组的近似解. $\left\|\boldsymbol{x}^{(k)}-\boldsymbol{x}^{(k-1)}\right\|_{\infty}<10^{-6}$ 时终止.

5. 对于第 3 题的方程组, 考察 $\boldsymbol{x}^{(0)}=(1,1,-1)^{\mathrm{T}}$ 的 Broyden 方法求解过程. 注意, 收敛可能很慢或者在合理的迭代次数内不收敛. 非线性方程组

$$\begin{cases} 3x_1-\cos(x_2x_3)-\dfrac{1}{2}=0, \\ x_1^2-625x_2^2-\dfrac{1}{4}=0, \\ \mathrm{e}^{-x_1x_2}+20x_3+\dfrac{10\pi-3}{3}=0. \end{cases}$$

6. 用同伦方法找到非线性方程组

$$\begin{cases} f_1(x_1,x_2)=x_1^2-x_2^2+2x_2=0, \\ f_2(x_1,x_2)=2x_1+x_2^2-6=0. \end{cases}$$

有两个解 $(0.625204094, 2.179355825)^{\mathrm{T}}$ 和 $(2.109511920, -1.334532188)^{\mathrm{T}}$.

计算实习 9

1. 应用 Newton 方法求解本章例 2 给出的潮流方程组.
2. 应用 Broyden 秩 1 方法求解本章例 2 给出的潮流方程组.
3. 应用同伦方法求解本章例 2 给出的潮流方程组.

参考文献

[1] Birkhoff, G., Rota, G O. Differential equations, 4th ed. New York：John Wilcy & Sons. 1989

[2] 伯顿, 费尔斯. 数值分析. 7 版. 冯烟利, 朱海燕译. 北京：高等教育出版社, 2005

[3] Yousef Saad. Iterative Methods for Sparse Linear Systems. Boston：PWS Publishing Company, 1996

[4] 曹志浩. 变分迭代法. 北京：科学出版社, 2005

[5] 曹志浩. 数值线性代数. 上海：复旦大学出版社, 1996

[6] 关治, 陆金甫. 数值分析基础. 北京：高等教育出版社, 1998

[7] 黄象鼎, 曾钟钢, 马亚南. 非线性数值分析. 武汉：武汉大学出版社, 2002

[8] C.W. 吉尔. 常微分方程初值问题的数值解法. 费景高, 刘德贵, 高永春译. 北京：科学出版社，1978

[9] J.H. 威尔金森. 代数特征值问题. 石钟慈, 邓健新译. 北京：科学出版社, 2006

[10] J.M. 奥特加, W.C. 莱茵博尔特, 朱季纳. 多元非线性方程组迭代解法. 北京：科学出版社, 1986

[11] K.E. 阿特金森. 数值分析引论. 匡蛟勋, 王国荣译. 上海：上海科学技术出版社, 1986

[12] 林成森. 数值分析. 北京：科学出版社, 2007

[13] 林成森. 数值计算方法 (上、下册). 2 版. 北京：科学出版社，2005

[14] 李庆扬, 王能超, 易大义. 数值分析. 5 版. 北京：清华大学出版社, 2008

[15] 沈燮昌. 多项式最佳逼近的实现. 上海：上海科学技术出版社, 1984

[16] 徐树方. 矩阵计算的理论与方法. 北京：北京大学出版社, 2002

[17] 徐树方, 高立, 张平文. 数值线性代数. 北京：北京大学出版社, 2004

[18] 袁慰平, 孙志忠, 吴宏伟等. 计算方法与实习. 3 版. 南京：东南大学出版社, 2000

[19] 王则柯, 高堂安. 同伦方法引论. 重庆：重庆大学出版社, 1989